Roloff (Hg.) – Die starken Bäume Deutschlands

Andreas Roloff (Hg.)

Die starken Bäume Deutschlands

111 faszinierende Naturerben und ihre Geschichten

Autoren:

Hans Jürgen Arndt, Andreas Bärtels, Volker André Bouffier, Katharina Dujesiefken, Rainer Gerber, Mandy Gläßer, Andreas Gomolka, Eike J. Jablonski, Rolf Kehr, Frieder Kötz, Mirko Liesebach, Gordon Mackenthun, Christoph Michels, Hans-Roland Müller, Arne Petersen, Ulrich Pietzarka, Wolf-Peter Polzin, Andreas Roloff, Steffen Rust, Katrin Schaeffer, Marion Scheich, Peter A. Schmidt, Jörg Schumacher, Sven Wagner, Henrik Weiß

Quelle & Meyer Verlag Wiebelsheim

Anschrift Herausgeber:

Prof. Dr. Andreas Roloff
Institut für Forstbotanik und Forstzoologie
TU Dresden, Fakultät Umweltwissenschaften
Pienner Str. 7
01737 Tharandt
Email: andreas.roloff@tu-dresden.de
Tel. 0351-463 31202
www.tu-dresden.de/forstbotanik

Bibliografische Information der Deutschen Nationalbibliothek
Die Deutsche Nationalbibliothek verzeichnet diese Publikation in der Deutschen Nationalbibliografie; detaillierte bibliografische Daten sind im Internet über http://dnb.d-nb.de abrufbar.

Umschlagabbildungen: Andreas Roloff
Druck und Verarbeitung: Westermann Druck Zwickau GmbH
Printed in Germany/Imprimé en Allemagne
ISBN 978-3-494-01814-0

Vorwort vom Präsident der Deutschen Dendrologischen Gesellschaft

„Bäume sind Heiligtümer“ schrieb der Literaturnobelpreisträger Hermann Hesse, und auch „Bäume haben lange Gedanken, langatmige und ruhige, wie sie ein längeres Leben haben als wir“.

Starke Bäume, alte Bäume. Warum pflegen wir ein solches inniges Verhältnis zu alten, oft mächtigen Bäumen? Ist es das Teilhaben an einem langen und scheinbar ruhigen Leben, der Blick zurück in die Vergangenheit? Manche Bäume, denen wir begegnen, sind vor hunderten von Jahren gekeimt, einige wohl noch im Mittelalter. Für uns Menschen ist dies eine schon lange vergangene Zeit, die wir nur aus Büchern kennen, oder vielleicht noch von sehr alten Gebäuden, vor denen wir ehrfurchtsvoll stehen. Und dann wird uns bewusst, dass es auch noch lebende Zeugen dieser alten Zeit gibt: Bäume, die wie Zeitsäulen aus der Vergangenheit in unsere Welt hineingewachsen sind. Ist es das, was uns berührt? Oder sind es die meist knorrigen, häufig schon mitgenommen wirkenden Gestalten, die uns daran erinnern, dass ein Jahrhundertleben auch ihren Tribut fordert?

Alte Bäume zeigen, dass man sich Naturgewalten, Insekten und Pilzen oder auch vom Menschen hervorgerufenen Schädigungen lange entgegenstemmen kann. Es kommt freilich der Tag, an dem auch ein mächtiger Baum stirbt. Die Zerfallsphase einer Eiche kann Jahrzehnte dauern. Mit unserem jetzigen Wissen um die Baumpflege können wir solchen Bäumen helfen, würdig zu altern. Neu ist es allerdings nicht, alte Bäume zu bewahren. Schon in früheren Zeiten wurden mächtige Bäume verehrt, respektiert und auch geschützt.

Das vorliegende Buch enthält 111 Porträts solcher starken Bäume, die in allen Teilen Deutschlands stehen. Die Auswahl traf der Herausgeber, Andreas Roloff, Baumbiologie-Professor in Tharandt (TU Dresden) und Fachreferent der Deutschen Dendrologischen Gesellschaft (DDG). Die Fotos und die dazugehörigen Geschichten stammen zumeist von Mitgliedern der DDG. Die Autoren sind allesamt Dendrologen oder Baumkundler, denen Bäume am Herzen liegen. Sie wollen mit den Fotos und Geschichten auf „ihre“ besonderen Bäume aufmerksam machen und auch dazu anregen, diese aufzusuchen. Jeder von uns kennt wohl einen solchen Baum, zu dem man sich hingezogen oder mit dem man sich besonders verbunden fühlt. So ist nicht nur eine Hommage an alte, ehrwürdige Bäume entstanden, sondern auch ein Reisebuch für all diejenigen, die Bäume lieben. Gleichzeitig lernt man bei der Lektüre eine Reihe sehr unterschiedlicher Baumarten kennen.

Die Idee zu diesem Buch entsprang dem seit einigen Jahren durch die DDG erstellten Kalender „Starke Bäume“, in dem Mitglieder der Gesellschaft bemerkenswerte Bäume in Wort und Bild festhalten. Die Deutsche Dendrologische Gesellschaft unterhält eine Webseite, in der die in Deutschland gemessenen starken Bäume gelistet sind: es sind die „Rekordbäume“ oder „Champion Trees“. Auf dieser Seite, die in Zusammenarbeit mit der Gesellschaft Deutsches Arboretum erstellt wurde, finden sich viele der hier beschriebenen Bäume.

Es ist dem Herausgeber Andreas Roloff und dem Quelle & Meyer Verlag zu danken, dass dieses Buch in der vorliegenden Form und so reich bebildert erscheinen kann. Auch wäre es ohne die Mitarbeit der vielen Baumkundler nicht möglich gewesen, die Fülle bemerkenswerter Bäume deutschlandweit in dieser Art darzustellen.

Möge das Werk der Leserin und dem Leser Lust machen, sich auf Entdeckungstour in die Welt der starken Bäume zu begeben.

Kruchten, im September 2019
Eike J. Jablonski
Präsident der Deutschen Dendrologischen Gesellschaft e. V. (DDG)

Vorwort vom Herausgeber

Das war schon ganz schön mutig: Mal eben ein Buch mit 25 Autoren konzipieren und Mitstreiter'innen zu finden, die Spaß daran haben, kreativ nach interessanten, spannenden oder einfach schönen starken Bäumen zu suchen, den Zustand dieser Bäume zu checken, sie buchreif zu fotografieren und dazu eine interessante, schöne oder bewegende Geschichte zu schreiben.

Und alle haben zugesagt und sich an die Vorgaben gehalten. Dafür hier erstmal meinen ganz großen Dank und meine allergrößte Hochachtung! Es hat mir als Herausgeber und Mitautor große Freude gemacht, dieses Vorhaben umzusetzen – und es hat geklappt. Hier ist nun das aktuelle Werk zu den starken Bäumen unseres Landes.

Ich habe enorm dazugelernt, sowohl über Bäume an sich als auch über die Sichtweise von Bäumen. Auch Sie werden beim Lesen der Geschichten sofort merken, dass jede Autorin und jeder Autor unterschiedlich „tickt". Das macht das Buch gerade so besonders wertvoll, finde ich. Die dadurch entstandene Mischung aus Fakten, Emotion, Wissenschaft, Belletristik, persönlichen Vorlieben und Erfahrungen wird Ihnen hoffentlich ebenso gefallen. Zudem habe ich laufend gespürt, wieviel Freude die Autor'innen an der Mitarbeit hatten, etliche haben auch geäußert, dass sie dadurch Dinge an Bäumen jetzt anders betrachten – intensiver, vielfältiger und emotionaler.

Wir Autor'innen hoffen, dass Sie durch das Blättern und Lesen in diesem Buch den Bäumen näher kommen, sie besser verstehen und ggf. schützen oder pflegen, und dabei die emotionale Komponente, von mir gewollt, ausdrücklich einen hohen Stellenwert haben darf.

Beachtlich ist, dass bei der Zusammenstellung dieser 111 Bäume 70 Baumarten berücksichtigt sowie alle Regionen Deutschlands und die Bundesländer ausgewogen beteiligt sind.

Andreas Roloff, im September 2019

Inhalt

1 Einführung

(Andreas Roloff)

1.1 Starke Bäume: welche sind das?

Definition starke Bäume und Charakterbäume

Für den Buchtitel wurde absichtlich der **Begriff ‚stark‘** gewählt: er macht deutlich, dass es sich um größere oder dickere Bäume handelt, jedoch der Fokus nicht primär auf Champion Trees gerichtet ist (Rekordbäume: die höchsten oder dicksten einer Baumart, eines Bundeslandes oder Deutschlands, www.championtrees.de). Wenn man mit dem Suchblick nach starken Bäumen durchs Land reist, fallen einem viele Bäume auf, die bisher „in der 2. Reihe“ standen (Abb. 1), unbemerkter waren und nicht so bekannt sind wie viele Tree Champions. Gerade von vielen dieser „kleineren Brüdern/Schwestern“ möchten wir hier besonders interessante und schöne Exemplare vorstellen und haben sie nach Baumarten, Regionen und ihrer Wirkung ausgewählt. Der Begriff stark bezieht sich vor allem auf letztere: die Wirkung dieser Bäume soll stark sein. Dabei darf und kann es sich durchaus um das subjektive Empfinden und Erleben des jeweiligen Bildgeschichten-Autors handeln: wie bei Kunstwerken muss nicht jeder diese Wirkung genauso empfinden. Die mehrdeutige Interpretation des Begriffes stark ist also beabsichtigt und soll auch einfach besonders schön oder eindrucksvoll bedeuten. So kann auch ein 420-jähriger Buchsbaum mit nur 80 cm Stammumfang ein starker Baum sein...

Abb. 1: Starker Baum aus der „2. Reihe“, eine Fahl-Weide mit einem Stammumfang über 6 m (Taille).

Diese Bäume werden von ihren Kennern vorgestellt, die auch jeweils Liebhaber dieses Baumes sein können. Denn sie beschreiben ihn mit individuellen Geschichten, die zusammen mit den großen Porträtfotos das Alleinstellungsmerkmal dieses Buches sind. Oft haben die Autoren sogar eine persönliche Beziehung zum Baum und lenken den Blick auf liebevolle Details. Dabei spielt meist auch der Charakter der Baumart sowie der individuelle Habitus und Standort des Baumes eine besondere Rolle.

Für viele dieser Bäume trifft sicher auch der Begriff **Charakterbaum** zu (Abb. 2), der ausdrücken soll, dass der Einzelbaum besondere Merkmale hat wie z.B. Asymmetrie der Krone, einen schiefen oder gebogenen Stamm, „Defekte" wie Stammrisse oder -löcher, Totäste, Symptome seiner Lebensgeschichte u.ä. Als Charakterbäume werden in jüngerer Zeit markante Einzelbäume bezeichnet, die besondere individuelle Merkmale aufweisen (ROLOFF 2017, HARTIG & ROLOFF 2019). Danach suchen viele Baumliebhaber zunehmend: Zwiesel, krumme oder etwas schiefe Stämme, mit markanten Ästen, einseitiger Krone u.ä. Daran merken wir eindrucksvoll einen interessanten Wandel in der Wahrnehmung und Vorliebe bei Baumfreunden, der eigentlich gut nachvollziehbar ist und in die jetzige Zeit passt. Es ist nicht mehr so wichtig der gerade astfreie Stamm, sondern es spielt zunehmend die Ästhetik, fast schon das Künstlerische eine Rolle.

Abb. 2: Starker Charakterbaum eines Wild-Apfels in der Feldflur

Wie misst man den Umfang von starken, alten Bäumen?

Da zu den Bäumen im Buch auch immer die biometrischen Daten wie Stammumfang, Höhe und Alter genannt werden, soll hier eine kurze Erläuterung zur Umfangmessung folgen. Sie orientiert sich an der Anleitung zu den DDG-Champion Trees (www.championtrees.de), die 2017 grundlegend modifiziert wurde (MICHELS & ROLOFF 2019, Abb. 1.3), wendet diese jedoch hier im Buch nicht stur an, da es hier nicht um Rekordbäume und den ständigen Vergleich „Wer ist der dickste im ganzen Land?" geht, sondern um die Wirkung. Es erfolgt bei jedem Baum in diesem Buch eine Angabe, wo genau der Stammumfang gemessen wurde.

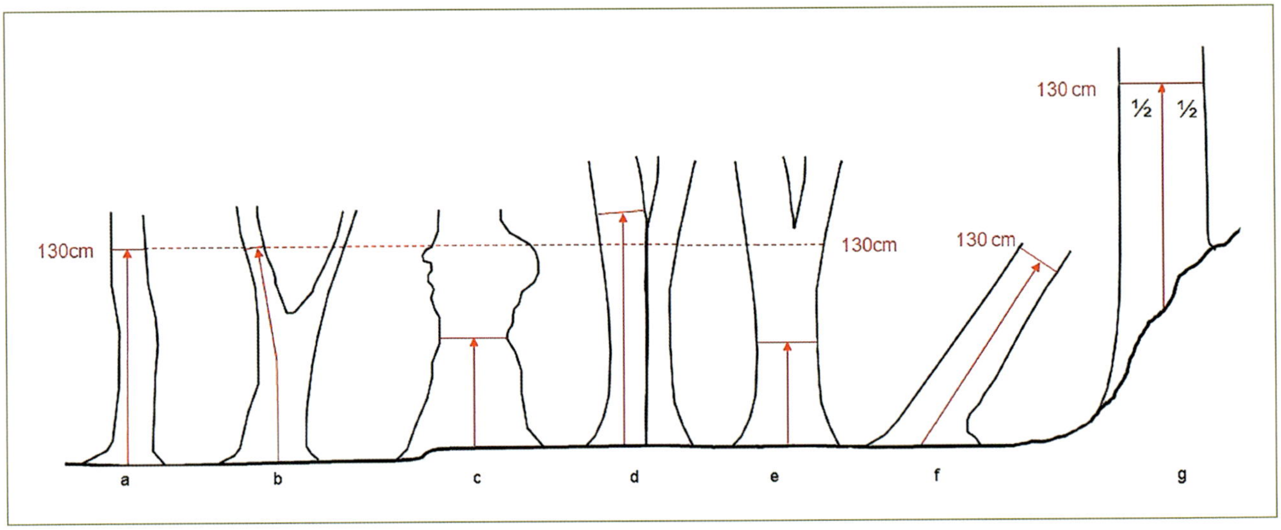

Abb. 3: Veranschaulichung der Messhöhe und -methode zur Ermittlung des Stammumfanges in Brusthöhe (Grafik: Christoph Michels, verändert)

Die Erläuterungen aus der Anleitung der Champion Trees sind sehr hilfreich. Für Deutschland findet man unter www.championtrees.de (DDG 2019) die umfangreichste, belastbarste und aktuellste Auflistung der dicksten Bäume einzelner Baumarten, Bundesländer oder Deutschlands. Folgende Punkte sollen danach (MICHELS & ROLOFF 2019) bei der Umfangmessung möglichst berücksichtigt werden (vereinfachte, gekürzte Fassung, Abb. 3):

- Die Messhöhe von 130 cm wird **ab dem Erdbodenkontakt des Stammes** ermittelt (a-e). Am Hang beginnt die Messung seitlich des Baumes ab dem Erdbodenkontakt der mittleren Stammachse (g).
- **Gabelt sich der Baum** unterhalb von 130 cm Stammhöhe (die Höhe der Zwieselkehle wird herangezogen), ist nur der stärkste Stämmling in 130 cm Höhe zu messen (b). Wenn sich der Baum oberhalb von 130 cm Höhe gabelt, wird unterhalb an der „Taille" gemessen (e).
- Der Stammumfang wird rechtwinklig zur Stammachse gemessen (a, c, e, f, g).
- Bei einem **schräg stehenden Baum** wird die Messhöhe parallel zur Stammachse (f), an **gekrümmten Bäumen** entlang des Stammverlaufes ermittelt.
- Wurzelanläufe spielen bei der Ermittlung der Messhöhe keine Rolle, die bei wenigen Baumarten typischen Brettwurzeln (z.B. bei Pyramidenpappeln) werden übermessen.
- Stammkörper mit einer Mindesthöhe von 130 cm, die sich mittels Verwachsungen aus **mehrstämmigen und -kernigen Bäumen** gebildet haben, werden als Einzelstamm betrachtet, solange dies noch erkennbar ist. Dann wird nur der stärkste Stämmling vermessen, auch wenn sich der Baum erst oberhalb von 130 cm Höhe gabelt (d).
- Sollten sich in der Stammhöhe von 130 cm Äste, **Fremdkörper, Beulen, Geschwulste oder Astanläufe** befinden, die die Ermittlung des eigentlichen Stammumfanges beeinträchtigen, wird der geringste Stammumfang im Bereich **unterhalb von 130 cm Höhe** herangezogen (c, e: sog. **Taille des Baumes)**.

1.2 Rindenbilder

Jeder Baum sieht anders aus. Alle haben eine Rinde, und diese ist bei jeder Art charakteristisch. Einzelne Bäume können je nach Standort und eigener Lebensgeschichte durch Astnarben oder ihr individuelles Erscheinungsbild ganze Geschichten erzählen. Solche werden in diesem Buch an 111 Beispielen vorgestellt. Die Rinde kann man als **Gesicht des Baumes** bezeichnen, da sie sich in Augenhöhe befindet, markant von Baumart zu Baumart und von Baum zu Baum unterscheidet und sichtbar altert. Sie kann eine große Faszination ausüben, wenn man sich intensiver damit beschäftigt (z.B. GODET 2011, POLLET & ISAMBERT 2011). Schönheit ist bei Baumrinden in allen Facetten zu finden, mit dem bemerkenswerten Ergebnis, dass die Rinde mit dem Alter meist immer beeindruckender wird.

Rindentypen

Damit man die Rinde besser versteht, ist ein Überblick über die Rindentypen hier sinnvoll (ROLOFF 2010). Dabei wird als **Rinde** alles außerhalb der Zellteilungsschicht **Kambium** bezeichnet, **Borke** sind nur die abgestorbenen äußersten Bereiche der Rinde. Die Funktion der Rinde/Borke liegt im Schutz vor Wasserverlusten, Temperaturextremen, mechanischen Verletzungen, Feuereinwirkung und vor Befall durch Schädlinge. Man unterscheidet bei Bäumen 6 verschiedene **Rindentypen**, abhängig von der Oberflächenstruktur (die ihre anatomische Ursache in der Rindenentwicklung und Zellteilung hat): Glattrinde, Ringelrinde, Massenkork; Schuppen-, Netz- und Streifenborke.

Bei allen Baumarten entwickelt sich in der Rinde eine weitere Zellteilungsschicht (**Korkkambium**), die für die Schutzfunktion der Rinde nach außen Korkzellen absondert. Das erste Korkkambium kann lebenslang erhalten bleiben (z.B. bei Buche, Birke und Kirsche), dann entsteht keine Borke, und die Rindenoberfläche bleibt dünn und glatt. Oder es werden nachfolgend weitere Korkkambien entwickelt (innerhalb des vorherigen), dann stirbt alles davon außerhalb Befindliche ab und wird zur Borke, die fortlaufend an der Oberfläche durch Verwitterung abgelöst und gleichzeitig von innen erneuert wird. So unterscheidet man 3 verschiedene Rindentypen und 3 Borketypen (Abb. 4a-f):

Glattrinde (Krümelkork, Abb. 4a): Typisch für Rot-Buche und Hainbuche bleibt das erste Korkkambium zeitlebens erhalten und die Rinde glatt, die Korkzellen krümeln nach außen ab (beim Über-die-Rinde-Streichen spürt man die Krümel). Dieser Rindentyp verleitet besonders häufig und intensiv zu Buchstaben- oder Grafik-Ritzereien mit meist vergänglichem Inhalt.

Ringelrinde (Abb. 4b): Typisch für Kirsche und Birke ringelt sich der ältere Kork in waagerechten Streifen von der Rinde (weshalb dieser Typ auch bisweilen als Streifenkork bezeichnet wird) und fällt schließlich ab, die Rinde bleibt zwischen den Ringelstreifen glatt und bisweilen glänzend. Dieser Rindentyp kann ästhetisch sehr ansprechend aussehen.

Massenkork (Abb. 4c): Bekannt für die Kork-Eiche und den Korkbaum entwickeln sich die vom Korkkambium abgesonderten Korkzellen besonders massiv und bilden eine dicke Korkschicht.

Schuppenborke (Abb. 4d): Typisch für Berg-Ahorn und Platane bilden hier die immer wieder neu entstehenden Korkkambien schuppenartige Strukturen, diese dunkeln mit zunehmendem Alter nach und fallen schließlich als Borkeschuppen ab, worunter wieder helle Bereiche zum Vorschein kommen. So entsteht ein ästhetisch ansprechendes Farbenspiel auf der Rinde, bei stärkerem Schuppenabwurf am ganzen Stamm wird der gesamte Stamm in einzelnen Jahren auffallend hell(er).

Streifenborke (Abb. 4e): Charakteristisch für Wacholder und Lebensbaum reißt bei diesem Typ die Borke in langen senkrechten Streifen am Stamm auf, da die Korkkambien in Längsstrukturen verlaufen. Diese Borkestreifen bleiben meist noch länger am Stamm hängen, da sie nicht auf der gesamten Länge zeitgleich abgetrennt werden.

Netzborke (Abb. 4f): Typisch für Spitz-Ahorn und Pappeln reißt die Borke netzartig auf, die Korkkambien sind x-förmig miteinander verbunden. Bei alten Bäumen kann dieser Borketyp besonders gut die ständige Umfangerweiterung des Stammes sichtbar und verständlich machen.

Abb. 4a-f (von oben links nach unten rechts): Rinden- und Borketypen (a) Glattrinde Hainbuche, (b) Ringelrinde Vogel-Kirsche, (c) Massenkork Korkbaum, (d) Schuppenborke Platane, (e) Streifenborke Lebensbaum, (f) Netzborke Trauben-Eiche

Astnarben

Neben den Lentizellen (Atemporen) kann man auf der Rinde vor allem an hell- und glattrindigen Baumarten bei genauem Hinsehen auch die Narben von Ästen zu erkennen. Die Seitenzweige der Hauptachse bleiben beim weiteren Wachstum der Krone nicht alle am Leben, da sie von den darüber wachsenden Zweigen der eigenen Krone immer mehr beschattet werden und die meisten daher schließlich infolge Lichtmangels absterben. Dann werden sie von Pilzen befallen, zersetzt und brechen schließlich ab, was als natürliche Astreinigung bezeichnet wird. Dabei bleibt auf der Rinde eine Narbe zurück (Abb. 5), an deren Form Baumkenner sogar rekonstruieren können, wie lange der Ast schon abgestorben ist, wie dick er beim Absterben war und wie steil er an seiner Tragachse stand. Durch die Astnarben entstehen bisweilen sehr eindrucksvolle Rindenbilder, entweder in Form von Beulen durch Überwallung der Aststummel oder durch besondere Überwallungsstrukturen (Abb. 6).

Abb. 5: Astnarben mit Informationen über die Lebensgeschichte des Stammes einer Sand-Birke.

Abb. 6: Astüberwallungen am Stamm einer alten Rot-Buche.

Abb. 7 o/u: Gnomgesicht an der Veredlungsstelle einer Blut-Buche 2009 und 2014.

Baumgesichter

Nach dem zuvor Angesprochenen ist klar, dass man jetzt viele Beispielsbilder zeigen und zu diesen viele interessante Geschichten erzählen könnte. Es sollen jedoch nur 3 Bäume ausgewählt werden, die beispielhaft verschiedene Typen darstellen. Ursachen für diese Symptome waren natürliche Einflüsse. Das soll animieren, selbst nach weiteren eindrucksvollen Beispielen im Umfeld oder auf Wanderungen zu suchen.

Im ersten Beispiel ist an einer Veredlungsstelle einer Blutbuche durch Beulen und Kehlen ein Gnomgesicht entstanden (im Forstbotanischen Garten Tharandt), das mich jahrelang fasziniert hat (Abb. 7). Vor allem da dieses Gesicht viele Jahre sehr freundlich aussah (a), dann aber deutlich immer griesgrämiger wurde (b), während der Baum in der Krone begann abzusterben. Man hatte den Eindruck, dass dies der Gnom gemerkt und gezeigt hat.

Im zweiten Beispiel sehen Sie den Stammabschnitt eines Zwiesels, der sich nach oben in Bildmitte in 2 Stämmlinge teilt, mit seinen Reaktionen auf diesen Prozess, Ritzereien in der Rinde und einem dabei entstandenen Gesicht (Abb. 8).

Das dritte Beispiel schließlich macht deutlich, wie Stammfäulen und -höhlungen zum Entstehen von „Gesichtszügen“ führen können (Abb. 9). In einer Kindervorlesung über Bäume vor 8- bis 14-jährigen, die ich für verschiedene Schulen gehalten habe, lachte jedes Mal der ganze Saal bei diesem Baumfoto. Und ich wusste lange nicht warum, verstand es nicht. Bis ich eines Tages das Bild in anderem Zusammenhang nochmal ansah, und da war es: ein Gesicht mit weit aufgerissenem Mund im Stamm, klar und deutlich. Und darüber noch eins mit einer langen Nase. Kinder sind in solchen Interpretationen viel freier als wir Erwachsenen oder gar Baumfachleute.

Abb. 8: Rindenbilder und -gesichter am Zwiesel einer Rot-Buche.

Abb. 9: Rindenbild mit Stammhöhlungen und Gesichtern an einer Strobe.

1.3 Körpersprache und Baumdiagnostik

Wer sich intensiv mit Bäumen beschäftigt, ist nachhaltig beeindruckt, wie viel sich vom äußeren Erscheinungsbild eines Baumes über seinen Zustand, sein Innenleben und seine Vergangenheit/ Lebensgeschichte ablesen lässt. Zwar können Bäume als Zeichen des Wohlbefindens nicht lächeln, als Symptom von Leiden nicht traurig aussehen wie wir Menschen, aber dafür bleiben an Bäumen Zeichen von Ereignissen viel länger, z.T. lebenslang, sichtbar. Man spricht daher auch bei Bäumen von der **Körpersprache**, d.h. der Interpretation äußerer Symptome für den Zustand des Baumes in der Gegenwart und für Folgen von Ereignissen der Vergangenheit. Dies wird bei der jährlichen visuellen Baumkontrolle zur Überprüfung der Verkehrssicherheit auch intensiv angewendet (FLL 2020). Der dafür verwendete Begriff Baumdiagnostik (Roloff 2015) macht deutlich, dass hierbei neben den eigentlichen Symptomen auch viele Hintergrundinformationen und baumbiologische Kenntnisse mit einbezogen werden können, wie in der medizinischen Diagnostik für den Menschen.

Die Kenntnis der Körpersprache und Diagnostikmerkmale ist für Baumkontrolle und -verständnis von elementarer Bedeutung, geht es dabei doch darum, ohne weitere technische Geräte rein visuell aus den äußeren Symptomen eines Baumes auf seinen Zustand und mögliche Risiken oder Defekte zu schließen, also mögliche Ursachen zu diagnostizieren. Aber auch für Bauminteressierte und -liebhaber bieten Körpersprache und Symptomatik eine Fülle von Informationen über den Baum, denn sie erzählen viel über seine Lebensgeschichte und seine Reaktionen auf die Umwelt. Dafür sind Stamm, Wurzelanlauf und Rinde besonders wichtige und interessante Symptombereiche eines Baumes.

Abb. 10: Dokumentation der ereignisreichen Lebensgeschichte einer Fichte durch die Wuchsform.

Interessante Beispiele der Körpersprache starker Bäume

Baumgestalten

Ereignisse in der früheren Lebensgeschichte eines Baumes können sich zeitlebens dokumentieren, wie das nächste Beispiel zeigt – die Fichte im Foto hat eine bewegte Entwicklung hinter sich (Abb. 10). Zunächst keimte und wuchs sie vorne links im Bild auf, bis sich in der Jugend offensichtlich etwas Einschneidendes ereignet hat, wobei der Wipfel abgestorben oder abgebrochen ist und ein Seitenast ihn ersetzen musste. Da dieser jedoch schon relativ dick war, konnte er sich nicht mehr aufrichten, sondern wuchs seitdem nur an der Spitze aufrecht weiter (hinten rechts im Bild), mit der Folge eines jetzt mehrere Meter auf dem Boden dahinkriechenden „Stammes“. Dieses Beispiel zeigt eindrucksvoll, wie reaktionsstark und anpassungsfähig Bäume sein können, hier mit dem Ergebnis einer lebenden Skulptur.

Spannrückigkeit

Bei Hainbuchen, Urweltmammutbaum und wenigen anderen Baumarten treten regelmäßig, genetisch bedingt, Verdickungen und Kehlen am Stamm auf, die wie Muskeln aussehen und den Eindruck vermitteln, als seien einzelne Wurzelstränge direkt mit einzelnen Ästen der Krone verbunden (Abb. 11). Dies trifft jedoch nicht zu, vielmehr wird das Wasser von den Wurzeln beim Aufwärtstransport im Stamm auch um den Stamm herum verteilt und versorgt mehrere oder gar alle Äste der Krone, dies kann man durch Farbstoffversuche nachweisen.

Abb. 11: Spannrückigkeit des Stammes einer alten Hainbuche.

Verwachsungen
Bäume können am Stamm und an Ästen miteinander verwachsen. Das klappt am besten zwischen derselben Art, da die Gewebe sich physiologisch „finden" und tatsächlich eine Einheit bilden (Abb. 12). Natürlich funktioniert das Verwachsen am leichtesten bei dünner Rinde, also entweder an noch jungen Ästen/Stämmen oder an dünnrindigen Baumarten wie Rot-Buche. Es kommt dann schließlich auch zum physiologischen Austausch/Transport von Wasser, Nährstoffen und Zuckerlösung. Das ist prinzipiell ebenso über Wurzelverwachsungen möglich. Bisweilen fragt man sich beim Anblick solcher Stamm-Verwachsungen, wie es eigentlich physiologisch mit dem Stoffaustausch zwischen beiden Bäumen funktionieren kann, z.B. wenn zwei Stämme gemeinsam eine Krone haben. Das ist nur dadurch zu erklären, dass der Wasser- und Assimilattransport vor allem von den Orten der Aufnahme/Produktion zu den Orten des Verbrauches/Bedarfes stattfindet und sich dadurch die „Routen" fast automatisch von selbst ergeben. Bäume verschiedener Arten verwachsen umso einfacher miteinander, je näher sie verwandtschaftlich zueinander stehen (z.B. verschiedene Erlenarten, oder Schwarz-Erle und Sand-Birke) und wenn die Holzanatomie gleich ist. Man sieht zwar auch sehr verschiedenartige Baumpaare (z.B. Kiefer und Buche), dann findet aber nur ein Umeinanderwachsen statt, es entsteht keine echte physiologische Einheit.

Zwiesel
Wenn sich der Stamm im Verlauf von unten nach oben gabelt, bezeichnet man dies als Zwiesel. Dies kann bodennah erfolgen und zu Mehrstämmigkeit führen, oder es kommt weiter oben am Stamm vor und kann dann erhebliche Bedeutung für die Wirkung eines Baumes haben. Man unterscheidet V- und U-Zwiesel: bei V-Zwieseln (Abb. 13) ist der Winkel zwischen den beiden Stämmlingen an ihrer Basis V-förmig (sehr spitz), bei U-Zwieseln ist er rund wie ein U.

Abb. 12: Verwachsenes Buchentrio.

Abb. 13: V-Zwiesel an einer Sommer-Linde.

Totholz, Hohlräume
Totholz und Hohlräume entstehen mit zunehmendem Baumalter in verschiedenen Teilen des Baumes: absterbende Astspitzen und ganze Äste in der Schattenkrone und Kronenspitze, faule/hohle Innenbereiche des Stammes und abstehende Borke, bei fortgeschrittener Seneszenz auch tote Stammteile gehören zum Baumleben natürlicher Weise dazu. Totholz und Höhlungen haben in jüngster Zeit eine stark zunehmende Bedeutung für den Naturschutz, da dieser im Stadtbereich immer wichtiger wird und man erkannt hat, dass gerade in Totholz und Hohlräumen viele geschützte Pilz-, Insekten- und Vogelarten leben/brüten (Abb. 14).

Abb. 14: Höhlungen und Fäule an einer sehr alten Stiel-Eiche.

Reiterationen
Wenn an Orten in der Krone und zu Zeitpunkten, die nicht vorhersehbar waren, Verzweigungen entstehen, nennt man dies Reiterationen (Roloff 2018, gesprochen Re-iterationen, Abb. 15). Sie können z.B. aus schlafenden Knospen oder durch Aufrichten von Seitenzweigen entstehen und haben enorme Bedeutung für die Reaktionsfähigkeit von Bäumen auf Veränderungen ihrer Umwelt und für die Anpassung. Ursache können Verletzungen sein (sog. traumatische Reiterationen, z.B. durch Schnitt, Verbiss, Spätfrost, Baumaßnahmen u.ä.) oder deutliche Verbesserungen der Standortssituation (adaptive Reiterationen, z.B. durch Freistellung oder Schaffen von mehr Wurzelraum). Viele verschiedene Typen lassen sich an fast allen Bäumen finden, nur einige Palmenarten sind dazu nicht in der Lage und haben dementsprechend erhebliche Anpassungsprobleme an Veränderungen oder nach Beschädigungen.

Abb. 15: Verschiedene Typen von Reiterationen, veranschaulicht an einem Altbaum.

Sekundärkrone

Stirbt die gesamte Krone ab oder wird der Baum gekappt mit der Folge des totalen Kronenverlustes, reagieren viele Bäume/Baumarten darauf nicht mehr und sterben ab. Schafft es ein Baum hingegen, wieder eine neue Krone aufzubauen, spricht man von Sekundärkrone (Abb. 16).

Abb. 16: Sekundärkrone einer Rosskastanie nach früherer Kappung.

Innenwurzeln

Im hohlen/faulen Stamminneren älterer dicker Bäume entstehen nicht selten Innenwurzeln (Abb. 17) aus lebenden Zellen im intakten Holzmantel. Diese wachsen dann in das zersetzte, morsche Holz, ernähren sich auch davon und können schließlich den Boden erreichen und die ganz normalen Wurzelfunktionen übernehmen. Meist sind diese Innenwurzeln im Stamm verborgen, erst bei offenen Rissen oder beim Fällen/Umbrechen alter Bäume werden sie dann sichtbar.

Abb. 17: Innenwurzeln in einer alten Sommer-Linde.

1.4 Baumalterung

Bei **Diskussionen zum Baumalter** stellt sich oft die Frage: Was für ein Baumalter gibt man an, wenn der heutige Baum nach Absägen, Abbrechen oder Zurücksterben des Vorgängers wieder aus dessen Stock ausgetrieben ist (was z.B. bei vielen alten Linden, Eiben, Edel-Kastanien regelmäßig geschieht, aber wir heute oft gar nicht sicher wissen)? Zählt man bei der Altersangabe des jetzigen Baumes auch das Alter der Vorgängerbäume mit? Es ist ja immer noch derselbe Baum (Abb. 18). Hierzu besteht weitgehend Einigkeit, dass dabei nur der (älteste) jetzt lebende oberirdische Baum berücksichtigt wird.

Bei einer Reihe von Baumarten treiben ebenso klonal aus oberflächennahen Wurzeln neue Bäumchen aus, die sog. Wurzelbrut (z.B. bei Robinie, Zitter-Pappel, Grau-Erle). Bei einem so neu entstehenden Baum zählt man das Alter ebenfalls nur vom Jahr dessen Entstehung an, nicht etwa vom Beginn des Klonlebens (das man meist auch gar nicht mehr kennt).

Der älteste lebende Baum der Welt ist demzufolge eine Langlebige Grannen-Kiefer (*Pinus longaeva*) im Hochgebirge Nevadas (USA) mit ca. 5.000 Jahren (Schütt & Lang 1996). Dieser Methusalem besteht aus einem Torso lebender Stammteile mit Teilkronen und ist sichtbar vom hohen Lebensalter gezeichnet. An diesem Altersrekord ändert auch nichts, dass vor einigen Jahren ein schwedischer Geographie-Professor die Öffentlichkeit mit der Sensations-Falschmeldung wachrüttelte, in Nordschweden sei mit fast 10.000 Jahren der älteste Baum der Erde, eine Fichte

Abb. 18: Stammzerfall und Neuaustriebe an einer alten Winter-Linde – der „ewige" Kreislauf des Lebens.

neu entdeckt worden (KULLMANN 2008), und dieses Märchen hält sich seitdem hartnäckig im Internet (WIKIPEDIA 2019) und in vielen Publikationen. Bei genauerer Überprüfung dieses Baumes stellte sich allerdings zweifelsfrei heraus (MACKENTHUN 2012), dass die Fichte nur knapp 300 Jahre alt ist, und nur der Wurzelstock ein höheres (unbekanntes) Alter aufweist. Wenn man jedoch als Kriterium nicht den heute lebenden Baumstamm, sondern den wiederausgetriebenen Stock bewertet, ist schon lange bekannt, dass eine nordamerikanische Zitter-Pappel mit mehreren 10.000 Jahren den Rekord hält (DE WOODY 2008, SUSSMANN 2015). Ein genaueres Alter kann man bei solchen Klonen nicht mehr angeben, da diese Baumart regelmäßig aus Wurzelbrut neu austreibt – die einzelnen Baumstämme sind maximal etwa 200 Jahre alt. Solche Klonbäume können mit dieser Strategie theoretisch immer weiterleben, sie sind dadurch also sozusagen „unsterblich" – bis sie ggf. von einer Krankheit, durch Beschädigung oder einem anderen Naturereignis zum Absterben gebracht werden.

Bei der Frage, welches der älteste Baum Deutschlands ist, werden am häufigsten diese genannt (Brunner 2007, DIE ZEIT 2017, Monumentaltrees 2019, ULLRICH et al. 2012, WIKIPEDIA 2019):

- die Tanzlinde in Schenklengsfeld (Sommer-Linde, Hessen),
- die Feme-Eiche in Erle (Stiel-Eiche, NRW),
- die Eibe in Balderschwang (Bayern).

Davon ist die erstgenannte (Linde) aber nach meinen Recherchen ein Wiederaustrieb mit 4 Stämmen, nicht mehr der „Urbaum" aus dem Jahr 760, vielleicht sind es sogar schon die 2. Austriebe, das würde am besten zu deren heutigen Umfang von etwa 5,00 m passen.

Altersermittlung

Wie ermittelt man nun das Alter von alten und dicken Bäumen? Denn die **Jahrringe** helfen meist zur Klärung dieser Frage nur noch sehr eingeschränkt weiter, da der größte Teil des Stammes, zumindest das Innere, hohl und faul ist. Außerdem ist die maximale Länge von Zuwachsbohrern begrenzt. Zudem müsste man dafür sicher wissen, dass es sich um einen Einzelbaum handelt und er nicht aus einer gepflanzten oder Stockausschlag-Gruppe hervorging, die im Laufe der Jahrhunderte miteinander verwachsen ist. Dies kann bei vielen Baumarten gelegentlich bis häufiger vorkommen und bedingt ein deutlich geringeres Alter als das eines Einzelstammes desselben Stammdurchmessers. So sind dann einige „Tausendjährige" bei genauerer Untersuchung doch erst mehrere hundert Jahre alt, z.B. die 1000-jährige Eibe bei Schlottwitz mit etwa 350 Jahren (Fröhlich 1994). Soweit wie möglich wird man für die Plausibilitätsprüfung einer Altersschätzung auch Dokumente und historische Unterlagen der betreffenden Parkanlagen, Straßen oder Grundstücke heranziehen, die allerdings i.d.R. nur maximal 100 bis 300 Jahre zurückreichen.

Also bleibt bei so alten Bäumen nur die **indirekte Altersermittlung**: Sie konnte am Beispiel von drei sehr alten Olivenbäumen auf Korfu mit einem BHU (1,3 m Höhe) von 7,11 m bis 10,97 m geprüft werden (GILLNER & ROLOFF 2016, Abb. 19). Für solche hohlen Altbäume kann man niemals eine komplette korrekte Altersdatierung über Jahrringzählungen vornehmen. Ohne dass zu viele Zuwachsproben gewonnen werden mussten, wurde in diesem Fall mit Hilfe von Bohrspänen aus unterschiedlich alten Olivenbäumen in der Umgebung, deren Umfangsmessungen und der Verwendung von Regressions-Gleichungen das Alter fundiert abgeschätzt: Einer der 3 Bäume ist danach mit einem BHU von 10,97 m ca. 1.120 Jahre alt, mit einem Vertrauensbereich von ±134 Jahren, also einem kalkulierten Alter von 986 bis 1.254 Jahren. Somit ist er einer der weltweit ältesten bisher untersuchten Olivenbäume und wurde daher am 17.6.2019 mit einer großartigen Feier als Naturdenkmal ausgerufen (ROLOFF & GILLNER 2019).

Mit der Herleitung des Baumalters aus dem BHU muss man hinsichtlich ihrer Übertragbarkeit auf andere Standortsverhältnisse oder Regionen allerdings sehr vorsichtig sein, da diese gerade bei alten, dicken Bäumen ebenso wie die sonstigen Bedingungen im frühen Baumleben meist unbekannt sind. Nichtsdestotrotz ist die Beziehung zwischen Alter und Umfang bei älteren Bäumen beeindruckend, wie z.B. die umfassenden Datensammlungen dazu bei MARTIN (2015, s. Abb. 20) zeigen. Die darin errechneten Regressionsgeraden (bzw. -kurven) zeigen, dass man bei Berücksichtigung von wenigen Einflussfaktoren (Freistand, Wachstumstyp der Baumart u.a.)

Abb. 19: 1100 Jahre alter Methusalem-Olivenbaum auf Korfu (Naturdenkmal).

doch zu interessanten Altersschätzungen kommen kann, wobei das tatsächliche Alter allerdings i.d.R. um den Faktor 2 variiert: d.h. Alter 50 bis 100 oder 100 bis 200 Jahre! Es ist daher bei der Herleitung des Baumalters aus dem Umfang immer ein **Unsicherheitsbereich** zu berücksichtigen und mit anzugeben, also muss die korrekte Aussage immer XXX $\pm$ YY Jahre lauten (s. oben der „Vertrauensbereich" beim Olivenbaum).

Während die Herleitung des Baumalters aus dem BHD oder BHU für Waldbäume ziemlich gut klappt (allerdings auch hier der maßgebliche Einfluss des Standortes sehr deutlich ist durch sog. Ertragsklassen), wird es mit zunehmender Naturferne der Standort- bzw. Umweltbedingungen immer schwieriger. Bei älteren Parkbäumen ist eine vorsichtige Herleitung noch zulässig, wenn man die Pflegehistorie und den Standort kennt sowie einen möglichen früheren Frei- bzw. Dichtstand. An Straßen oder versiegelten Standorten und nach größeren Störungen oder Beschädigungen des Baumes in der Vergangenheit sind die Unsicherheiten jedoch meist unkalkulierbar groß. Wenn es nun Tabellen gibt (aus neuester Zeit sogar in einem Buch), aus denen nach Umfang des Stammes das Baumalter auf ein Jahr genau abzulesen sein soll, ist dies aus meiner Sicht schlicht unverantwortlich und hilft eigentlich niemandem weiter, da es diese Beziehung so klar und allgemeingültig eben nicht gibt.

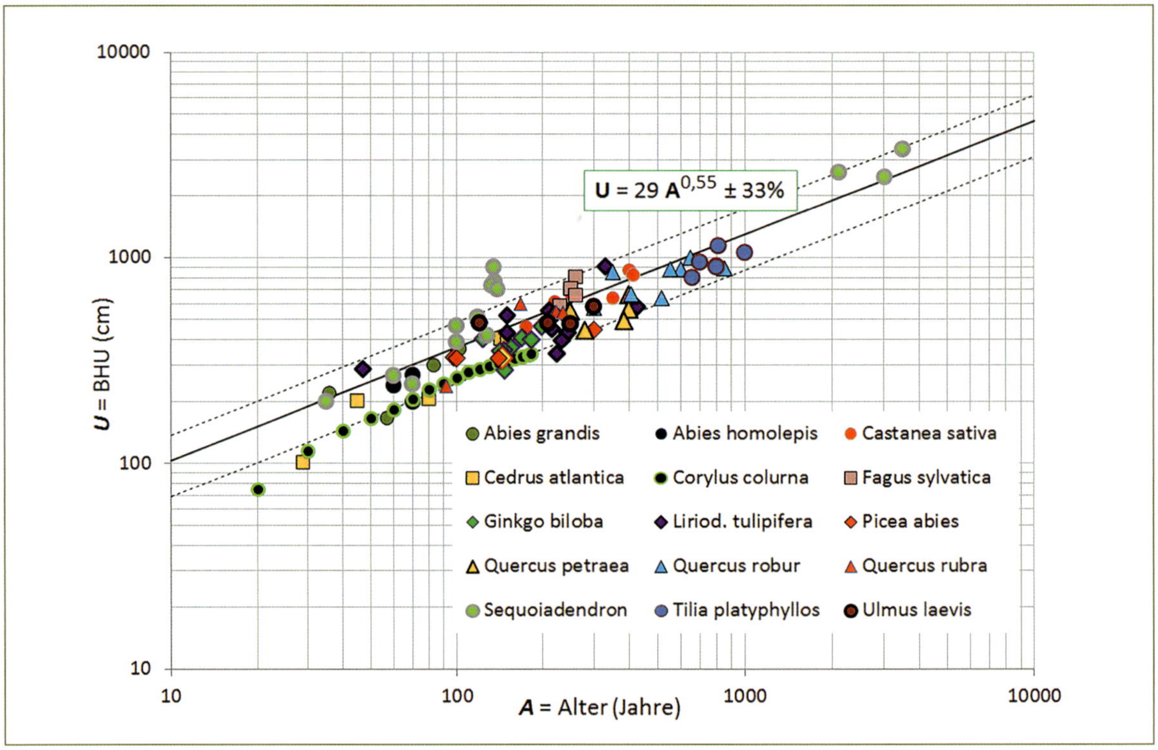

Abb. 20: Umfang in Abhängigkeit vom Alter für Champion Trees. Daten überwiegend aus den Tabellen der DDG (www.championtrees.de). Die Regressionskurve stellt sich bei der hier verwendeten logarithmischen Achsenskalierung als Gerade mit der Steigung 0,55 dar (Grafik: Holger Martin).

Alterungsprozess, Lebensstadien und Lebenserwartung

Alterung bei Bäumen unterscheidet sich grundsätzlich von unserem Alterungsverständnis beim Menschen. Denn ein Baum erneuert jedes Jahr einen Teil seiner Organe oder Gewebe: Es treiben neue Blätter und Zweige aus, er bildet i.d.R. einen neuen Jahrring im Holz und neue Bastzellen in der Rinde sowie neue Wurzeln, sodass die jüngsten Organ(bereich)e oder Gewebe maximal immer ein oder wenige Jahre alt sind. Solange diese alljährliche „Verjüngungskur" anhält, lebt und wächst der Baum weiter. In höherem Alter fallen immer mehr der älteren Bestandteile aus, werden aufgegeben und sterben ab (Totäste, Totholz). Der Baum besteht dann zunehmend aus einzelnen Teilen, die sogar unabhängig voneinander weiter existieren können (Abb. 19) – bei alten Baumveteranen tritt dies häufig auf, der Stamm zerfällt.

Beim **Höchstalter des lebenden Individuums** sind Nadelbäume meist im Vorteil wegen ihres besser abgesicherten Wasserleitsystems, das nach Beschädigung und Embolien einfacher repariert und funktionsfähig erhalten werden kann als das der meisten Laubbäume (Dujesiefken & Liese 2008, Matyssek et al. 2010). Zudem ist auch der Harzgehalt des Holzes von vielen Nadelbäumen hierfür ein Vorteil, um die Schädlinge in Schach zu halten. So sind fast alle ältesten Bäume der Welt Nadelbäume, in Europa sind es Eibe und Wacholder mit etwa 2.000 Jahren. Laubbäume der gemäßigten Breiten schaffen es immerhin auf etwas über 1.000 Jahre (z.B. Eiche, Linde, Olivenbaum).

Weiterhin ist interessant, dass Bäume nicht unendlich größer und höher werden können. Was geschieht eigentlich z.B. bei einer Eiche oder Linde ab 200 Jahren, wenn sie ihre „Endhöhe" erreicht haben? Es setzt zunächst ein Absterbeprozess einzelner Äste und ein Wiederaustrieb durch Reiterationen ein (Kap. 1.3), so dass der Baum für lange Zeit scheinbar fast unverändert – betreffend Größe und Silhouette – bleibt, aber in Teilbereichen fortlaufend eine Erneuerung stattfindet, bevor dann schließlich die Krone zurückgezogen wird. Dieser letztgenannte Teilprozess hängt ggf. unvorhersehbar – wie auch die Erneuerungsphase – zuvor von Witterungseinflüssen und biologischen Eigenschaften der Baumart ab (Sturm, Nassschnee, Spätfrost, sonstige Kronenschäden, Wurzelbrut oder Absenkerbewurzelung).

Folgende 10 Lebensstadien können im Idealfall an sehr langlebigen Baumarten unterschieden werden (genaue Altersangaben bzw. -spannen sind dafür nicht möglich, da es zu sehr von der Baumart, dem Standort und Schäden abhängt, Abb. 21) *VS = Vitalitätsstufe:

[I] Jugend-Phase: Kronenaufbau, starkes Höhenwachstum
[II] Explorations-Phase: Netzwerk von Langtrieben im Wipfelbereich (entsprechend VS* 0)
[III] Degenerations-Phase: Flaschenbürsten- bzw. längliche Strukturen (VS 1)
[IV] Stagnations-Phase: Krallen bzw. Pinsel-Strukturen im Wipfelbereich (VS 2)
[V] Retraktions-Phase: Absterben mehrerer Hauptachsen im Wipfelbereich (VS 3)
[VI] Kronenrückbau-Phase: Aufbau einer Sekundärkrone in mittlerer Baumhöhe
[VII] Baumveteran-Phase: Verdichtung der Sekundärkrone, Stammöffnungen und -fäulen
[VIII] Zerfalls-Phase: Zerfall des Stammes in Teilbäume
[IX] Baummonument-Phase: mehrere eigenständige Individuen
[X] Verjüngungs-Phase: Neuaustrieb vieler Individuen aus den Stockresten

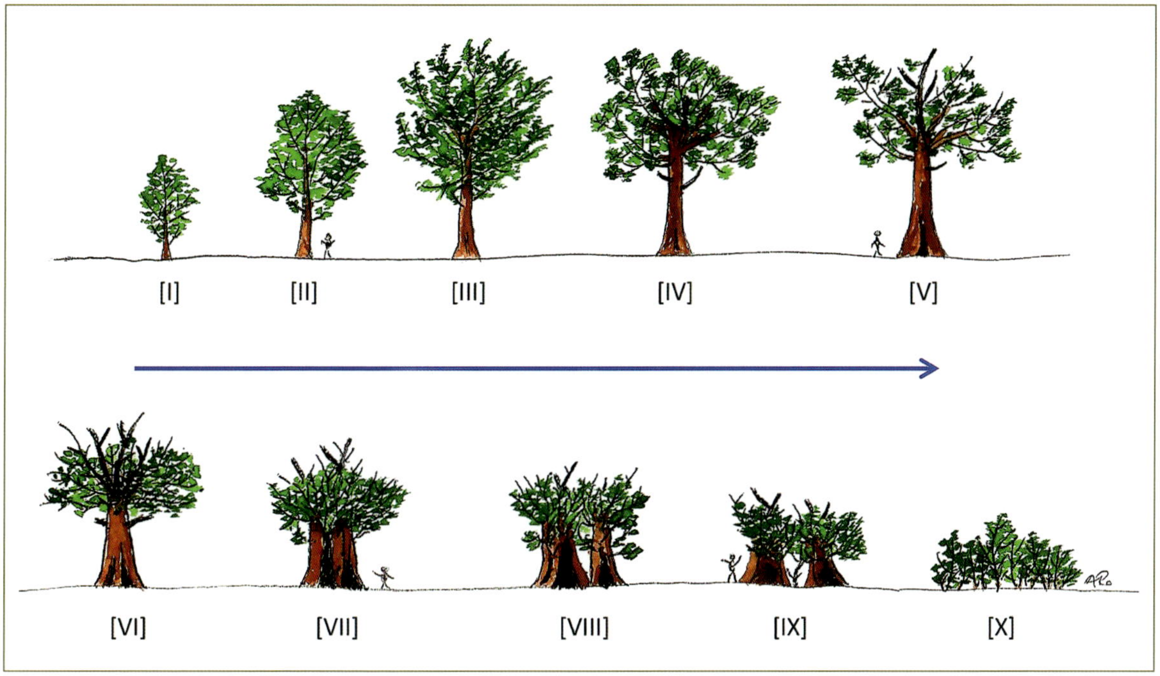

Abb. 21: Alterungsprozess langlebiger Baumarten (z.B. Eiche, Linde): schematische Darstellung in 10 verschiedenen Phasen über einen Lebenszyklus von 500 bis 1000 Jahren (Erläuterung im Text).

Dabei handelt es sich vor allem in den höheren Phasen um keine zwangsläufige Abfolge. So können nach Phase [V] auch einzelne Phasen übersprungen oder frühere wiederholt werden – die ganze Vielfalt an möglichen Varianten lässt sich anders kaum sinnvoll darstellen. Theoretisch kann dann mit Phase [X] der Zyklus wieder von vorn beginnen, oder auch schon früher, z.B. bei Baumarten mit Wurzelbrut oder Absenkerbewurzelung.

Der Anteil von Reiterationen (Kap. 1.3) an der Zweigbiomasse nimmt von Phase [III] bis [IX] kontinuierlich zu und kann in Phase [VII] bis [IX] durchaus 80 bis 99 % erreichen (Roloff 1989, 2001, 2018).

Um die sehr wichtige Berücksichtigung der normalen Lebenserwartung einer Baumart zu erleichtern, werden die Baumarten inzwischen in drei Gruppen (nach ihrer normalen Lebenserwartung in der Stadt, d.h. nicht Maximalwerte) eingeteilt (nach Roloff 2018, in alphabetischer Reihenfolge der Gattungen):

- KL: „Kurzlebige“ mit 80 bis 100 Jahren Lebenserwartung: z.B. Wild- und Kultur-Apfel, Sand-, Moor-Birke, Wild- und Kultur-Birne, Eberesche, Schwarz-Erle, Götterbaum, Wild- und Süß-Kirsche, Mehlbeere, und weitere.

- MA: „Mittelalte“ mit 150 bis 300 Jahren Lebenserwartung: z.B. Spitz- und Berg-Ahorn, Amberbaum, Rot-Buche, Rot-Eiche, Esche, Gemeine und Stech-Fichte, Hainbuche, Baum-Hasel, Gleditschie, Schwarz- und Wald-Kiefer, Platane, Robinie, Rosskastanie, Schnurbaum, Flatter-Ulme, Walnuss, Silber-Weide, und weitere.
- LL: „Langlebige“ mit über 400 Jahren Lebenserwartung: z.B. Eibe, Stiel- und Trauben-Eiche, Ess-Kastanie, Ginkgo, Lärche, Sommer- und Winter-Linde.

Abb. 22: Beispiel eines Altbaumes (Stiel-Eiche) in der Kronenrückbau-Phase [VI].

Methusalembäume

Neueste Untersuchungen dieser Alterungsprozesse an sehr alten Bäumen haben nun ergeben (Roloff 2019a), dass jedes Jahr relativ häufig eine variable Anzahl von Nebenzweigen im Wipfelbereich absterben (Abb. 23), bisweilen auch einzelne oder mehrere Wipfel-Hauptäste, und zugleich aus schlafenden Knospen (etwas) weiter unten in der Oberkrone neue Triebe erscheinen, d.h. Reiterationen: ihr Anteil in der Krone nimmt in hohem Alter immer mehr zu und kann schließlich (nahezu) 100 % betragen. Wenn man sich diesen ständigen „Umsetzungsprozess“ genauer ansieht (Abb. 23), läuft in der Krone solcher alten Bäume eine beeindruckende Dynamik ab, die man bei einmaligem oder wiederholtem oberflächlichem Betrachten gar nicht wahrnimmt. Dabei werden die Kronen aus natürlichen Ursachen kleiner (sog. „Rückzug“ bzw. „Rückbau“), da ein mindestens partielles fortlaufendes Zurücksterben von Zweigen stattfindet (Stadien V–IX in Abb. 21).

Abb. 23: „Umsetzungsprozess“ im Wipfelbereich einer 200-jährigen Stiel-Eiche mit Absterben von Seitenzweigen und Reiterationen.

Die Totäste im Wipfelbereich haben zwar Auswirkungen auf die Verkehrssicherheit der Altbäume, sie müssen jedoch kein Anzeichen eines baldigen Absterbens des ganzen Baumes sein. Das wird erst wahrscheinlicher, wenn größere Kronenteile absterben bis in den Grobastbereich, wie z.B. durch Trockenstress in den Extremsommern 2003 und 2018. Aber selbst danach kann noch ein Neuaufbau der Oberkrone bei wieder günstigeren Bedingungen oder auch einer Sekundärkrone weiter unten erfolgen (Abb. 22). Die Vielfalt der Abläufe und der weiteren Entwicklung ist enorm und lässt sich schwer schematisieren bzw. in festgelegten Teilschritten beschreiben.

Bei älteren Bäumen sollen daher neben der Verzweigung dann noch andere Kronen- und ggf. Baumparameter für die Gesamteinschätzung mit berücksichtigt werden, von Baum zu Baum unterschiedlich und wenn deren Erfassung praktikabel ist. Dazu gehört z.B. die o.g. Frage, ob vor allem schwächere Seitenzweige absterben oder Hauptäste bis in den Grob- und Starkastbereich (5 → 10 cm Durchmesser). Weiter sind bedeutsam das Baumalter sowie Reiterationen und bei diesen besonders, ob der Aufbau einer Sekundärkrone erfolgt oder unterbleibt: ersteres ist sehr positiv einzuschätzen (Retraktion, Roloff 2018), letzteres sehr kritisch („Resignation“, Roloff 2001).

Einzelne Exemplare der sog. langlebigen Baumarten können ein Höchstalter von z.T. über 1.000 Jahren erreichen. Es ist beeindruckend sich klarzumachen, dass sie also über so lange Zeiträume alle Ereignisse, Veränderungen und Variabilitäten von Standort, Umfeld und Klima tolerieren können müssen. Demzufolge darf man bei ihnen auch von einem besonders hohen Anpassungspotenzial ausgehen. Durch ihre lange Lebensdauer entwickeln sich diese Bäume häufig zu sehr eindrucksvollen Baumgestalten, z.T. wie Skulpturen (Abb. 24). Sie sind in vielfacher Hinsicht oft besonders wertvoll: z.B. für den Naturschutz als Habitatbäume (Vögel, Fledermäuse, Insekten, Moose, Flechten etc.), für den Denkmalschutz als Relikte der Parkgeschichte oder vormaliger Baumgenerationen, für Umweltbildung als Demonstrationsobjekte sowie für Erholung und Wohlbefinden als mentale Ankerpunkte u.ä.

Abb. 24: Einer von Europas dicksten Bäumen, der „Methusalem-Baum" Sommer-Linde in Heede (Emsland) mit einem Stammumfang von 17,70 m und einem Alter von etwa 750 Jahren (erster Nationalerbe-Baum).

Solche langlebigen Baumarten stellen daher auch nachvollziehbar den höchsten Anteil unter den Baum-Naturdenkmalen (vor allem Eichen und Linden), und dies macht deutlich, welche Verantwortung wir für diese alten Bäume haben und dass alles daran zu setzen ist, sie der Nachwelt zu erhalten. Dafür werden seit 2019 Nationalerbe-Bäume ausgerufen (Roloff 2019b). Pflegemaßnahmen an solchen Altbäumen sollten nur wirklich ausgewiesenen Experten überlassen werden oder wo möglich sogar unterbleiben, da diese Bäume ihre Lebens- und Wachstumsprozesse in besonderer Weise selbst optimieren können. Wer einen dieser Bäume pflanzt, glaubt an die Zukunft, denn den ausgewachsenen Baum werden erst die Ururunenkel erleben.

Abschließend stellt sich die Frage, warum es in Deutschland so wenige (vermutlich gar keine) 1000-jährige Bäume gibt. Beim Ginkgo liegt es ganz einfach am Einbürgerungszeitpunkt, aber bei den anderen langlebigen, einheimischen Baumarten? Natürlich könnte man die Verantwortung dafür auf unsere Vorgänger schieben, „die uns nichts mehr stehen gelassen haben" – aber das wäre mir zu simpel. Ein Grund könnte wohl vielmehr sein, dass wir überempfindlich in unserer Sicherheitserwartung geworden sind. Viele sehr alte Bäume werden daher abgesägt (oder gekappt, d.h. verstümmelt, was bisweilen auch noch als ‚Verjüngungsschnitt' bezeichnet wird), damit nichts mehr abbrechen kann. Vielleicht lohnt es genauer hinzuschauen, wie es die Engländer hinbekommen mit ihren hunderten von Uraltbäumen im Land?

1.5 Umgang mit alten Bäumen

Für den Umgang mit älter werdenden Bäumen im öffentlichen Bereich, d.h. wo Verkehrssicherungspflicht besteht, sind natürlich Baumpflegemaßnahmen unentbehrlich. Dies sind zum einen Schnittmaßnahmen, zudem in Einzelfällen Schutz- und Sicherungsmaßnahmen am Baum selbst sowie in seinem Umfeld. Die Baumpflege muss behutsam erfolgen, d.h. eher kleinere Maßnahmen in mehreren Schritten als eine größere mit stärkeren Eingriffen, um die Bäume allmählich und ohne große Schnittflächen älter werden zu lassen. Kappungen und stärkere Einkürzungen sind

Abb. 25: Nachkömmling einer absterbenden Sommer-Linde, in den Stamm gepflanzt.

soweit irgend möglich zu unterlassen, können aber in hohem Alter unvermeidlich sein, z.B. wenn der Baum auseinanderzubrechen droht.

Die Unterschutzstellung als Naturdenkmal kann eine weitere hilfreiche Maßnahme sein, hat jedoch nicht automatisch eine bessere Pflege zur Folge. Dafür gibt es nun aber seit kurzem auch die neue Initiative und Kategorie Nationalerbe-Bäume für 100 ausgewählte, besonders wertvolle Bäume Deutschlands (Abb. 24, www.nationalerbe-baeume.de, Roloff 2019b).

Und schließlich kann man in Einzelfällen auch über eine vorzeitige Nachpflanzung in der Nähe des Altbaumes nachdenken (www.jungeriesen.de). Dies muss nicht genetisch identisches Material wie z.B. ein Steckling sein, sondern kann auch ein aus Früchten des Altbaumes angesamter oder gezogener Jungbaum sein. Letztere haben eine größere genetische Variabilität, was in der heutigen Zeit mit sich immer schneller ändernden Umweltbedingungen vorteilhaft sein kann (Abb. 25)

1.6 Ziel des Buches

Ziel dieses Buches ist es,

- die Eigenarten der Baumarten und
- die Schönheit dieser Lebewesen vorzustellen,
- eine emotionale Beziehung zu Bäumen und
- mehr Wissen über ihre Biologie und Ökologie zu fördern.

Dies geht sicher am besten mit eindrucksvollen Bildern und interessanten, schönen, unterhaltsamen und informativen Geschichten zu jedem Baum. Daher haben wir diesen Weg gewählt und sind sehr zufrieden mit dem Ergebnis.

Ein Effekt davon könnte sein, die Anzahl alter Bäume in unserem Land zu erhöhen, indem sie hiermit bekannter gemacht werden, ihr Wert bewusster wird und mehr Menschen Verantwortung für diese Naturmonumente übernehmen, um sie nachfolgenden Generationen zu erhalten. Wenn uns dies gelingt, sind wir Autor'innen glücklich.

2 Die 111 starken Bäume Deutschlands

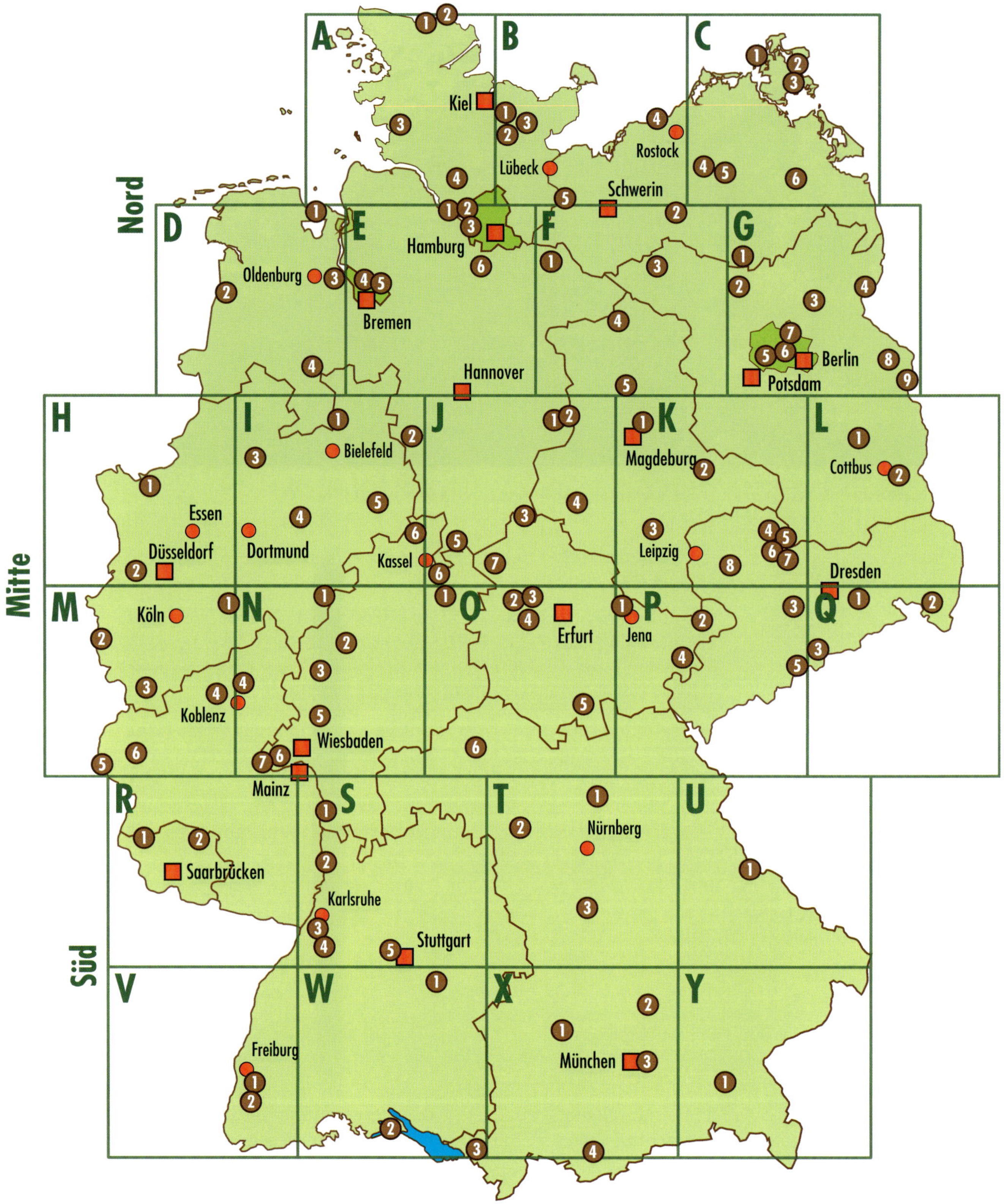

2.1 Norden

Nr.	Baumname (*wiss. Art*)	Ort
A1	Eibe (*Taxus baccata*)	Flensburg
A2	Buchenkrake (*Fagus sylvatica*)	Innenförde Flensburg
A3	Fünffingerlinde (*Tilia cordata*)	Odderade bei Heide
A4	Japanische Zelkove (*Zelkova serrata*)	Arboretum Ellerhoop
B1	Doppeleiche (*Quercus robur*)	Preetz
B2	Rosskastanie (*Aesculus hippocastanum*)	Gut Horst bei Plön
B3	Bräutigamseiche (*Quercus robur*)	Dodauer Forst Eutin
B4	Buchen (*Fagus sylvatica*)	Gespensterwald Nienhagen
B5	Rot-Buche (*Fagus sylvatica*)	Schaalsee
C1	Windflüchterkiefer (*Pinus nigra*)	Hiddensee
C2	Süntelbuchen (*Fagus sylvatica* var. *suentelensis*))	Lietzow Rügen
C3	Tulpenbaum (*Liriodendron tulipifera*)	Putbus
C4	Speierling (*Sorbus domestica*)	Teterow
C5	Stiel-Eiche (*Quercus robur*)	Ivenack
C6	Ruinenulme (*Ulmus laevis*)	Putzar
D1	Walnussbaum (*Juglans regia*)	Tossens
D2	Dicke Linde (*Tilia platyphyllos*)	Heede
D3	Hainbuche (*Carpinus betulus*)	Hasbruch
D4	Kirschbaum (*Prunus avium*)	Damme
E1	Riesenahorn (*Acer pseudoplatanus*)	Hamburg
E2	Sibirische Ulme (*Ulmus pumila*)	Hamburg
E3	Birken-Eiche (*Betula pendula/Quercus robur*)	Hamburg
E4	Baum-Hasel (*Corylus colurna*)	Bremen
E5	Riesenmammutbaum (*Sequoiadendron gig.*)	Bremen
E6	Baumwacholder (*Juniperus communis*)	Lüneburger Heide
F1	Flatter-Ulme (*Ulmus leavis*)	Bleckede
F2	Schwarz-Erlen (*Alnus glutinosa*)	Diestelow
F3	Alte Ulme (*Ulmus laevis*)	Gülitz
F4	Buchsbäume (*Buxus sempervirens*)	Krumke
F5	Aspenklon (*Populus tremula*)	Sandbeiendorf
G1	Wild-Birne (*Pyrus pyraster*)	Carpin
G2	Mehlbeer-Allee (*Morus alba*)	Zernikow
G3	Stiel-Eiche (*Quercus robur*)	Eichhorst
G4	Späte Traubenkirsche (*Prunus serotina*)	Criewen
G5	Götterbaum (*Ailanthus altissima*)	Berlin
G6	Zwei Schnurbäume (*Styphnolobium japonicum*)	Berlin
G7	Lindwurmkirsche (*Prunus mahaleb*)	Berlin
G8	Derfflinger Eiche (*Quercus robur*)	Gusow
G9	Silberweiden-Krake (*Salix alba*)	Lebus

2.2 Mitte

Nr.	Baumname (*wiss. Art*)	Ort
H1	Edel-Kastanie (*Castanea sativa*)	Hamminkeln
H2	Küstenmammutbaum (*Sequoia sempervirens*)	Mönchengladbach
I1	Riesentannen (*Abies grandis*)	Preußisch Oldendorf
I2	Eibe (*Taxus baccata*)	Fischbeck
I3	Rosskastanie (*Aesculus hippocastanum*)	Münster
I4	Mauerpappel (*Populus nigra*)	Soest
I5	Berg-Ahorn (*Acer pseudoplatanus*)	Gehrden
I6	Wild-Apfel (*Malus sylvestris*)	Beberbeck
J1	Tumulus-Linde (*Tilia platyphyllos*)	Evessen
J2	Kaiser-Lothar-Linde (*Tilia cordata*)	Königslutter
J3	Spitz-Ahorn (*Acer platanoides*)	Wiedingshof
J4	Birkensolitär (*Betula pendula*)	Allrode
J5	Gerichtseiche (*Quercus robur*)	Groß Schneen
J6	Tulpenbaum (*Liriodendron tulipifera*)	Kassel
J7	Mehlbeeren-Allee (*Sorbus intermedia*)	Heiligenstadt
K1	Schwarz-Pappel (*Populus nigra* 'Italica')	Magdeburg
K2	Wilde Birne (*Pyrus pyraster*)	Dessau
K3	Burgen-Ahorn (*Acer monspessulanum*)	Halle
K4	Ulme „Dicker Kunz" (*Ulmus laevis*)	Torgau
K5	Bruch-Weide (*Salix fragilis*)	Belgern
K6	Riesenplatane (*Platanus × hispanica*)	Oelzschau
K7	Ginkgo (*Ginkgo biloba*)	Jahnishausen
K8	Felsenrobinie (*Robinia pseudoacacia*)	Grimma
L1	Höchste Erle (*Alnus glutinosa*)	Spreewald
L2	Robinie (*Robinia pseudoacacia*)	Branitz
M1	Zigeunerfichte (*Picea abies*)	Marienheide
M2	Kopfhainbuchen (*Carpinus betulus*)	Aachen
M3	Süntelbuche (*Fagus sylvatica* var. *suentelensis*)	Blankenheim
M4	Ölweide (*Elaeagnus angustifolia*)	Andernach
M5	Königseiche (*Quercus petraea*)	Körperich
M6	Sal-Weide (*Salix caprea*)	Bitburg
N1	Goldeiche (*Quercus robur*)	Bad Berleburg
N2	Dicke Eiche (*Quercus robur*)	Bellnhausen
N3	Stechpalme (*Ilex aquifolium*)	Braunfels
N4	Edel-Kastanie (*Castanea sativa*)	Rommersdorf
N5	Speierling (*Sorbus domestica*)	Kronberg
N6	Feld-Ulme (*Ulmus minor*)	Oestrich-Winkel
N7	Schwarz-Pappel (*Populus nigra*)	Rüdesheim
O1	Feld-Ulme (*Ulmus minor*)	Spangenberg

Nr.	Baumname (*wiss. Art*)	Ort
O2	Betteleiche (*Quercus robur*)	NP Hainich
O3	Kandelaberstrobe (*Pinus strobus*)	Bad Langensalza
O4	Rot-Eiche (*Quercus rubra*)	Gotha
O5	Tanzlinde (*Tilia cordata*)	Effelder
O6	Birnbaum (*Pyrus communis*)	Schwemmelsbach
P1	Schwarz-Kiefer (*Pinus nigra*)	Weimar
P2	Grabeiche (*Quercus robur*)	Nöbdenitz
P3	Schneeglöckchenbaum (*Halesia carolina*)	Tharandt
P4	Sumpfzypresse (*Taxodium distichum*)	Greiz
P5	Lärche (*Larix decidua*)	Seiffen
Q1	Stiel-Eiche (*Quercus robur*)	Graupa
Q2	Berg-Ulme (*Ulmus glabra*)	Althörnitz
Q3	Eberesche (*Sorbus aucuparia*)	Gimmlitztal Erzgebirge

2.3 Süden

Nr.	Baumname (*wiss. Art*)	Ort
R1	Ginkgo (*Ginkgo biloba*)	Mettlach
R2	Hainbuche (*Carpinus betulus*)	St. Wendel
S1	Bergmammutbaum (*Sequoiadendron gig.*)	Bensheim
S2	Zelkove (*Zelkova serrata*)	Schwetzingen
S3	Ess-Kastanie (*Castanea sativa*)	Karlsruhe
S4	Ruinenkiefer (*Pinus sylvestris*)	Bad Herrenalb
S5	Eschensolitär (*Fraxinus excelsior*)	Stuttgart
T1	„1000-jähriger Weißdorn“ (*Crataegus × macroc.*)	Mistelgau
T2	Feldelsbeere (*Sorbus torminalis*)	Herpersdorf
T3	Gerichtslinde (*Tilia platyphyllos*)	Hundszell
U1	Kampffichten (*Picea abies*)	Großer Arber, Bayer. Wald
V1	Douglasie (*Pseudotsuga menziesii*)	Günterstal
V2	Wetterbuchen (*Fagus sylvatica*)	Schauinsland, Freiburg
W1	Silber-Pappel (*Populus alba*)	Bad Boll
W2	Kanadische Pappel (*Populus × canadensis*)	Reichenau, Bodensee
W3	Weiß-Tanne (*Abies alba*)	Steibis
X1	Urweltmammutbaum (*Metasequoia glypt.*)	Augsburg
X2	Haindlfinger Ahorn (*Acer campestre*)	Freising
X3	Blauglockenbaum (*Paulownia tomentosa*)	München
X4	Großer Ahorn (*Acer pseudoplatanus*)	Garmisch
Y1	Esche (*Fraxinus excelsior*)	Chiemsee

A1

Eibe
von Fruerlundhof

Taxus baccata, Europäische Eibe

Standort: Stadtteil Fruerlund, Alt-Fruerlundhof 1; kreisfreie Stadt Flensburg, Schleswig-Holstein

Alter: 550 Jahre

Stammumfang: 2,96 m (gemessen 03.2019 in 1,0 m Stammhöhe)

Höhe: 12 m

GPS-Daten

N 54.794133
O 9.460017

Die Eibe in Fruerlundhof ist ein Baum meiner Jugend: Wenn ich mit dem Fahrrad morgens nach Flensburg zur Schule fuhr, hatte ich keine Zeit für sie, denn ich war nach fast 10 km Distanz erschöpft, und der Unterricht würde schon sehr bald beginnen. Aber nach dem Mittag – zumal bei wenig Schulaufgaben, bei Sonnenschein und Rückenwind – war Zeit, einmal bei ihr vorbeizuschauen. Das habe ich öfter gemacht. Fruerlund ist ein Stadtteil von Flensburg. Der Name bedeutet so etwas wie „Frauenhain". Aber niemand weiß, welche Frauen damit gemeint sein könnten. Der Baum ist zum Naturdenkmal erklärt.

Beeindruckend für mich ist, wie symmetrisch der Baum gewachsen ist, und wie gesund die Benadelung die gesamte Krone abdeckt (kleines Foto). Der Baum ist mit seinen etwa 550 Jahren sehr vital. Bei 12 Metern Höhe des gesamten Baumes hat auch die Krone einen Durchmesser von etwa 12 m. Es gibt keine Anzeichen von Windschur und auch im Satellitenbild ist die Krone kreisrund. Die Eibe gilt als windhart, d.h. die Nadeln können die Transpiration sehr gut regulieren. Die ebenmäßige Wuchsform hat der Baum aber sicher auch, weil er windgeschützt in einem Wohngebiet steht und das Gebäude nordwestlich vorgelagert ist. Der Baum trägt bisweilen die typischen roten Samen – wenige zwar, aber es handelt sich somit sicher nicht um eine rein männliche Pflanze.

Das Foto zeigt den Baum im Dezember. Ich fand es beim Fotografieren schön zu sehen, dass sich auf dem Dach des Gebäudes eine Gruppe von Möwen niedergelassen hatte. Die Kombination „Eibe mit Möwen" gibt es sicher nicht so oft. Die Eibe kann in Schleswig-Holstein als einzige heimische Nadelbaumart gelten; immergrün ist auch der *Ilex*, und über natürliche Kiefernvorkommen in diesem Bundesland kann man sich streiten.

Es gibt noch mehr alte und starke Eiben in Schleswig-Holstein; die Eibe in Fruerlund ist wohl die zweitälteste nach der in Flintbek bei Kiel (880–1000 Jahre). Und wenn man eine 300-jährige Eibe mit Windschur sehen will, muss man nach Rantrum bei Husum fahren (https://www.baumkunde.de/baumregister/index.php).

Text- und Bildautor:
Sven Wagner, Dresden

A2 Buchenkrake

auf der Halbinsel Holnis

***Fagus sylvatica*, Rot-Buche**

Standort: Halbinsel Holnis (mit Bus oder Auto zum Wendeplatz Holnis, Holnisser Noorstraße, von dort läuft man „rund um Holnis Spitze“ (Teil des Fördesteigs) zunächst nach Westen (etwa 500 m) und biegt dann auf den Wanderweg zum Naturschutzgebiet nach Norden entlang dem Knick ab, nach 350 m ist man am Strand und wendet sich nach Osten 200 m); Ortsteil von Glücksburg, Kreis Schleswig-Flensburg, Schleswig-Holstein

Alter: 70 Jahre (geschätzt)

Stammumfang: 1,80 m (ovaler Stammquerschnitt ~61 cm × 45 cm, gemessen 05.2019 zwischen Stammfuß und dem ersten Zwiesel)

Höhe: 12 m (etwa 12 m Höhe vom tiefsten Kronenpunkt zum höchsten; etwa 7 m Kronentiefe von der Steilküste bis auf den Strand)

GPS-Daten

N 54.875928
O 9.598639

Das ist mal ein starker Baum, an dem ganz viele Menschen vorbeigehen, ohne ihn zu sehen. Das trifft vor allem im Sommer zu, wenn sein Blätterdach den Stamm und die Äste für die Wanderer, die am vorgelagerten Strand entlanggehen, ganz verdeckt. Der Baum hängt – und steht nicht – an der Steilküste der Halbinsel Holnis, welche die Flensburger Innenförde von der Außenförde trennt. Man kann erkennen, dass es wohl zwei Buchen sind, die dasselbe Schicksal teilen: Irgendwann war die Abbruchkante der Steilküste durch Wellenschlag bei Hochwasser so weit an ihren Standort herangerückt, dass sie in Richtung Ostsee kippten. Sie behielten aber soviel Kontakt mit dem Boden, dass sie ihr Wachstum beibehalten konnten, ihre Äste gegen die Schwerkraft immer wieder aufrichteten und inzwischen zu stattlicher Größe herangewachsen sind. Der Wurzelballen sitzt am Oberrand der Steilküste, die hier etwa 6 m hoch ist, und die Äste sowie Zweige des Baumes senken sich bis fast auf den Strand. Die Höhe der Baumkrone reicht nun also vom Strand bis in etwa 12 m Höhe; der Stammfuß sitzt in 6 m Höhe.

Man kann nur mutmaßen, dass das Kippen bei vergleichsweise geringer Größe der Bäume einsetzte – die Deformation der Hauptachse des Stammes beginnt schon kurz nach dem Wurzelballen. Dieses vergleichsweise frühe Ereignis im Leben des Baumes ist wahrscheinlich mitverantwortlich dafür, dass es ihm gelungen ist, sich an der Stelle so zu entwickeln und zu halten. Denn es gibt viele Bäume an Schleswig-Holsteins Ostseeküste, die an den Abbruchkanten der Steilküsten stehen. Wenn das Meer – meistens im Winter und bei starken Ostwinden mit Hochwasser kombiniert – an den Füßen der Steilküsten weiteres Land abträgt, dann rutschen diese Bäume entweder mit dem gesamten Wurzelballen mehr oder weniger senkrecht stehend auf den Strand oder sie kippen und fallen mit der Krone als ganze Bäume hinunter. So versperren sie oft den Weg für die Spaziergänger.

Aber wie macht man ein Foto von so einem Baum, der im Sommer die Sicht auf die Steilküste und seinen eigenen Stamm verdeckt? Bei dem Versuch, die typische Situation wirklich einzufangen, musste ich nahe an den Stamm gelangen und möglichst in mittlerer Höhe der Abbruchkante die Kamera positionieren. Aufwändige Aktionen mit Seilunterstützung wurden von meiner Frau energisch verweigert. Als ich schließlich einen halbwegs gangbaren Weg von der Oberseite der Abbruchkante auf einen passenden Absatz in 2 Meter Höhe gefunden und von Brombeerranken zerkratzt glücklich das Foto gemacht hatte, musste ich feststellen, dass ich nicht mehr zurück konnte. Ich landete schließlich in den Armen meiner Frau auf dem Strand nur mit Hilfe einer brüchigen Efeuranke.

Mir kommt es so vor, als verteidige der Baum seinen Standort energisch gegen jeden weiteren Abtrag der Steilküste durch das Meer. Mich beeindruckt sein Überlebenswille und die Anpassungsfähigkeit, sich an dieser Stelle zu behaupten. Deswegen besuche ich den Baum, wann immer ich einen Spaziergang am Meer mache, der mich in seine Nähe führt.

Text- und Bildautor:
Sven Wagner, Dresden

A3

Die Fünffingerlinde

im Riesewohld bei Odderade

Tilia cordata,
Winter-Linde

Standort: Riesewohld, 500 m südlich des Forstgutes Quellental bei Odderade, Kreis Dithmarschen, Schleswig-Holstein

Alter: ca. 250 Jahre (geschätzt)

Stammumfang: 475 cm (gemessen 05.2019 in 1,3 m Stammhöhe, Stammquerschnitt oval)

Höhe: 26 m

GPS-Daten
N 54.149328
O 9.220058

Nach einem warmen Sommerregen hängen Nebelschwaden in den tiefgebeugten Baumkronen des Waldes mit dem Namen Riesewohld, als ich die Lichtung betrete, auf der ein einzelner mächtiger Baum steht: eine Winter-Linde.

Trotz der großen Zahl an Stämmen, die dicht an dicht in dem Wald stehen, ist dieser Baum schon von weitem zu sehen, da er sich durch seine bizarre Gestalt von allen anderen Waldbäumen abhebt. Er sieht aus wie eine überlebensgroße mahnende Hand – mitten im Wald.

Ich setze mich an die weit vorspringenden Wurzelanläufe und schließe die Augen. Die Legende um diese Linde geht mir nicht aus dem Sinn:

„Es war einmal eine schöne Bauerstochter aus dem Dorf Odderade, die nach einem Tanzvergnügen im Dorf nicht zu ihrem Elternhaus zurückkehrte. Besorgt machten sich der Vater und Freunde auf die Suche nach dem Mädchen und fanden sie tot im Wald liegen – erdrosselt mit einer Blume in der Hand. Da tauchte ein junger Wanderer in zerlumpter Kleidung auf dem Waldweg auf. Als er die Menschengruppe und das tote Mädchen sah, wollte er fliehen, weswegen die Dorfbewohner ihn für den Mörder hielten. Der Wanderer beschwor seine Unschuld. Nur unglücklicherweise tat er dies durch Heben der linken Hand statt der rechten, was die Dorfleute als ein Gotteszeichen für seine Schuld werteten. Sie erhängten den jungen Mann und verscharrten seine Leiche an Ort und Stelle im Wald. Noch bevor der junge Mann starb, hob er abermals die Hand und rief, dass eine Hand zum Zeichen seiner Unschuld aus dem Grabe wachsen und für immer an das Unrecht erinnern werde. Mehr als zwei Jahrzehnte später gestand ein nun alter Mann aus dem Dorf den Mord an dem Mädchen, da sie ihn zurückgewiesen hatte. Dort wo der unschuldige Wanderer begraben ist, wächst nun die Linde."

Ich öffne die Augen und schaue in die ausladende Krone der Linde. In dieser urtümlichen Umgebung, diesem geheimnisvollen Wald scheint die Geschichte lebendig zu werden. Welche anderen tragischen oder auch glücklichen Geschichten mögen sich hier zugetragen haben, die die Linde erzählen könnte?

Sie erinnert mich auch an vergessene Waldnutzungen wie die Zeidlerei, die Verwendung von Lindenbast in der vorzeitlichen Textilherstellung, die Herstellung von Heilmitteln und die Schnitzkunst.

Die Fünffingerlinde hat rund 400 Artgenossen im Riesewohld. Winter-Linden sind hier echte Waldbäume, das konnte durch Funde von sehr seltenen, an Linden gebundenen Pilzarten und genetische Untersuchungen belegt werden.

Die Stiftung Naturschutz Schleswig-Holstein hat den Wert der Linden erkannt und im Jahr 2007 ein Erhaltungsprogramm gestartet. Es wurden von ausgewählten Winter-Linden Samen gesammelt und im Forstbotanischen Garten Tharandt (TU Dresden) angezogen. Drei Jahre später wurden die kleinen Sämlinge innerhalb von Wildschutzgattern wieder ausgepflanzt, um diese faszinierende Baumart an ihrem Standort zu erhalten.

Text- und Bildautor:
Arne Petersen, Grundhof

A4 Japanische Zelkove

im Arboretum Ellerhoop bei Hamburg

***Zelkova serrata*, Japanische Zelkove**

Standort: Im nördlichen Teil des Arboretums Ellerhoop; Gemeinde Ellerhoop-Thiensen, Lkr. Pinneberg, Schleswig-Holstein

Alter: 65 Jahre (geschätzt)

Stammumfang: 485 m (gemessen 2018 unmittelbar über dem Boden; darüber Aufspaltung in 14 Einzelstämme mit 55 bis 131 cm Umfang)

Höhe: 28 m (geschätzt)

GPS-Daten

N 53.717044
O 9.776617

Bäume, wie alle grünen Pflanzen, leben davon, dass sie Kohlendioxid und Wasser aufnehmen und mit der Energie des Sonnenlichts in Zucker umwandeln. Kohlendioxid ist gleichmäßig in der Atmosphäre vorhanden und stellt kein Problem dar. Wasser ist oftmals der limitierende Faktor, in weiten Teilen der Erde ist zu wenig davon vorhanden oder gelegentlich auch viel zu viel. Die Sonneneinstrahlung wiederum ist praktisch in jeder beliebigen Menge verfügbar. Von den rund 1,5 Milliarden Terawattstunden (tWh), welche die Erde erreichen, nutzen die Pflanzen gerade einmal 1 %.

Die Kunst des Baumes besteht darin, möglichst viel Sonnenlicht einzufangen. Die Buche gilt darin als Meisterin, denn ihr gelingt es, die Blätter so zu stellen, dass die Energie der Sonnenstrahlen vielfach auf ihren Wegen durch die Baumkrone genutzt wird. Ausgedrückt wird das als Blattflächenindex: Er gibt an, um welchen Faktor die gesamte Blattfläche eines Baums größer ist als die von ihm überschirmte Grundfläche. Die Buche erreicht mit 6 bis 8 mit Abstand den besten Wert.

Scharfe Konkurrenten um den Spitzenplatz dürften die Zelkoven sein. Auf dem Bild ist zu sehen, wie gleichmäßig die kleinsten Zweige und Triebe aufgestellt sind, um eine möglichst günstige Ausbeutungsrate des Sonnenlichts zu erreichen. Im Zusammenspiel mit den zahlreichen starken Ästen ergibt sich eine filigrane Halbkugel, mit der es möglich ist, während der Vegetationsperiode 12 bis 16 Stunden Licht täglich aufzufangen.

Davon abgesehen dürfte den meisten Menschen der gleichmäßige, tief gestaffelte Aufbau der Baumkrone einer Japanischen Zelkove als besonders harmonisch erscheinen, vor allem natürlich im Winterhalbjahr. Auch die gelbe bis orange, z.T. auch weinrote Herbstfärbung ist sehr attraktiv (kleines Bild, ein anderer Baum).

Die Geschichte des Arboretums Ellerhoop beginnt im Jahr 1956, als der Baumschulenbesitzer Erich Frahm zusammen mit dem bekannten Dendrologen Gerd Krüssmann eine erste kleine Sammlung anlegt. Ab 1980 wird das Arboretum unter Leitung des ebenfalls namenhaften Dendrologen Hans-Dieter Warda erweitert. Es gibt ein Kamelienhaus, einen Bernsteingarten, einen Heidegarten, das Rosarium und einen Bambus-Dschungelpfand. Besonders stolz ist man auf den „General Sherman". Bekanntlich ist dieser Mammutbaum der größte Baum der Welt. Im Arboretum hat man eine 1:1-Kopie des Stammfußes aufgestellt, sie ist begehbar und im Inneren befindet sich ein neu gepflanzter Mammutbaum.

Das Arboretum Ellerhoop ist eine etwas versteckte Oase am Rande der großen Stadt Hamburg. Von warmen Sommer-Sonntagen abgesehen, ist dies ein ruhiger Ort. Das ist vielleicht auch ganz gut so.

Text- und Bildautor:
Gordon Mackenthun, Leipzig

B1

Doppeleiche

im Klosterhof Preetz

Quercus robur,
Stiel-Eiche

Standort: Klosterhof, Westseite der Klosterkirche; Preetz, Kreis Plön, Schleswig-Holstein

Alter: etwa 125 Jahre

Stammumfang: 2,80 m (gemessen 02.2019 in 1,3 m Stammhöhe)

Höhe: 17 m (geschätzt)

GPS-Daten

N 54.240552
O 10.282842

Doppeleichen sind eine Besonderheit Schleswig-Holsteins. Sie wurden Ende des 19. Jahrhunderts an besonders exponierte Plätze in der Dorfmitte, in der Nähe einer Schule, der Post, einer Gaststätte oder eines anderen öffentlichen Gebäudes als Symbol für die Einheit von Schleswig und Holstein gepflanzt.

Zur Erklärung der schleswig-holsteinischen Einheit muss man bis ins Mittelalter zurückgehen. Bereits damals siedelten viele Deutsche im Herzogtum Schleswig, das Teil Dänemarks war, während die Grafschaft Holstein von alters her dem Deutschen Reich angehörte. Als 1459 Adolf VIII., in Personalunion Herzog von Schleswig und Graf von Holstein, ohne einen männlichen Nachkommen starb, wählte die schleswig-holsteinische Ritterschaft den dänischen König Christian I. zu seinem Nachfolger. Vom neuen Landesherrn ließ sie sich 1460 im Vertrag von Ripen neben anderen Privilegien zusichern, dass Schleswig und Holstein dauerhaft vereint bleiben sollten. So wurden beide Landesteile jahrhundertelang vom dänischen König beherrscht.

Diese Einheit war jedoch Mitte des 19. Jahrhunderts infolge von nationalistischen Bewegungen gefährdet, was 1848 zur schleswig-holsteinischen Erhebung und zum anschließenden Krieg gegen Dänemark führte. In diesem Krieg errang das Königreich Preußen 1864 den Sieg, und drei Jahre danach wurde Schleswig-Holstein eine preußische Provinz.

1898 jährte sich der Beginn des ersten Schleswig-Holsteinischen Kriegs zum 50. Mal. Aus diesem Anlass wurden auf dem Gebiet der ehemaligen Herzogtümer Schleswig und Holstein Doppeleichen gepflanzt, um den nationalen Gedanken in Schleswig-Holstein zu pflegen.

Es gibt zwei Typen von Doppeleichen, die häufig mit einem Gedenkstein versehen sind, der die Jahreszahl 1898 oder die Aufschrift „Up ewig ungedeelt“ (Auf ewig ungeteilt) trägt. In einem Fall wurden zwei Eichen in ein Pflanzloch gesteckt. Die Stämme sind im unteren Teil zusammengewachsen und bilden einen Tiefzwiesel. Einige dieser Bäume sind im unteren Stammbereich noch zusätzlich über Äste miteinander verwachsen.

Im zweiten Fall wurden zwei Pflanzen gesetzt und in etwa 2 m Höhe seitlich angeplattet (eine Veredlungsmethode, bei der nach künstlicher Verletzung die beiden Stämme zusammengebunden werden, um zusammenzuwachsen). Auf diese Bäume hatte ein Gärtner aus Westerland ein Patent. In einigen Fällen wuchsen beide Stämmlinge gleichstark heran, so dass heute nur noch an einem kleinen Zwischenraum zu erkennen ist, dass es sich ursprünglich um zwei Stämme handelte. Bei einigen wenigen Bäumen entwickelten sich die Stämmlinge unterschiedlich. Zu letzteren zählt die Doppeleiche im Klosterhof Preetz, die aus zwei sich verschieden entwickelten Eichen hervorgegangen ist. Der kleinere Stämmling, der leider eine Bruchstelle aufweist, erweckt den Anschein, den Baum abzustützen.

Durch ihre exponierten Standorte stehen viele Doppeleichen an belebten Straßen. Anders ist dies in Preetz, wo die Doppeleiche auf einer Wiesenfläche vor der Klosterkirche besonders zur Geltung kommt. Im Gegensatz zu vielen anderen Doppeleichen gibt es hier jedoch keinen Gedenkstein.

Text- und Bildautor:
Mirko Liesebach, Ahrensburg

B2

Rosskastanie

bei Gut Horst

***Aesculus hippocastanum*, Gewöhnliche Rosskastanie**

Standort: Gemeinde Stolpe, 43 m südöstlich der Allee, die von der L 67 auf das Gut Horst hinführt, Kreis Plön, Schleswig-Holstein

Alter: ca. 130 Jahre (geschätzt)

Stammumfang: 3,95 m (gemessen 04.2019 in 1,3 m Stammhöhe)

Höhe: 18 m

GPS-Daten

N 54.151892
O 10.280383

Die Rosskastanie steht auf einem Hügel wie auf einer Schäreninsel in der Ostsee. Nur dass die Insel nicht von Wasser, sondern von einem dichten Weizenfeld umschlossen wird. Die Halme wiegen sich im böigen Wind wie in einer Wellenlandschaft, die bis zum Horizont reicht – mittendrin dieser imposante Baum. Wir befinden uns im östlichen Schleswig-Holstein, im Kreis Plön. In der ausgeräumten Ackerlandschaft stehen hin und wieder einzelne alte Bäume als Relikte alter Bewaldung. Häufig sind es alte Stiel-Eichen, die auf Hügeln vorzeitlicher Gräber stehen. Einzelne Rosskastanien wie in diesem Fall habe ich bisher noch nicht gesehen. Es ist ein stattlicher Baum, der mit seiner 25 m ausladenden Krone den gesamten Hügel wie unter schützenden Flügeln bedeckt – ein Zufluchtsort, eine Oase für so manches Lebewesen in der weiten Agrarlandschaft.

Ich kann das Alter der Rosskastanie nur schätzen, aber man sieht ihr an, dass sie schon viele Jahrzehnte hier steht. Risse, Spalten und ausgebrochene Äste geben ihr ein zerfurchtes Gesicht, das viel Lebenserfahrung erahnen lässt. Wie ist sie wohl gerade an diesen Platz gekommen?

Das Ursprungsgebiet der Rosskastanie liegt im Südosten Europas, auf der Balkanhalbinsel. Aber schon seit dem 17. Jahrhundert wird sie in ganz Mitteleuropa wegen ihres dekorativen Wertes in Parks und Gärten angebaut, so auch in dem nahegelegenen Gutspark.

Im späten Frühjahr leuchten die endständigen, langen Blüten wie Christbaumkerzen und locken zahlreiche Insekten an. Im Sommer spendet das mächtige Kronendach mit seinen handförmigen Blättern Schatten in vielen Biergärten.

Die Bildung der Blüten am Ende der Zweige führt übrigens zu einer Umstellung der Kronenarchitektur. Da das Triebende durch die Blüten besetzt wird, müssen sich die Zweige dann aus ihren beiden obersten Seitenknospen verlängern. Aus einer klaren hierarchischen Struktur mit gegenständigen Trieben in der Jugendphase entsteht ein vielschichtiger Habitus im Alter.

Manch einer verbindet mit den Kastanien erste Bastelerlebnisse aus der Kindheit. Wer kennt nicht die kleinen Kastaniengeschöpfe auf dürren Streichholzbeinchen? Wir haben zu Hause Kastanien für die Wildtiere gesammelt. Für ein Kilogramm Rosskastanien gab es beim staatlichen Forstamt Glücksburg 30 Pfennige. Dort wurden die Kastanien zusammen mit Eicheln gelagert und im Winter an Dam-, Sika- und Rehwild verfüttert.

Irgendwann wurde die Kastaniensammlung wegen mangelnder Notlage der Tiere eingestellt und auch das Forstamt ist nun Geschichte.

Rosskastanien gibt es noch, auch wenn diese schöne Baumart in jüngster Zeit von allerlei Krankheiten heimgesucht wird. Zunächst war es die Rosskastanien-Miniermotte, die die städtischen Bäume schon im Sommer unansehnlich werden ließ. Nun werden die Rosskastanien zusätzlich durch *Phytophthora*-Pilze und *Pseudomonas*-Bakterien geschädigt, so dass viele abgängige Exemplare gefällt werden müssen.

Die Rosskastanie auf dem Acker in Schleswig-Holstein darf offenbar ungestört alt werden und ihre Gebrechlichkeiten des Alters offen zeigen – und das ist gut so.

Text: Arne Petersen, Grundhof;
Foto: Jan Kumke

B3

Bräutigamseiche
im Dodauer Forst bei Eutin

***Quercus robur,* Stiel-Eiche**

Standort: 500 m rechts der B 76 Richtung Plön ca. 1 km hinter dem Ortsende von Eutin, an einem Forstweg mit Parkplatz (Wegweiser), Kreis Ostholstein, Schleswig-Holstein

Alter: 310 Jahre (nach Jahrringbohrung: www.monumentale-eichen.de)

Stammumfang: 5,66 m (gemessen 07.2018 in 1,3 m Stammhöhe)

Höhe: 27 m

GPS-Daten

N 54.136144
O 10.555897

Diese Stiel-Eiche hat schon viele Beziehungen angebahnt: ein Astloch dient als Briefkasten mit eigener Postadresse: Bräutigamseiche, Dodauer Forst, 23701 Eutin. Damit ist sie die einzige Postadresse in Deutschland ohne Postgeheimnis und in einem Astloch in etwa 3,50 m Höhe im Baum, zu dem seit 1927 eine Leiter führt. Dorthin können Kontaktwünsche mitgeteilt werden, und Leser'innen der Briefe und Zettel (kleines Bild unten) können sie vielleicht erfüllen, wenn es passt. Auch einer der Briefträger hat seine Partnerin so gefunden. Die Stiel-Eiche ist für diesen Zweck sehr gut geeignet, da sie trotz innerer Stammfäule (sonst gäbe es das Briefloch nicht schon seit 100 Jahren) sehr lange verkehrssicher bleibt.

Welche Unterscheidungsmerkmale helfen bei der Entscheidung, ob es eine Trauben- und eine Stiel-Eiche ist? Die Baumfachleute (Dendrologen) sind sich einig, dass es alleine mit einem einzigen Merkmal nicht geht. Man benötigt vielmehr mindestens 3 Merkmale, aber welche 3 das sind, darüber gehen die Meinungen dann schon etwas auseinander. Da wir uns am Institut seit über 20 Jahren mit dieser Frage befassen, möchte ich Ihnen den aktuellen Stand dazu mitteilen (TrEi = Trauben-Eiche, StEi = Stiel-Eiche):

	TrEi	StEi
➢ Haben die Blätter Buchtennerven? (Hauptseitennerven die in die Buchten zwischen den Blattlappen führen)	nein	ja
➢ Haben die Blätter unterseits Büschelhaare entlang der Hauptnerven? (am besten mit einer Lupe nachsehen)	ja	nein
➢ Ist der Blattstiel über 1 cm lang? (kürzer: StEi)	ja	nein

Wenn man einen Baum bzw. seine Blätter nun nach diesen Eigenschaften kontrolliert, kann es also immer nur 3:0 oder 2:1 für Stiel- oder Trauben-Eiche stehen und nie unentschieden ausgehen. Ganz zufrieden können wir natürlich damit nicht sein, wenn zur Baumarten-Unterscheidung mindestens 3 Merkmale nötig sind.

Und wenn Sie Früchte finden (was eigentlich bei älteren Bäumen fast immer klappt, da sie entweder noch unreif oder reif am Baum hängen oder vom letzten Herbst auf dem Boden darunter liegen), ist hilfreich/wichtig die 4. Frage:

	TrEi	StEi
➢ Sind die Früchte über 2 cm lang gestielt und am Stiel verteilt? (TrEi: fast ungestielt und zusammengedrängt = Traube)	nein	ja

Dann kann es allerdings auch 2:2 ausgehen, und es könnte ein Hybrid zwischen beiden Eichenarten sein. Die beiden Eichen haben ihren deutschen Namen Stiel- und Trauben-Eiche also von der Frucht, nicht vom Blatt – das ist wichtig, denn sonst müsste die Trauben-Eiche wegen der lang gestielten Blätter Stiel-Eiche heißen.

Blitze schlagen relativ häufig in Eichen ein, da sie mit ihrer Pfahlwurzel oft Kontakt zum Grundwasser haben und verbreitet einzeln auf Wiesen oder an Plätzen stehen.

Text- und Bildautor:
Andreas Roloff, Tharandt

B4

Buchen

im Gespensterwald Nienhagen

***Fagus sylvatica*, Rot-Buche**

Standort: etwa 1,3 km entlang der Abbruchkante zur Ostsee in 100 m Breite, westlich Ostseebad Nienhagen; bei Warnemünde, Lkr. Rostock, Mecklenburg-Vorpommern

Alter: 150 bis 170 Jahre (geschätzt)

Stammumfang: dickster Baum 3,86 m (gemessen 06.2018 in 1,0 m Stammhöhe)

Höhe: 25–27 m (geschätzt)

GPS-Daten

N 54.161066
O 11.931405

Der Gespensterwald Nienhagen bei Warnemünde ist etwas sehr Ungewöhnliches: ein extrem dichter Buchen-Hallenwald mit über 1000 Altbuchen, die glatten silbergrauen Stämme fast ohne Äste lassen dadurch ein spektakuläres Bild entstehen – wie dicht stehende Geister. Besonders beeindruckend wirkt dieser Bestand, wenn man im Sommer abends kurz vor Sonnenuntergang dort ist. Dann steht die Sonne im Nordwesten und scheint tiefstehend fast waagerecht und rötlich weit in den Bestand hinein. Durch den Bestand führt nahe der Kante der Ostseeküsten-Radweg von Lübeck nach Usedom, so dass man auf diesem zwangsläufig durch den Gespensterwald fährt.

Da die Kante zur Ostsee immer weiter abbricht durch Wellenschlag und Hochwasser, gelangen immer wieder neue Bäume plötzlich in Randstellung. Diese sind dann nicht an den Wind bzw. Stürme angepasst, und einzelne fallen um, was wiederum zum Abbruch von weiteren Bereichen der Kante zur Ostsee führt. Es wird diskutiert ob man hier nicht den Ostseeküsten-Fernradweg verlegen sollte, um den Bestand herum landeinwärts. Aber es ist wohl aussichtslos, dass sich die Radfahrer daran halten würden. So kann es sein, dass beim Überfahren von Baumwurzeln zusätzliche Schäden entstehen. Aber maßgeblich für den Fortschritt der Veränderungen sind vor allem die zuvor beschriebenen natürlichen Prozesse, die unaufhaltsam früher oder später dazu führen werden, dass es den Gespensterwald nicht mehr geben kann, zumindest nicht in seiner jetzigen spektakulären Ausprägung. Ich erwarte, dass dies bereits in 10 Jahren der Fall sein wird, denn der Eindruck hat sich schon in den letzten 10 Jahren in Teilbereichen grundlegend verändert.

Die Buche zeigt bei Dichtstand oft einen „Hallencharakter" wie hier, da es unter den sich berührenden Kronen der älteren Bäume so dunkel ist, dass nur wenige Pflanzen- und Baumarten damit auf Dauer zurechtkommen. Auch die unteren Äste der Buchen selbst sterben schneller ab, so dass die Stämme schließlich astfrei werden und die „Elefantenhaut-Rinde" der Buchen besonders eindrucksvoll wirken lassen. Buchen-Urwälder – es gibt in Mitteleuropa nur wenige – sind demzufolge charakteristisch artenarm, dunkel und langzeitig fast statisch, bis einzelne Buchen mit Erreichen der Lebenserwartung von 350 Jahren absterben und so Lücken entstehen. Dieser Prozess wird hier durch den Küstenabbruch und den seitlichen Lichteinfall beschleunigt.

Die Buche scheint eine Problem-Baumart des Klimawandels zu werden (ähnlich Fichte), dies allerdings nicht überraschend: wir hatten das bereits 1992 prognostiziert und publiziert, da sie mit starker Sonnenbestrahlung, Hitze und Trockenheit als sogenannte Klimaxbaumart Probleme hat. Sie ist optimal an relativ geschlossene Bestände und höhere Luftfeuchtigkeit angepasst, genau dies wird aber zunehmend schwierig, wenn es immer heißer und trockener wird. Dann sterben zunächst einzelne Bäume ab, in der Folge dringt die Sonne in Bestandslücken ein, wo die Bäume daran nicht angepasst sind und Sonnenbrand, Überhitzung des Kambiums und weitere Rindenschäden auftreten. Genau dies geschieht hier auch gerade im Gespensterwald, wie zuvor beschrieben.

Andererseits ist das Anpassungspotenzial jüngerer Bäume schwer einzuschätzen, denn das kann erstaunlich sein. Die jetzt aufwachsende junge Buchengeneration wird möglicherweise (und hoffentlich!) an diese Veränderungen besser angepasst sein als die heutigen Altbäume. Wenn die Bestände von Anfang an lückiger aufwachsen, sind die Bäume dann im Alter daran angepasst. Die Blätter werden z.B. kleiner, dicker und ledriger und sind so besser trockenheitsgeschützt.

Text- und Bildautor:
Andreas Roloff, Tharandt

B5

Rot-Buche

am Schaalsee

Fagus sylvatica, Rot-Buche

Standort: vom Parkplatz vor der Insel Lassahn ca. 3 km Fußweg an das Nordwestufer der Insel, Westufer-Steilhang der Halbinsel Kampenwerder; Lkr. Ludwigslust-Parchim, Mecklenburg-Vorpommern

Alter: ca. 150 Jahre (geschätzt)

Stammumfang: 5,84 m (gemessen 08.2017 in 1,2 m Stammhöhe)

Höhe: 14 m (geschätzt)

GPS-Daten

N 53.586950
O 10.925389

Am stark hängigen, bis zu 21 m hohen Westufer des Kampenwerder, einer im Schaalsee gelegenen Insel, deren Uferlinie die Grenze zwischen Niedersachsen und Mecklenburg-Vorpommern markiert, stockt auf einer Breite von 30 bis 90 m ein z.T. sich selbst überlassener Buchenwald, während der übrige, überwiegend aus Nadelbäumen bestehende Bestand teils Forstmonokultur ist.

Die doppelstämmige Buche, deren Holz zu etwa 80 % abgebaut ist und die nur noch auf den Resten ihrer Stämme ruht, macht einen desolaten Eindruck. Schaut man zur Beurteilung der Vitalität in die Krone, findet sich dort ein geschlossenes Blätterdach, art- und standortgerechte Verzweigungen, kaum Totholz – alles, was von einer „gesunden“ Buche zu erwarten ist.

Als Mensch, als Säugetier haben wir eine sehr genaue Vorstellung von unserem eigenen Körper und seiner Funktionsweise, wir haben eine Vorstellung von unserem Leben und wie es sich selbst organisiert. Wir glauben zumindest unbewusst, dass alle anderen Lebewesen, wie weit sie auch phylogenetisch von uns entfernt sind, ähnlich funktionieren. Solange wir es bei Kategorien wie Geburt, Jugend, Reife und Tod belassen, mag das – mit Einschränkungen – noch gelten. Doch auf der biochemischen Ebene sind tierisches und pflanzliches Leben nicht miteinander vergleichbar, was sich bis in die konkreten Lebensäußerungen hinein fortsetzt: der Baum ernährt sich über den Wurzeln im Boden und über die Blätter der Krone; das bidirektionale Verteilungssystem, die Leitbündel mit Phloem und Xylem, befindet sich lediglich in den äußersten Schichten seines Körpers – das Innere hingegen ist tot und physiologisch nutzlos.

Seit etwa 350 Millionen Jahren existiert die Lebensform Baum auf unserem Planeten, jede achte Pflanzenart ist ein Gehölz und in zwei Dritteln aller Pflanzenfamilien gibt es Baumarten – es handelt sich mithin um eine kolossal erfolgreiche Lebensform, vielleicht sogar die erfolgreichste. Ebenso lange gibt es holzabbauende Mikroorganismen – beide hatten Zeit, sich aufeinander einzustellen und miteinander auszukommen. Dass Bäume und Pilze eine symbiotische Beziehung eingehen können, zeigt die Mykorrhiza, doch vielleicht trifft das auch für die Pilze zu, die in den Bäumen physiologisch totes Holz abbauen, welches der Baum nicht mehr unbedingt braucht. Man kann es auch so sehen: Indem sie das Holz im Inneren zersetzen, treiben sie den Baum an, zusätzliches lebendes Gewebe außen anzulegen, was einerseits den Wasser- und Nährstoffstrom stärkt, aber auch der mechanischen Stabilität dient. Zudem besitzen Bäume im geschlossenen Wald nicht nur den Ankerpunkt im Boden, die Wurzel, sondern einen zweiten im Kronendach, der mit seinem Astsystem dafür sorgt, die Stämme selbst bei schweren Stürmen nur moderat schwingen zu lassen.

Allein die Tatsache, dass die Buche auf diesem Standort wächst und ungehindert Photosynthese betreibt, deutet darauf hin, dass das, was wir visuell als „Schaden“ empfinden, die Vitalität nicht nachhaltig beeinträchtigen muss. Menschliche Intuition ist lediglich Ausdruck eines anthropozentrischen Standpunktes, der an unsere eigene Entwicklungsgeschichte gekoppelt ist, nicht aber die baumspezifischen Lebensumstände im Auge hat. Was unser Ästhetikempfinden zutiefst verletzt, ist nicht mehr und nicht weniger als die Anpassungsstrategie der Bäume, die sich in Hunderten Jahrmillionen als extrem erfolgreich erwiesen hat und ihnen ein außerordentlich hohes Alter verleiht. So gesehen ist die Schaalsee-Buche kerngesund und optimal strukturiert.

Text-und Bildautor:
Wolf-Peter Polzin, Güstrow

C1 Windflüchterkiefer

auf der Insel Hiddensee

Pinus nigra,
Schwarz-Kiefer

Standort: im Norden der Insel Hiddensee, kurz vor dem Leuchtturm Dornbusch; Insel Hiddensee, Landkreis Vorpommern-Rügen, Mecklenburg-Vorpommern

Alter: 80–100 Jahre (geschätzt)

Stammumfang: 0,92 m (stärkster der 3 Bäume, gemessen 12.2018 in 1,30 m Stammhöhe)

Höhe: 15 m (geschätzt)

GPS-Daten

N 54.598393
O 13.117671

Die Schwarz-Kiefer mit dem Leuchtturm im Hintergrund auf der Insel Hiddensee ist eine berühmte Persönlichkeit oder auch eines der Wahrzeichen der Insel. Dies stellt man ganz schnell fest, wenn man eine Urlaubskarte an Daheimgebliebene schreiben möchte. Die Auswahl mit der Schwarz-Kiefer als Postkartenmotiv ist sehr vielfältig. In Souvenirläden kann man zusätzlich Magnete, T-Shirts, Badetücher und diverse andere Mitbringsel erwerben, die mit der Schwarz-Kiefer und dem Leuchtturm verziert sind.

An einem wunderschönen, sonnigen Tag kurz vor dem Jahreswechsel machten wir uns mit den Fahrrädern auf den Weg, den Norden der Insel Hiddensee zu erkunden, und wollten dem Wahrzeichen der Insel einen Besuch abstatten. Der Weg führte uns von Neuendorf über Vitte und Kloster zur besagten Schwarz-Kiefer. Die letzten Kilometer legten wir zu Fuß zurück, der Weg ist für Fahrräder verboten. Wir konnten die Schwarz-Kiefer schon von weitem erkennen, verließen den Hauptweg zum Leuchtturm und folgten stattdessen einem schmalen Pfad, der uns direkt zu diesem beeindruckenden Baum führte. Dort angekommen, mussten wir einige Zeit warten und uns regelrecht an einer Menschenschlange anstellen, um den Baum zu vermessen und Fotos zu machen. Überraschend waren die 3 Baumstämme, die bis zum Boden reichen und sich dort berühren. Auf verschiedenen Bildern waren doch immer nur 2 Baumstämme zu erkennen. Nach einem kurzen Abstecher zum Leuchtturm, um den Blick des Baumes von der anderen Seite zu erhaschen, sind wir direkt wieder zur Schwarz-Kiefer gelaufen, sie hatte es mir doch sehr angetan.

Aus einer Entfernung von ca. 200–300 Metern fand ich die schönste Kulisse für die Fotos. Meine Familie musste sich dazu direkt an der Schwarz-Kiefer positionieren, um mir den Weg zum Fotografieren frei zu halten. Sie haben andere Gäste gebeten, kurz inne zu halten und aus dem Sichtfeld zu weichen. Meine Familie hat sich dazu für die Fotos selbst dann auch verstecken müssen, um nicht mit im Bild zu sein. Wir haben uns mit Handzeichen verständigt und hatten dabei so unseren Spaß.

An der Küste und im Hochgebirge werden die Kronen bei ständigem Wind- und Sturmeinfluss zu Windflüchtern, da sie sich dann auffällig einseitig entwickeln und abflachen. Die Kiefern mit den meisten Fernsehauftritten dürften wohl diese Gruppe Windflüchter am Leuchtturm auf Hiddensee sein – sie erscheint häufig abends um 19:55 Uhr beim Wetterbericht im Nordmagazin des NDR-Fernsehens Mecklenburg-Vorpommerns im Hintergrund. Und am Leuchtturm auf dem Darß kriechen die Kiefern gar vor dem Dauerwind und -sturm auf dem Boden dahin!

Die Nadeln der Kiefern sind sehr gut an Trockenstress angepasst. Zudem können sie Wasser auch direkt aus der Luft aufnehmen, z.B. Tau in Trockenperioden, so dass man Kiefern durch Besprühen der Kronen bei fehlender Bodenwasserversorgung am Leben erhalten kann. Dann wird das Wasser in den Zweigen sogar rückwärts transportiert, im Extremfall bei kleineren Bäumen bis zu den Wurzeln.

Kiefern führen tendenziell zur Austrocknung des Bodens, da ein relativ hoher Niederschlagsanteil in den Kronen an Nadeln und Zweigen hängen bleibt, von dort wieder verdunstet oder auch direkt von den Nadeln aufgenommen wird und daher dann den Boden nicht erreicht. Wenn Sie sich in Ihrem Garten ein trockenes Plätzchen schaffen wollen, sollten Sie dort also eine Kiefer pflanzen. Dann können Sie auch jederzeit das intensive und beruhigende Kronenrauschen genießen.

Text- und Bildautorin:
Mandy Gläßer, Bannewitz

C2

Süntelbuchen

von Rügen

Fagus sylvatica var. _suentelensis_, Süntel-Buche

Standort: Waldpark Semper bei Lietzow auf Rügen (aus Richtung Bergen auf Rügen kommend, den Ort Lietzow passieren. Ca. 150 m hinter dem Ortsausgangsschild von Lietzow liegt auf der linken Straßenseite etwas versteckt die kleine Straße zum „Waldpark Semper"). Lkr. Vorpommern-Rügen, Mecklenburg-Vorpommern

Alter: 100 Jahre (1920 gepflanzt)

Stammumfänge: StU dickster Baum unterhalb der Vergabelung: 2,16 m (gemessen 05.2019 in 1,00 m Höhe, Baumgruppe aus 10 Süntel-Buchen)

Höhe: 12 m (geschätzt)

GPS-Daten

N 54.492055
O 13.507501

Die Insel Rügen ist landschaftlich so vielseitig und hat so viele versteckte Schätze, dass selbst derjenige, der so wie ich von dieser Insel kommt, immer wieder von neuen Entdeckungen überrascht wird. Solch eine Entdeckung ist der etwa 38 Hektar große Waldpark Semper, den die Familie Lietz um 1920 anlegen ließ. Mit dem Park entstanden eine Rhododendren-Allee und eine Gruppe mit Süntel-Buchen.

Vom Bahnhof Lietzow kommend läuft man in Richtung Sagard am Bodden entlang und biegt dann links in den Wald hinein. Hier geht es erstmal an den hohen Rhododendren vorbei, bis ein kleiner Weg rechts eine Anhöhe hinauf führt. Die Ruine eines Wasserturms stimmt einen schon darauf ein, gleich in eine märchenhafte Welt einzutauchen, weg von Lärm und Klingeltönen hin zu Ruhe und Geheimnisvollem. Lassen Sie sich darauf ein.

Versteckt in diesem Wald steht eine Gruppe aus 10 Süntel-Buchen. Ihre Kronen sind zu einem Dach zusammengewachsen und bilden eine mächtige Kuppel, die nach allen Seiten bis zum Boden reicht. Hierdurch ist ein ganz besonderer Raum entstanden. Unter diesem Dach zwischen den eigenwillig gewachsenen Buchen sitzend fällt es schwer, nicht an Zwerge, Moosmutzel, Waldwuffel und vor allem an Hexen zu denken. Diese Süntel-Buchen mit ihren gebogenen Stämmen und verschlungenen Ästen scheinen nämlich wild zu tanzen. Wie fliegende lange Haare sehen die bizarr geschwungenen Äste und Zweige aus – Hexentanz eben. Manche Äste haben sich erst verzweigt, um dann doch wieder zusammenzufinden, andere scheinen mit einem weiteren Baum zusammengewachsenen zu sein. Es wirkt, als wären diese Süntel-Buchen ein einziges Wesen. Hoch aufragend und wie beschützend stehen die übrigen Bäume des Waldes um diesen besonderen Ort.

Die Süntel-Buchen im Waldpark Semper sind als Naturdenkmal geschützt und eine dendrologische Rarität. Süntel-Buchen sind keine Züchtung, sondern eine sehr seltene Mutation der Rot-Buche (*Fagus sylvatica* var. *suentelensis*). Diese Bezeichnung der Varietät weist darauf hin, dass sie aus dem „Süntel-Gebirge" stammt, einem kleinen Höhenzug auf Jurakalk nördlich von Hameln. Im Volksmund haben sie viele Namen wie Hexenbuchen, Krause Buche, Krüppel-Buche, Schirm-Buche, Schlangen-Buche oder Teufels-Buche. Mitte des 19. Jahrhunderts wurde der größte Süntel-Buchenwald Europas gerodet. Heute stehen noch an etwa 50 Standorten einzelne Exemplare oder Gruppen. Deshalb ist es gut, dass es verschiedene Projekte gibt, wie zum Beispiel das vom Heimatbund Niedersachsen e.V., die den Schutz, die Pflege und Neuanpflanzung von Süntel-Buchen zum Inhalt haben.

Mehr in die Breite als in die Höhe wachsend, erreichen Süntel-Buchen nur selten eine Höhe von über 15 Metern. Ihre Äste können bei Bodenberührung eigene Wurzeln ausbilden, den Kontakt zum Stamm verlieren und so zu einem eigenständigen Baum heranwachsen.

Der Grund für den seltsamen Wuchs der Süntel-Buchen ist immer noch ihr Geheimnis. Bodenbeschaffenheit, Bodeninhaltsstoffe, radioaktives Grundwasser, das Klima, strahlende Meteore, Form und Stellung der Knospen, unterirdische Hohlräume mit Luftströmungen oder „Erdstrahlen" wurden schon dafür verantwortlich gemacht. Auch vorübergehender Wasserentzug bei den Jungpflanzen wurden als Erklärung für den Krüppelwuchs in Erwägung gezogen, doch beweisen ließen sich all diese Spekulationen bisher nicht.

Text- und Bildautorin:
Katharina Dujesiefken, Schwerin

C3

Tulpenbaum

im Schlosspark Putbus

***Liriodendron tulipifera*, Amerikanischer Tulpenbaum**

Standort: Schlosspark Putbus, westlich der Kastanien-Allee, ca. 50 m südlich der Kirchen-Ruine; Putbus, Landkreis Vorpommern-Rügen, Mecklenburg-Vorpommern

Alter: 190 Jahre

Stammumfang: 4,35 m / 4,29 m in 1,3 m Stammhöhe (gemessen 2015)

Höhe: 30 m / 28 m

GPS-Daten

N 54.351889
O 13.473333

Der Amerikanische Tulpenbaum (*Liriodendron tulipifera*) ist einer der ältesten und beliebtesten fremdländischen Großbäume in unseren Garten- und Parkanlagen. Bereits in der Mitte des 17. Jahrhunderts brachte wahrscheinlich der Britische Pflanzensammler John Tradescant die ersten Pflanzen aus Nordamerika mit nach England, wo der Baum 1663 erstmalig in Pflanzenlisten genannt wird. Im Jahre 1697 erfolgt die Einführung nach Deutschland und seitdem ist dieser stattliche, vollkommen winterharte Baum fester Bestandteil unserer Gartenkultur.

Zwei der ältesten und größten Exemplare im Bundesland Mecklenburg-Vorpommern stehen direkt nebeneinander im Schlosspark Putbus auf Rügen. Der unter Moritz Ulrich I. ab 1725 entstandene Park wurde zunächst in einem barocken Stil angelegt. Anfang des 19. Jahrhunderts wurden unter Wilhelm Malte zu Putbus erste gestalterische Veränderungen zu einem Landschaftspark nach englischem Vorbild durchgeführt und konnten etwa 1830 abgeschlossen werden. Vermutlich zu diesem Zeitpunkt wurden auch die Tulpenbäume gesetzt. 1870 erfolgten umfangreiche Parkerweiterungen, die zu der heutigen Flächengröße von 75 ha führten. Das Fürstenhaus pflanzte eine Ansammlung fremdländischer Gehölze mit mehr als 60 verschiedenen Baumarten an. Viele weitere dendrologische Besonderheiten wie Riesen- und Urweltmammutbäume, Zedern oder gelbblühende Rosskastanien konnten bis heute erhalten werden. Das bis zur Sprengung 1962 vorhandene Schloss Putbus bildete ursprünglich den Mittelpunkt der Parkanlage. Erhalten sind bis heute lediglich die Terrassen zum Schwanenteich und weitere verschiedene historische Gebäude wie die Orangerie, der Marstall oder das im frühgotischen Stil errichtete Mausoleum.

Die beiden Tulpenbäume wurden bereits 1907 anlässlich des Besuches des Putbuser Parks im Rahmen der Jahresversammlung der Deutschen Dendrologischen Gesellschaft in Strahlsund vermessen. Ludwig Beissner, der damalige Geschäftsführer der Deutschen Dendrologischen Gesellschaft, notierte einen Stammumfang von 2,50 m sowie eine Höhe von 22 m (Jahrbuch der DDG 1907) und war voller Lob über „diesen großartig schönen Fürstensitz". Andreas Gomolka und Marion Scheich ermittelten 2015 im Rahmen des Projektes Champion Trees (www.championtrees.de) einen Stammumfang von 4,35 m bzw. 4,29 m bei einer Höhe von 30 m und 28 m.

Ihren imposanten Habitus zeigen die Tulpenbäume besonders im Herbst. Die prachtvolle, leuchtend gelbe Herbstfärbung ist atemberaubend und in Putbus besonders gut ausgeprägt. Grund sind die reichlich auftretenden Herbstnebel, die eine lang andauernde Blattfärbung beim Tulpenbaum begünstigen. Die Färbung verändert sich über zwei bis drei Wochen hinweg, von sanftem Gelb über Goldgelb bis hin zu einer zarten goldbraunen Schattierung. Die abgefallenen Blätter der großen Bäume bedecken schließlich eine ausgedehnte Bodenfläche. Etwas unauffälliger, aber nicht minder eindrucksvoll sind die Ende Mai bis Ende Juni erscheinenden namengebenden, tulpenförmigen Blüten. Sie haben sechs sich überlappende, grünlichgelbe Kronblätter, die an eine Tulpe erinnern. Das Blüteninnere ist mit zahlreichen gelben Staubfäden und einem großen Stempel ausgefüllt. Etwa ab dem 15. Lebensjahr erscheinen in den oberen Kronenpartien die ersten Blüten und sind deshalb nur bei genauem Hinsehen sofort zu erkennen.

Text- und Bildautor:
Hans-Roland Müller, Laußnitz

C4

Speierling
bei Teterow

***Sorbus domestica,* Speierling**

Standort: an der Kreisstraße 44 südlich von Teterow, Lkr. Rostock, Mecklenburg-Vorpommern

Alter: ca. 120 Jahre (geschätzt)

Stammumfang: 2,48 m (gemessen 08.2019 in 1,3 m Stammhöhe)

Höhe: 18 m (geschätzt)

GPS-Daten

N 53.758964
O 12.570567

An der Kreisstraße 44, die bei Teterow im Landkreis Rostock von der B 108, abzweigt, fällt nach wenigen hundert Metern ein Baum auf der nördlichen Straßenseite der inzwischen leider lückigen Allee auf. Es lässt sich wohl nicht mehr rekonstruieren, wie die Birnen-Allee mit einzelnen Eschen und Ahornen zustande kam, vor allem nicht, wer die Idee hatte, dort hinein zwei Speierlinge zu pflanzen; immerhin hat man von der Kuppe, an der sich zudem eine winzige Parkmöglichkeit befindet, einen fantastischen Blick in das Teterower Becken. Die wenigen Eingeweihten, die um das Kleinod wussten, hat es 2011 hart getroffen: Einer der beiden Speierlinge brach in einem Gewitter zusammen.

Obwohl er 1993 eine etwas größere lokale Aufmerksamkeit bekam, als der Speierling zum Baum des Jahres ausgerufen und ein entsprechendes Schild an seinem Stamm befestigt wurde, ist er im Nordosten Deutschlands nahezu unbekannt. Das mag an seiner, Mecklenburg-Vorpommern nicht mehr erreichenden, natürlichen Verbreitungsgrenze liegen, die etwa auf Höhe des Nordharzes verläuft. Andererseits hätten Speierlinge schon aus klimatischen Gründen enorme Schwierigkeiten, sich hier zu behaupten.

Der Teterower Speierling ist daher an seinem exponierten Standort auf jeden Fall ein besonderer, ein starker Baum. Nicht nur während seiner Blüte Mitte Mai, in der er strahlend weiß aus seiner grünen Umgebung herausragt, sondern vor allem im Herbst ist er die auffälligste farbliche Landmarke. Genauso erstaunlich ist sein Fruchtbehang, der sich alle drei bis vier Jahre wiederholt. Üblicherweise sind die Kernobstgehölze selbstinkompatibel, können sich also nicht selbst bestäuben – und einen zweiten Speierling gibt es nicht. Entweder ist dieser Baum also in der Lage, seine Blüten mit eigenem Pollen zu versorgen, was in sehr seltenen Ausnahmefällen möglich sein soll, oder aber – was wahrscheinlicher ist – der Pollen stammt von anderem Kernobst aus seiner unmittelbaren Umgebung; gattungsübergreifende Kreuzungen sind nicht ungewöhnlich. Apfel- und Birnbäume stehen nur wenige Meter entfernt, die Landschaft ist von Weißdorn-Hecken durchzogen – Bienen, Fliegen und Käfer haben also kurze Wege.

Die meisten Menschen fahren an diesem Baum vorbei, obwohl der kleine Rastplatz zum Verweilen einlädt, selbst diejenigen, die wissen, was ein Speierling ist. Der Grund ist: sie erwarten ihn hier einfach nicht. Von Ferne könnte man ihn im Sommer für einen Spitz-Ahorn halten, im Frühjahr vielleicht für eine Eberesche, im Herbst für eine kleine Eiche. Es scheint so, als wolle er das kleine Geheimnis seiner Abstammung den Unkundigen gegenüber hüten. Vergleicht man ihn mit den zahlreichen Eichen, die in der Mecklenburgischen Seenplatte und deren Rückland die Feldmark kennzeichnen, kann er natürlich nicht mithalten. Momentan hat er eine fast kugelrunde Krone; Speierlinge im Freistand, sog. Feldspeierlinge, werden im Alter breiter als höher. Damit lässt sich erahnen, was für eine Zukunft der Baum an der wenig befahrenen Kreisstraße noch vor sich hat. Die Standortbedingungen sind nicht schlecht, und wenn die Straßenbauverwaltung des Landkreises sich der Bedeutung dieses Baumes bewusst ist, kann sie das Nötige tun, um den Baum zu schützen. Es bleibt damit zu hoffen, dass er nicht das Schicksal teilen muss, das seinen Bruder 2011 getroffen hat. Vor den Einflüssen von Wind, Regen, Schnee und Eis aber können wir den Baum beim besten Willen nicht bewahren. Es klingt makaber, aber der Klimawandel würde ihn vielleicht sogar begünstigen.

Text-und Bildautor:
Wolf-Peter Polzin, Güstrow

C5 Stiel-Eiche

im Tiergarten Ivenack

***Quercus robur*, Stiel-Eiche**

Standort: Tiergarten Ivenack, westlich von Ivenack an der Straße nach Basepohl; Ivenack, Lkr. Mecklenburgische Seenplatte, Mecklenburg-Vorpommern

Alter: 800 Jahre (geschätzt)

Stammumfang: 11,52 m (gemessen 01.2017 in 1,3 m Stammhöhe)

Höhe: 32 m

GPS-Daten

N 53.715917
O 12.949250

Die „Große Eiche" von Ivenack ist die massivste Eiche von Deutschland und sehr wahrscheinlich auch in Europa. Sie hat einen Stammumfang in 1,3 m Höhe von über 11 Metern und eine Höhe von 32 Metern. Die Holzmasse beträgt ca. 140 Kubikmeter. Obwohl es in Schweden und dem Vereinigten Königreich ein paar Eichen gibt, welche einen etwas größeren Umfang aufweisen, ist sie Dank des langen Stammes und der großen Höhe die bei weitem voluminöseste Eiche Europas. In ganz Europa, einschließlich Großbritannien, gibt es nur wenige andere Eichen mit einem Volumen von über 100 Kubikmetern.

Die Eichen von Ivenack, welche Stammumfänge von 7 bis über 11 m haben, sind berühmt seit dem 19. Jahrhundert. Seitdem nennt man sie die „Tausendjährigen Eichen" von Ivenack. Im Jahr 1995 wurde der Gesundheitszustand beurteilt und versucht, ihr Alter durch Jahresringmessungen zu bestimmen. Die Forst-Pathologin Ratburg Blank nahm mit einem Zuwachsbohrer Kern-Proben aus den äußeren 40 cm des Stammes von mehreren alten Eichen sowie zum Vergleich dazu von jüngeren Bäumen. Da die Eichen hohl sind, konnte sie keine Gesamtansicht des Wachstums der Bäume aus ihrer Jugend bekommen. Bei der größten Eiche zählte sie 193 Jahresringe in den äußeren 38 cm. Die Ringe hatten eine durchschnittliche Breite von 1,9 mm. Sie schätzte die „Große Eiche" auf rund 830 Jahre, so dass der Baum um das Jahr 1165 gekeimt sein könnte. Das geschätzte Alter der fünf ältesten Eichen lag im Jahr 1995 zwischen 565 und 830 Jahren, etwas weniger als man zuvor vermutet hatte. Damit gehören sie zu den ältesten in Deutschland lebenden Eichen.

Es handelt sich dabei um ein besonderes Zeugnis der Nachhaltigkeit und der historischen Waldnutzung. Sie sind keine Reste ehemaliger Urwälder, sondern Relikte der im Mittelalter verbreiteten Landnutzungsform des Hude-(Hüte-)Waldes, die im Ivenacker Tiergarten über Jahrhunderte bis heute erhalten wird. Ein Hudewald ist ein als Weide genutzter Wald. Bei dieser als Waldweide bezeichneten Art der Waldnutzung und Viehhaltung wurde das Nutzvieh in den Wald getrieben, damit es sich dort Futter suchte. Zu dieser Zeit waren dies meist Gebiete, wo die potenzielle natürliche Vegetation weiträumig oder fast flächendeckend aus Wald bestand, wie unter anderem im westlichen Mitteleuropa. Hierdurch entstanden im Laufe der Zeit, mit dem durch die Beweidung deutlich unterdrückten oder zumindest reduzierten Nachwuchs, unter Rückbehaltung einiger, schließlich sehr alter Nährbäume, lichte bis fast offene, parkartige Wälder bis hin zu baumbestandenen Weiden.

Bei der Pflege und Erhaltung der Eichen durch das Forstamt Stavenhagen kommen grundsätzlich keine künstlichen Maßnahmen wie Baumchirurgie oder Ausmauern in Frage. Es werden vielmehr die natürlichen Bedingungen des Hudewaldes, unter denen die Eichen so alt geworden sind, weitgehend gewahrt. Eine einfache Barriere um die Eichen soll helfen, Bodenverdichtungen im Wurzelbereich sowie direkte Trittschäden an den Wurzelanläufen durch Besucher zu vermeiden.

Im August 2016 wurden die Ivenacker Eichen als erstes Nationales Naturmonument in Deutschland benannt.

Text- und Bildautor:
Hans-Roland Müller, Laußnitz

C6

Ruinenulme

in Putzar

***Ulmus laevis*, Flatter-Ulme**

Standort: Ruine des Ulrichbaus im Giebel der Nordwand, Schloss Putzar; Lkr. Mecklenburgische Seenplatte, Mecklenburg-Vorpommern

Alter: ca. 150 Jahre (geschätzt)

Stammumfang: 3,55 m (gemessen 09.2017 in 1,2 m Stammhöhe)

Höhe: 23 m (geschätzt)

GPS-Daten

N 53.712294
O 13.653333

Mit seinem Gedicht „Ulmenbaum" hat Ludwig Uhland 1829 die ehemals im Ostflügel der Klosterruine St. Peter und Paul zu Hirsau stehende Ulme unsterblich gemacht; 1989 fiel sie dem Ulmensterben zum Opfer. Ein unbekannter Dichter schrieb 1841 über diesen Baum, „nicht das Alter des Bau's, das Alter nur der Zerstörung / zeigt die Ulme, die dort über die Giebelwand schaut." Seit ca. 150 Jahren findet sich das Pendant mit einer Flatter-Ulme in der Ruine des Ulrichbaus im Kloster Putzar.

1306 als leichte pommersche Grenzbefestigung gegen das Herzogtum Mecklenburg angelegt, baute Herzog Ulrich I. von Schwerin dort um 1550 „ein für die damalige Zeit prächtiges" Renaissanceschloss. Es ging in der Folgezeit durch vieler Erben Hände, geriet aber allmählich in Vergessenheit, so dass heute niemand mehr sagen kann, wer wann der letzte Bewohner gewesen ist. Dem Verfall preisgegeben wurde es wohl irgendwann zwischen dem ausgehenden 18. und dem beginnenden 19. Jahrhundert. Vielleicht von dem umgebenden Park, vielleicht von einem Baum des nahen mecklenburgisch-pommerschen Grenzgrabens stammt der Samen, der auf den zu einem Verlies führenden Verbindungsgang fiel und keimen konnte. Die Pflanze wuchs heran, blieb unbeachtet und störte dort niemanden; im verfallenden Schloss war es bedeutungslos, ob der Baum überlebte, denn niemand dachte je daran, das Schloss wieder aufzubauen.

Betrachtet man die Ulme vom Innenraum des Schlosses aus, scheint sie allein auf dem Tonnengewölbe zu stehen, das gewiss die Hauptlast des Baumes trägt. Das Ensemble Bau/Baum bezieht seine Stabilität zum einen aus dem spitzbogig konstruierten Gewölbe, zum anderen aus den beidseitig dicken Mauern, in die als Widerlager die Schubkräfte gleichmäßig abgeleitet werden können. Es sieht also so aus, als könne die Ulme dort aus rein mechanischen Gründen uralt werden.

Die physiologische Versorgung des Baumes ist dafür umso erstaunlicher. An der nördlichen Außenseite der Ruine stehen lediglich zwei schmale Erdböschungen beidseitig des zusammengebrochenen Verlieses zur Verfügung. Der aufgeschüttete Boden enthält hier überwiegend Feldsteine und Abbruchmaterial. Dort mussten die Wurzeln erst einmal Halt finden und gleichzeitig den Baum versorgen können. In den zurückliegenden Jahrzehnten dürfte dabei mehr Bodenmaterial verweht als aufgetragen worden sein: viele der Hauptwurzeln liegen frei, fanden und finden aber trotzdem noch weit entfernt Halt im Boden und gelangen dort an Wasser und Nährstoffe.

Es war ein Glück, dass sich niemand um den Baum scherte und alle ihn einfach gewähren ließen. Vielleicht befand er sich nie in einer wirklichen Notlage, die wir auf den ersten Blick leicht unterstellen würden. Soviel zumindest können wir gelten lassen: Der Standort der Flatter-Ulme ist keineswegs ein physiologisch optimaler. Was sie aber mit nunmehr über 3,55 m Stammumfang daraus gemacht hat, spricht dann doch wohl eher dafür, dass wir die Bäume immer noch nicht richtig verstanden haben – und vielleicht nie verstehen werden.

„Lieblich, wie Fächer der Königinnen / Ulme, wie mächtiger Maienstrauß, / strebest du über die Mauern hinaus! / Sonnenschein nur und die Vögel gewinnen / friedsamen Schutz noch im offenen Haus. / Das Dach hier oben ist weggeschwunden, / bedeckt vom Moose viel alte Wunden; / und durch zertrümmerte, schwankende Nischen / schaut wehmuthstrahlend der Himmel herein." Auch diese Zeilen von Albert Knapp galten 1832 der „Ulme zu Hirsau"; auch sie lassen sich heute auf die Ulme von Putzar beziehen.

Text-und Bildautor:
Wolf-Peter Polzin, Güstrow

D1 Walnussbaum

in Tossens/Butjadingen

***Juglans regia*, Walnuss**

Standort: am Altendeicher Weg 6 gegenüber Hofgebäude in Tossens, Ortsteil von Butjadingen; Landkreis Wesermarsch, Niedersachsen

Alter: 84 Jahre

Stammumfang: 4,40 m (Messung an Taille in 1,0 m, Stammaufteilung in etwa 2,20 m Höhe, gemessen 08.2018), Kronenbreite 26 m

Höhe: 18 m

GPS-Daten

N 53.566982
O 8.257353

Da sagte mal jemand, dass in Tossens ein dicker Nussbaum stehen soll. Dabei fiel mir auf, dass es für unser Buch noch keinen Baum in Ostfriesland und bis Bremerhaven gab. Es war dann die Frage wie man herausbekommt, ob es stimmt und wo genau der Baum steht. Zufällig kam im Fernsehen Monate später ein Film über Butjadingen, den ich angesehen habe, weil ich mehr über diese mir relativ unbekannte Region an der Nordsee zwischen Wesermündung und Jadebusen erfahren wollte. Darin kam auch die Betreiberin des Hexenhofes Minerva aus Tossens zu Wort, und als ich die sah dachte ich: die frag ich. Was ich dann eine Woche später auch per Email tat: ob sie mir helfen könnte einen Nussbaum zu finden. Das interessierte sie sofort sehr, sie ist dann mehrmals mit dem Fahrrad die Straßen und Wege der Gemeinde abgefahren und wurde schließlich fündig. Ihre Fotos vom Baum machten mich ganz aufgeregt, weil er darauf wirklich eindrucksvoll mächtig aussah. Und das ist er auch, nach Datenbank championtrees.de mit Abstand die dickste Walnuss der Republik!

Also bin ich eines Tages hingefahren in diesen verträumten Winkel unseres Landes, habe mir erstmal den Hexenhof von Minerva angeschaut und über all die interessanten Dinge gestaunt, die sie in ihrem Shop anbietet und worüber sie erzählte, was sie als „Spirituelle Wegbegleiterin" macht – das ist eine eigene Welt. Dann beschrieb sie mir den Baumstandort, und seit dem Auffinden bin ich vollkommen überwältigt von den Ausmaßen von Stamm und Krone, der ästhetischen Vollkommenheit und der Schönheit dieses Nussbaumes. Ich brachte fast 2 Stunden am Baum zu mit Messen, Fotografieren, Prüfen ob es die reine Art oder evtl. aufgrund der Wuchsleistung ein Hybrid (*Juglans × intermedia*) ist. Währenddessen kam der Eigentümer des Grundstückes hinzu, fragte warum mich der Baum so interessiert und war dann selbst vollkommen überwältigt, dass dieser Baum auf ihrem Grundstück der stärkste Nussbaum Deutschlands ist. Er sagte mir auch, dass der Baum 1934 gepflanzt worden ist, da sei er sicher, weil er selbst dabei war – was mich nochmal sehr beeindruckte. Die enorme Wuchsleistung kommt wohl zustande, weil er mit seinen Wurzeln Anschluss an das Grundwasser in etwa 1,5 m Tiefe hat und daher Trockenjahre wie 2018 und 2019 kein Problem sind. Im Gegenteil: so ein Jahr ist vermutlich ein besonders gutes Wuchsjahr, das müsste man an den Jahrringen einmal überprüfen.

Zudem steht der Baum ästhetisch sehr ansprechend auf einer Wiese etwa 4 m von der einspurigen Straße entfernt und ist frei zugänglich. Die Eigentümer waren sehr angetan von der Entdeckung und hoffen, dass der Baum noch den Ritterschlag zum Naturdenkmal erhält. Er trägt reichlich Früchte und zeigt die Spuren seiner Lebensgeschichte: eines Blitzeinschlages und Reste einer verrosteten Kette zwischen 2 der 7 Stämmlinge. Der Stamm ist sehr eindrucksvoll, hell und wulstig, wie es sich für eine Walnuss gehört. Den Champion der Republik hätte man wohl eher in SW-Deutschland erwartet.

Nussbäume als Hausbäume haben den Vorteil, dass sie spät austreiben und schon relativ früh im Herbst die Blätter wieder abwerfen, so dass sie Schatten spenden, wenn man ihn haben möchte, ansonsten aber von Oktober bis April das Licht durchlassen. Eindrucksvoll an Butjadingen ist rundherum der Deich zu Weser, Nordsee und Jadebusen und gegenüber der neue Tiefseehafen Jade-Weser-Port für Mega-Containerschiffe mit unbegrenztem Tiefgang, auf den Hamburg etwas nervös schaut.

Butjadingen ist eine eigene Welt „zwischen dem Wasser" – dort müsste man mal Urlaub mit Fahrrad machen...

Text- und Bildautor:
Andreas Roloff, Tharandt

D2

Dicke Linde

in Heede/Emsland

***Tilia platyphyllos*, Sommer-Linde**

Standort: Am Ortseingang (Seitensträßchen Pinnincksallee von Hauptstraße) von Heede; Lkr. Emsland, Niedersachsen

Alter: ca. 600 Jahre (geschätzt)

Stammumfang: etwa 17,50 m (gemessen 12.2018 in 1,30 m Stammhöhe, an Taille in 0,6 m Höhe 16,40 m, gemessen 08.2019)

Höhe: 24 m (geschätzt), Kronenbreite 30 m (geschätzt)

GPS-Daten

N 52.993271
O 7.295812

Im Nordwesten Deutschlands steht einer der mächtigsten Bäume Europas, sicher aber der stärkste Baum Deutschlands – die Riesenlinde von Heede, auch als „Tausendjährige Linde“ oder „Dicke Linde“ bekannt. Mit über 17 m Stammumfang – genau lässt sich das wegen der vielen Einbuchtungen nicht ermitteln –, einer Krone von fast 30 × 30 m und einer Höhe von etwa 24 m stellt sie einen wahren Baumkoloss dar.

Die Geschichte dieses Baumes reicht weit in die Vergangenheit zurück. Ihr werden tausend Lebensjahre zugeschrieben. Wahrscheinlicher ist jedoch, dass sie irgendwann zur Entstehungszeit der Schärpenburg als Burglinde gepflanzt wurde. Diese wurde um 1470 als Befestigungsanlage neu errichtet; nur wenige Kilometer entfernt verläuft die niederländische Grenze. 1763, im letzten „Holländischen Krieg“, wurde die Wasserburg eingeäschert – gut möglich, dass die Linde dabei Schaden erlitt und die Krone verlor. In der Folge trieben Stämmlinge aus, von denen heute noch 9 leben und selbst wie mächtige Bäume erscheinen. Die fast 16 m^2 große Fläche, die sich auf dem Stumpf gebildet hat, war früher mit Holzbohlen gedeckt. Zunächst sollen hier Kanonen platziert worden sein, später wurden Gottesdienste und wahrscheinlich auch Tanzvergnügen abgehalten. Auch die Münsteraner Fürstbischöfe sollen auf dieser Stelle Bankette abgehalten haben. Noch heute ist die Linde Mittelpunkt dörflicher Veranstaltungen. Zu Fronleichnam findet unter dem Baum ein Gottesdienst mit Prozession statt; der Heeder Schützenkönig wird hier proklamiert, und so manche Trauung hat hier stattgefunden.

Die Riesenlinde wurde 2014 von der Deutschen Dendrologischen Gesellschaft (DDG) zum Rekordbaum des Jahres gekürt. Damit sollen Bäume ausgezeichnet werden, welche die jeweils stärksten Exemplare ihrer Art in Deutschland darstellen. Mehr als 70 Teilnehmer aus ganz Deutschland waren angereist, aber auch aus den Niederlanden und Belgien. Die Dorfgemeinschaft hatte die komplette Gesellschaft zum Spargelessen eingeladen – der Spargel der Gegend ist so berühmt wie die Linde.

Die Bedeutung der Dicken Linde zeigt sich auch darin, dass sie im Oktober 2019 von der DDG zum ersten Nationalerbe-Baum Deutschlands ernannt wurde. Ehrfurchtsvoll nähert man sich einem solchen Baumriesen. Kein Bild mag die Größe und Ruhe widergeben, die solch ein Baumwesen ausstrahlt; es vermittelt uns einen Hauch von Ewigkeit. Die Heeder Linde erscheint noch völlig gesund, der Stamm ist wohl nicht hohl – ganz ungewöhnlich für eine Linde, die schon über 500 Jahre hat vorübergehen sehen. Man nahm an, die Linde sei gar nicht ein einziger Baum, sondern aus einer Büschelpflanzung mehrerer junger Setzlinge entstanden. Von den stärksten Stämmlingen gewonnene Triebe wurden im Labor untersucht – alle stimmten genetisch überein! Damit war der Beweis erbracht, dass es sich tatsächlich um einen Baum handelt.

Einige Dorfveranstaltungen in Heede, die immer noch unter dem Baum stattfinden, zeugen von der innigen Verbundenheit der Dorfgemeinschaft mit der Linde. Sie wird sicher noch viele Jahrhunderte weiter gedeihen und die Reisenden in Erstaunen versetzen, die zum ersten Mal an ihrem mächtigen Stamm stehen.

Text- und Bildautor:
Eike Jablonski, Kruchten

D3

Hainbuche

im Hasbruch bei Ganderkesee

***Carpinus betulus,* Gewöhnliche Hainbuche**

Standort: im NSG Hasbruch, 1 km nördlich der A28 (auf etwa halber Strecke zwischen Delmenhorst und Oldenburg, Abfahrt 18 „Hude"), Parkplatz „Am Forsthaus", dort große Tafel mit Karte; Gemeinde Hude, Lkr. Oldenburg, Niedersachsen

Alter: 200 Jahre (geschätzt)

Stammumfang: 3,22 m (gemessen 09.2019 in 1,3 m)

Höhe: 16 m (geschätzt)

GPS-Daten

N 53.069135
8.491795

Das Naturschutzgebiet Hasbruch ist bekannt für seine vielen sehr alten Eichen und die schönen Rundwege. Aber auch besonders viele beeindruckende alte Hainbuchen hat dieser Wald zu bieten. Nicht alle dieser Bäume sind zugänglich, da man in einem NSG die Wege nicht verlassen darf und sich auch daran halten sollte. Es ist ein bisschen wie Märchenwald und ein eindrucksvolles Zeichen, dass die Forstwirtschaft auch Naturschutz betreibt. Das muss in Mitteleuropa nicht zu einer höheren Artenvielfalt führen, denn die stark Schatten werfenden Baumarten Rot-Buche und Hainbuche führen zu einem dunklen Waldboden, wie es hier auch in größeren Bereichen der Fall ist. Hier sieht man auch so eindrucksvoll, dass ein „Urwald" bei uns durch absterbende Eichen geprägt ist.

Ästhetisch beeindruckt die Vollkommenheit dieser Hainbuche mit ihren „Rindenmuskeln" (für ältere Hainbuchen typische, hier schön ausgeprägte Spannrückigkeit), den ausladenden Kronenästen, rundherum vom Stamm auslaufenden wulstigen Wurzelanläufen und wie sie dort am Weg steht.

Die Baumart Hainbuche ist eigentlich eine eher unauffällige Baumart, da sie keine besonderen Blüten entwickelt, jedoch kann ihre Herbstfärbung spektakulär goldgelb ausfallen und Ende Oktober für Aufmerksamkeit sorgen, ebenso ihre Spannrückigkeit des älteren Stammes wie bei diesem Baum.

Die Rinde ist zunächst glatt wie die der Buche (Typ Glattrinde), im Alter entwickelt die Hainbuche dann aber deutliche Längsfalten und -wülste. Von außen sieht es aus, als ob sich die Wurzeln bis in die Krone hinein fortsetzen würden. Unsere Untersuchungen haben jedoch gezeigt, dass dies nicht zutrifft, vielmehr versorgt jede Wurzel die gesamte Krone mit. Oft ist der Stamm sehr drehwüchsig.

Hainbuchen reagieren im Frühjahr vor dem Austreiben sehr empfindlich auf Verletzungen. Dann läuft aus Wunden der kohlenstoffreiche „Blutungssaft" aus. Er schmeckt aufgrund seines relativ hohen Zuckergehaltes etwas süßlich. Hainbuchen sollten deshalb nicht im Frühjahr vor dem Austreiben beschnitten werden. Im Übrigen kann die Hainbuche aber Wunden effektiv gegen Infektionen schützen, sie hat ein gutes „Abschottungsvermögen".

Die Blätter sind im Gegensatz zur Buche am Rand doppelt gesägt und fühlen sich älter und derber an. Sie sehen das ganze Jahr über so aus, als hätten sie sich nicht richtig entfaltet. Die große Regenerationskraft der Hainbuche (Stockausschlagfreudigkeit und Wiederaustriebsvermögen nach Schnitt) hat man früher für den Kopfbaumbetrieb ausgenutzt: Wie bei Kopfweiden wurden Äste bzw. Stämmlinge geschnitten und hier als Brenn- und Nutzholz verwendet, die Neuaustriebe der „geschneitelten" Bäume waren ein beliebtes Viehfutter.

Waldbaulich macht man sich die Schattentoleranz dieser Baumart bis ins Alter zunutze: Förster pflanzen die Hainbuche zwischen Eichen, damit die Eichenstämme von ihr beschattet werden und sie im unteren Stammbereich die Äste zum Absterben bringt: „astrein" sollen die Eichenstämme werden. Dabei wächst die Hainbuche dann – im Gegensatz zu Buche und Linde – den Eichen nicht in die Krone. Außerdem kann man die Hainbuche auch in Alleenlücken und dunkle Parkbereiche pflanzen, sie kommt dort mit der Beschattung zurecht.

Ein weiterer Name dieser Baumart ist „Hagebuche". Er hat seinen Ursprung in ihrer Beliebtheit für Hecken: Sie diente lange Zeit zum „Ein-Hagen" von Feldern und Wiesen. Neben der Schnittverträglichkeit ist für Hainbuchen-Hecken besonders vorteilhaft, dass die Blätter im Winter am Baum hängen bleiben und dann weiter als Sicht-, Lärm- und Windschutz dienen können.

Text- und Bildautor:
Andreas Roloff, Tharandt

D4

Kirschbaum

in Weepenmoor/Damme

***Prunus avium*, Wild-Kirsche**

Standort: Zum Schacht 1, im Ortsteil Weepenmoor von Damme, etwa 8 km westlich des Dümmers; Landkreis Vechta, Niedersachsen

Alter: 175 Jahre

Stammumfang: 5,25 m (gemessen 02.2019 an Taille in 0,8 m, Stammgabelung in etwa 1,20 m Höhe)

Höhe: 7 m, Kronenbreite 22 m (geschätzt)

GPS-Daten

N 52.544837
O 8.180750

Es war genau 10 Jahre her (Februar 2009), als ich von einer großen Kirsche bei Damme nahe dem Binnenmeer Dümmer gelesen hatte und mich aufmachte ihn zu suchen. Was auch klappte, da er unmittelbar neben einer alten Ziegelei steht, die in Kreisen von „ghost places“ als Highlight genannt und der Ort genau beschrieben ist. So war ich damals überwältigt und überglücklich, als ich am Ende einer Sackgasse neben der Ziegelei den Kirschbaum sah. Es ist ein bisschen das „Ende der Welt“ dort, eher wie „lost places“. Natürlich habe ich den Baum sofort intensiv fotografiert, und währenddessen kam der Grundstückseigentümer heraus (der Baum steht im Vorgarten frei sichtbar auf einer Rasenfläche) und fragte, was an dem Baum denn so besonders ist. Als ich antwortete: es ist der dickste Kirschbaum von Deutschland, war er sehr überrascht und gar nicht glücklich: er hatte Sorge, dass nun jeden Tag Busse mit Touristen zu diesem Kirschbaum kämen. Ich versuchte ihn zu beruhigen und „machte mich beizeiten vom Acker“, nachdem ich noch einen Blick in die alte Ziegelei geworfen hatte – ein Traum! Danach habe ich den Baum lieber nirgends mehr erwähnt.

Als ich nun 2018 mit den Recherchen für das Buch Starke Bäume begann und merkte, dass in diesem Teil Niedersachsens noch eine große weiße Fläche ohne starken Baum bleibt, fiel mir die Kirsche wieder ein und ich beschloss, ihn noch einmal aufzusuchen, allerdings mit der Sorge, dass es ihn gar nicht mehr gibt: ich schätzte die Wahrscheinlichkeit dafür auf 80 %. Umso mehr war ich vollkommen glücklich, als ich auf den Tag genau 10 Jahre später im Februar 2019 am Ende der Sackgasse den Kirschbaum prächtiger denn je vorfand. Man sah sofort, dass sich jemand liebevoll um den Baum kümmert, und das schon seit längerer Zeit.

Also begann ich wieder zu fotografieren und wie damals kam der Eigentümer heraus und fragte, was denn an dem Baum so besonders sei. Und ich antwortete wie damals: dass es der dickste von Deutschland sei. Aber diesmal reagierte er begeistert, dass ich das sagte, und ich merkte, dass er diesen Kirschbaum liebt. Er erzählte dass er einiges investiert hatte, um ihn zu stabilisieren (2 aufwändige und gelungene Stützen unter den großen Ästen, die sonst schon auf die Wiese gebrochen wären), vorsichtige Einkürzungen, und er hatte einen Fachmann zur Altersdatierung bestellt und bezahlt. Danach ist der Baum 175 Jahre alt, für eine Vogel-Kirsche ein ziemlich hohes Alter. Es stimmt mit meiner Schätzung nach dem Äußeren des Baumes überein. Ich habe mich länger mit dem Eigentümer und den hinzukommenden weiteren Familienmitgliedern unterhalten und merkte, wie stolz alle auf diesen Baum sind. Also fragte ich dann schließlich auch ganz vorsichtig, ob ich ihn im Buch vorstellen dürfte, was intensiv bejaht wurde und ich hiermit tue.

So etwas Schönes erlebt man nicht alle Tage. Der Baum hat einen einmaligen Habitus, da sich zwei starke Stämmlinge in 1,20 m Stammhöhe in ganz verschiedene Richtungen entwickeln und eine stark asymmetrische Krone zur Folge haben: ein eindrucksvoller „Charakterbaum“, wie wir das neuerdings nennen.

Die Ziegelei nebenan ist nach wie vor sehenswert, allerdings sollte man den Eigentümer (derselbe wie vom Kirschbaum) vor dem Betreten um Erlaubnis fragen, da er die Ziegelei liebevoll denkmalschutzgerecht saniert und deshalb nicht alles gesichert ist.

Text- und Bildautor:
Andreas Roloff, Tharandt

E1

Riesenahorn

im Hirschpark Hamburg-Blankenese

***Acer pseudoplatanus*,**
Berg-Ahorn

Standort: Hirschpark (am Beginn der Lindenallee), nahe Eingang von der Elbchaussee; Stadtteil Blankenese, Hansestadt und Bundesland Hamburg

Alter: 230 Jahre (geschätzt)

Stammumfang: 5,45 m (gemessen 07.2018 an Taille in 0,9 m Stammhöhe)

Höhe: 22 m (geschätzt), Kronenbreite 36 m (geschätzt)

GPS-Daten
N 53.557324
O 9.827953

Dies dürfte wohl einer der schönsten Berg-Ahorne der Republik sein: mit einem starken Stamm und mächtiger Krone sowie sehr harmonischer, vollkommen intakter Silhouette, noch dazu in einer wunderschönen Parkanlage, dem Blankeneser Hirschpark, vor einer sehenswerten alten, vierreihigen Lindenallee. Der Stamm teilt sich in einer Höhe von etwa 2 m in mehrere Stämmlinge. Als ich ihn fotografiert habe, hatte es kurz zuvor geschneit und da es nur wenig Schnee war, blieb er im Baum hängen und verdunstete von dort wieder, als danach die Sonne schien. So zeichnet sich auf dem Foto die „Kronentraufe" exakt durch den runden grünen Wiesenbereich ab – eine Stunde später war alles weggetaut. Das sind Erlebnismomente beim Baumfotografieren, die hängen bleiben, und ich habe mich noch lange über die weite Anreise extra zu diesem Baum gefreut.

Dies ist ein Baum, zu dem Sie sofort eine Beziehung bekommen (wenn Sie es wollen und zulassen). Da darf man ruhig mal ein bisschen vermenschlicht über ihn denken: was er wohl schon alles erlebt hat und noch erleben wird und wie er sich in diesem Umfeld „fühlt"? Er sieht so aus, als geht es ihm bestens. Zudem ist der Stamm ein ästhetisches Highlight: mit seinen Wülsten, Beulen und Kehlen sowie der typischen schuppigen Bergahorn-Borke erinnert er an einen Elefantenfuß.

Die Früchte des Berg-Ahorns sind kleine Nüsschen. Sie haben einen langen Flügel, der die Fallgeschwindigkeit verringert, so dass sie beim Fallen ins Trudeln geraten (Drehschraubenflieger) und dabei vom Wind verfrachtet werden, bis zu 125 m vom Mutterbaum. Erinnern Sie sich an Ihre Kinderzeit: wer von uns hat nicht Ahornsamen in die Luft geworfen und beobachtet, wie sie hubschrauberartig wieder niederfallen... Und auch daran erinnern Sie sich: Die Fruchthülle ist leicht klebrig, man kann sie aufbiegen und sich die Flügelnüsschen auf die Nase kleben – das haben Sie als Kind doch sicher auch getan?

Wussten Sie schon, was das „Oskar-Syndrom" ist? Es bezeichnet sehr treffend die Situation, wenn junge Ahorne im tiefen Schatten auf mehr Licht warten und dann im Wachstum stagnieren, sobald sie etwa 1–2 m groß sind. Die Bezeichnung Oskar-Syndrom wurde dafür verwendet, da es ja das Schicksal von Oskar in der „Blechtrommel" von Günter Grass ist, dass der Junge nicht mehr weiterwächst.

Im Frühjahr kann es zum „Bluten" aus abgeschnittenen Ästen und verletzter Rinde kommen – das ist der sog. Frühjahrssaft, der auch für Ahornsirup genutzt werden kann. Er tritt bei Verletzungen ab März bis zum Austriebzeitpunkt aus und enthält reichlich Zucker, den können Sie schmecken. Für den Sirup wird er dann eingedickt.

Sein Holz war bereits in der Stein- und Bronzezeit sehr geschätzt, heute vor allem bei Instrumentenbauern. So erzielte z.B. im Winter 2007/08 in Sachsen ein Stamm des Berg-Ahorns den höchsten Holzpreis, mit 8.600 Euro. Es werden wichtige Teile von Musikinstrumenten daraus gefertigt, das sog. Klangholz z.B. für Streichinstrumente, Lauten, Zithern und Gitarren, Panflöten und Fagott. Höchstpreise erzielt der sog. Flammen-/Riegel- und Vogelaugen-Ahorn, das sind Stämme mit welligem Holzfaserverlauf oder vogelaugenähnlichen Holzstrukturen, die dann im Furnier oder Edelholz besonders schön aussehen. Von den drei heimischen Ahornarten ist das Holz des Berg-Ahorns das begehrteste, auch weil es am hellsten ist. Es ist hart und gut zu bearbeiten.

Text- und Bildautor:
Andreas Roloff, Tharandt

E2

Sibirische Ulme

am Elbufer in Hamburg

Ulmus pumila, Sibirische Ulme

Standort: In einer kleinen Grünanlage am Elv-Restaurant, Elbuferweg 80, Hamburg-Nienstedten

Alter: 125 bis 175 Jahre (geschätzt)

Stammumfang: 4,45 m (gemessen 12.2018 in 1,30 m Stammhöhe); ab 2,50 m Stammhöhe dreistämmig mit 195, 165 und 130 cm Umfang

Höhe: 28 m (geschätzt)

GPS-Daten

N 53.548389
O 9.855013

Die Sibirische Ulme ist ein recht unscheinbarer Baum. Die Blätter sind mittelgroß, weder besonders hell noch besonders dunkel. Sie blüht bei uns selten und dann unscheinbar, Früchte werden kaum angesetzt. Gleichwohl ist sie vermutlich die am weitesten verbreitete Ulme der Welt.

Ursprünglich stammt die Art tatsächlich aus Sibirien, sie ist dort und in den südlich davon gelegenen Teilen der Mongolei und Chinas wahrscheinlich der häufigste Baum überhaupt – in manchen Bereichen vermutlich der einzige. Wenn man durch die Trockengebiete der Inneren Mongolei reist, sieht man überall diese Ulmen – oft werden sie dort als Windschutz angepflanzt.

Im nordamerikanischen Great Basin, mehr oder weniger am entgegengesetzten Ende der Welt, ist es wiederum die Sibirische Ulme, die fast als einzige Baumart den widrigen, sehr trockenen Bedingungen trotzt. Typisch ist das Bild unten eines kleinen Farmhauses in den USA mit einer hoch darüber gewölbten Baumkrone. Die Art kommt hier natürlicherweise nicht vor, sie wurde eingeführt und angepflanzt, um den Boden festzuhalten und um Schatten zu spenden.

Die Sibirische Ulme ist bekannt für ihre außerordentliche Anpassungsfähigkeit. Sie hält die extreme Trockenheit der ariden Gebiete aus, sie wurzelt gerne in den wasserlosen Abflussrinnen, die sich nach kräftigen Regenfällen plötzlich mit reißenden Flüssen füllen. Neben einer hohen Trockentoleranz muss sie also auch länger anhaltende Überflutungen gut überstehen können. Damit ist sie prädestiniert für die Wiederbewaldung von Grenzstandorten, auf denen keine andere Baumart mehr gedeihen kann.

Es gibt eine weitere besondere Eigenschaft der Sibirischen Ulme: Als asiatische Art ist sie weitgehend unempfindlich gegenüber der Holländischen Ulmenkrankheit. Damit wurde sie zum Ausgangspunkt von Bemühungen zur Züchtung resistenter Sorten. Eines von mehreren Ergebnissen ist die sehr widerstandsfähige ‚New Horizon', die auch bei uns bereits verstärkt an Straßen und in Parks gepflanzt wird.

Die Sibirische Ulme am Elbufer steht mehr oder weniger isoliert von Artgenossen in der Landschaft, ein paar kleinwüchsige Feld-Ulmen wachsen in der Nähe. Wie so oft muss im Dunklen bleiben, wer diesen Baum gepflanzt hat. Und warum wurde die Sibirische Ulme ausgewählt? Die früher große räumliche Nähe der berühmten Baumschulen James Booth & Söhne und Lorenz von Ehren legt nahe, dass der Baum von dort stammt. Belegen lässt sich das nicht.

Text- und Bildautor:
Gordon Mackenthun, Leipzig

E3

Birken-Eiche

im Jenischpark

***Quercus robur* (Stiel-Eiche), *Betula pendula* (Sand-Birke)**

Standort: Im Jenischpark; Stadtstaat Hamburg

Alter: 80–150 Jahre (Eiche), 30–50 Jahre (Birke)

Stammumfang: etwa 6,7 m (Eiche: gemessen 09.2018 in 1,3 m Stammhöhe)

Höhe: etwa 20 m

GPS-Daten

N 53.548084
O 9.871670

Mitten in Hamburg ist ein Landschaftspark das Ziel vieler Menschen, die Ruhe und Erholung in der Natur suchen. Alte Eichen prägen diesen Teil des Jenischparks, der seit über 200 Jahren gärtnerisch gestaltet wird und durch den Eindruck einer weiten Landschaft die Großstadt ringsherum vergessen lässt.

Immer wieder bleiben Menschen stehen, und betrachten einen ganz besonderen Baum, eigentlich zwei besondere Bäume, denn aus dem aufgerissenen Stamm einer alten Eiche wächst seit Jahrzehnten eine inzwischen ebenfalls stattliche Birke heraus. Viele Kontraste prägen dieses Paar: langlebig die eine, kurzlebig die andere Art, hell und früh austreibend das Laub der Einen und dunkel und spät austreibend das der Anderen, weiß die Rinde des einen Baumes und braun die Borke des anderen, die Eiche wurzelt im Boden und die Birke im Baum, der in seinem Inneren fast schon wieder Boden ist.

Dazu kommt noch eine weitere Überraschung: In der vom Menschen geplanten und angelegten Natur des Parks sind diese beiden Bäume etwas Eigenartiges: Die mächtige Eiche, oft Sinnbild von Stärke und Langlebigkeit, muss von Menschenhand aufrecht gehalten werden. Bei einer Untersuchung im Jahr 2010 hatte sich herausgestellt, dass die Eiche nicht mehr bruch- und standsicher war. Ein Stahlgerüst stützt sie nun (kleines Bild unten). Seile (Kronensicherungen) verhindern, dass die Baumkronen auseinander brechen. Mit weiteren Seilen sind die Bäume an anderen Bäumen im benachbarten Waldbestand gesichert.

So ist das Paar Anlass zu philosophieren.

Text- und Bildautor:
Steffen Rust, Göttingen

E4

Baum-Hasel

in den Wallanlagen Bremen

***Corylus colurna*, Baum-Hasel**

Standort: Wallanlagen Bremen nahe Herdentor bei Skulptur „Steinhäuser Vase“, etwa 600 m südlich vom Hauptbahnhof; Stadtstaat Bremen

Alter: ca. 210 Jahre (geschätzt)

Stammumfang: 3,60 m (gemessen 11.2018 in 1,3 m Stammhöhe)

Höhe: 16 m (geschätzt), Kronenbreite 22 m (geschätzt)

GPS-Daten

N 53.078918
O 8.809957

Dieser imposante Baum-Hasel steht in den Bremer Wallanlagen, einem Grüngürtel um die Bremer City. Der Baum ist nicht zu übersehen, wenn Sie vom Hauptbahnhof in Richtung Innenstadt und Weser gehen, was zugleich der Weg zum Markt mit dem Bremer Roland und zu den schönsten Altstadtquartieren mit Schnoor und Böttcherstraße ist. An diesem Baum-Hasel ist neben seiner Stammstärke und Kronengröße beeindruckend, wie schief sein Stamm steht und noch dazu weitgehend hohl ist. Besonders eindrucksvoll ist die Konstruktion zur Abstützung dieses viertstärksten deutschen Baum-Hasels: Mit 4 großen A-Stahldoppelstützen sowie 3 Stahlseilen wird er in Stellung gehalten, was natürlich auf Dauer zur Folge hat, dass der Baum sich nicht mehr selbst anzustrengen braucht, bruch- und standsicher zu bleiben. Bei diesem Exemplar teile ich aber die Auffassung der zuständigen Baumpfleger, dass der Baum ohne die Stützen schon längst auf der Wiese liegen, somit eine zu große Gefahr für die Verkehrssicherheit darstellen würde und dann auch seine Funktionen nicht mehr erfüllen könnte. Die umgebende Liegewiese wird während der Sommermonate intensiv von Menschen genutzt, die sich entspannen, kommunizieren oder sportlich betätigen.

Es ist gar nicht so bekannt, dass es zu unserer einheimischen Strauchhaselnuss einen so „großen Bruder“ (aus SO-Europa und Vorderasien) gibt, der baumförmig wächst und Stammdicken von über einem Meter erreicht. Er blüht wie Strauch-Hasel ab Januar, und seine Nüsse sind ebenso essbar, was auch Eichhörnchen besonders schätzen. Dies ist ein schönes Beispiel, wie schnell sich einheimische Tiere mit fremdländischen Baumarten arrangieren und sie in ihre Ernährung und Lebensweise einbeziehen. Zudem kommt die Baumart gut mit Trockenstress, Feinstaub, Immissionen und Anschüttungen zurecht, hat also günstige Stadtbaumeigenschaften. Daher ist er inzwischen auch ein beliebter Straßenbaum geworden, in fast jeder Stadt gibt es Alleen mit Baum-Haseln.

Es handelt sich um einen sehr bemerkenswerten Baumort in den Wallanlagen, mitten in der Innenstadt mit vielen alten Bäumen, auch weiteren dendrologischen Kostbarkeiten. Zudem fällt das Gelände überall zum Wallgraben hin ab, in dessen Wasseroberfläche sich daher die Bäume spiegeln und Enten ihre Bahnen ziehen. Nicht weit entfernt vom Haselbaum steht eine alte Holländer-Windmühle hinter einer Pracht von Blumenbeet, eines der beliebtesten Bremer Fotomotive. Da ich meine gesamte Kindheit und Jugend in Bremen verbracht habe, kenne ich die Stadt sehr gut und schätze ihren hohen Grünbestand mit besonders vielen alten Straßenbäumen und Parkanlagen, allen voran der mehr als 200 ha große Bürgerpark. Den sollten Sie nicht verpassen und 2 Stunden dafür reservieren, wenn Sie wegen des Baum-Hasels nach Bremen kommen. Die Besonderheit des Bürgerparks ist – wie schon der Name sagt –, dass er seit jeher überwiegend aus privaten Mitteln finanziert und bewirtschaftet wird. Das Resultat ist ziemlich einmalig, durch die vielen Wiesen- und Wasserflächen ist er auch als Familien-Aufenthaltsort besonders beliebt.

Bremen ist wie viele andere norddeutsche Städte eine Fahrradstadt. Gerade ist in Bremen beschlossen worden, einen Stadtteil komplett autofrei umzugestalten, eine neue Initiative will sogar die ganze Innenstadt autofrei machen – was ich besonders mutig und aufmunternd finde und als Riesenchance sehe.

Wünschen wir diesem Baum noch ein langes Leben. Ich suche ihn jedes Mal auf, wenn ich nach Bremen komme (7 Minuten vom Hauptbahnhof), und freue mich, dass er noch steht und so vital ist.

Text- und Bildautor:
Andreas Roloff, Tharandt

E5

Riesenmammutbaum

auf dem Riensberger Friedhof in Bremen

Sequoiadendron giganteum,
Riesen-, Bergmammutbaum

Standort: auf dem Riensberger Friedhof (südliches Ende am Rand, gegenüber Riensberger Str. 51c, 50 m rechts ist ein Friedhofeingang, oder 100 m vom Haupteingang an der Friedhofstraße ostwärts), Stadtteil Schwachhausen; Stadtstaat Bremen

Alter: 144 Jahre

Stammumfang: 7,30 m (gemessen 02.2019 in 1,3 m Stammhöhe)

Höhe: 25 m

GPS-Daten
N 53.091580
O 8.860034

Mammutbäume sind ja schon dem Namen nach offensichtlich ziemlich groß, zumindest in höherem Alter. Allerdings muss man dann zuerst genauer benennen, welcher der 3 Mammutbäume gemeint ist: Küsten-, Riesen- oder Urweltmammutbaum. Die ersten beiden stammen aus dem westlichen Nordamerika (Kalifornien, USA) und sind immergrün, der dritte kommt aus China und ist sommergrün, wirft also im Herbst mit Färbung seine Nadeln ab. Am eindrucksvollsten von den dreien ist sicher der hier gezeigte Riesenmammutbaum, da er schon in relativ frühem Alter (ab etwa 20 Jahren) eine eindrucksvoll starke Stammbasis entwickelt, die schnell dicker als bei vielen anderen Bäumen wird.

Friedhöfe sind oft Oasen der Ruhe und Besinnung und können einen beeindruckenden Baumbestand aufweisen, wenn sie älter werden. Das ist auch auf dem Riensberger Friedhof in Bremen mit seinem großen und alten Baumbestand der Fall, mit einigen weiteren besonderen Bäumen. Zudem ist die Nährstoffversorgung auf Friedhöfen „naturgemäß“ ziemlich gut, so dass die Bäume i.d.R. gesund sind und kaum Vitalitätsverluste zeigen. So imponiert mir an diesem besonders schön gewachsenen Mammutbaum neben seiner Ästhetik die sattgrüne Farbe der Nadeln an Zweigen, die fast bis zum Boden reichen. Die umliegenden Gräber sind besonders schön und bilden ein harmonisches Ensemble mit diesem Baum, weshalb ich die gesamte Situation und Stimmung dort einfach perfekt finde und es mir ein idealer Ruheort unter diesem Baum erscheint.

Besonders schön ist der Baum im Winterhalbjahr, wenn die dicht drumherum stehenden Laubbäume kahl sind und die frühe Vormittags- oder späte Nachmittagssonne die Oberkrone bescheint. Der Baum überragt seine Nachbarn deutlich. Die Borke ist bereits sehr dick und im Übrigen schwer entflammbar, was am Naturstandort ein effektiver Schutz gegen Bodenfeuer ist.

Mammutbäume können bis zu 3000 Jahre alt werden. Viele kennen sicher die Fotos mit einem Stammfuß, durch den ein Auto fährt. Die Zeiten sind allerdings vorbei. Sie zählen zwar zu den größten Bäumen der Welt, halten diesbezüglich aber nicht den Rekord. Allerdings ist das Stammvolumen mit 1500 m^3 unübertroffen. Ihre maximale Höhe beträgt 95 m, der Stammumfang bis zu 32 m (General Sherman im Sequoia-Nationalpark Kalifornien). Ihr Heimatareal ist relativ klein und befindet sich im Gebirge Kaliforniens an den Westhängen der Sierra Nevada zwischen 1500 und 2500 m Höhe ü. NN zwischen Los Angeles 300 km im Süden und San Francisco 300 km im Nordwesten. Der Riesenmammutbaum wurde erst 1841 entdeckt. Der tiefste Ast des genannten Champions befindet sich 40 m über dem Boden und ist mit 2,10 m Durchmesser so dick und mit 43 m Länge so lang wie von anderen Baumarten der stärkste Baum unseres Landes. Vor den Eiszeiten wuchsen Mammutbäume auch in Mitteleuropa, man findet die verwandten Vorfahren gelegentlich verkieselt in Tagebauen. Es war eine Sensation, als 1853 das erste Exemplar der Baumart in Europa eintraf und eine Mammutbaum-Euphorie auslöste: er durfte in keinem Park mehr fehlen. Die ältesten Exemplare in Europa sind also etwa 160 Jahre alt, dieses Exemplar ist nah dran.

Größere Bäume dieser Art sollte man nicht mehr verpflanzen, das nehmen sie sehr übel und kümmern dann oder gehen sogar ein. Mit sehr viel Aufwand (Handschachtung, Achtung: Pfahlwurzel!) und großem Bodenvolumen gibt es trotzdem erfolgreiche Beispiele.

Die sehr winzigen Samen sind zur Keimung auf Bodenfeuer angewiesen, da die Keimlinge sonst in der Krautschicht keine Chance haben. Es gibt nur die eine Art dieser Gattung.

Text- und Bildautor:
Andreas Roloff, Tharandt

E6

Baumwacholder

in der Lüneburger Heide

***Juniperus communis*, Gewöhnlicher Wacholder**

Standort: Naturschutzgebiet Lüneburger Heide, Steingrund, ca. 650 m west-südwestlich des Aussichtspunktes am Westende des Totengrundes; Gemeinde Bispingen, Lkr. Heidekreis, Niedersachsen

Alter: 300 Jahre (geschätzt)

Stammumfang: 0,97 m (gemessen 06.2019 in 1,0 m Stammhöhe)

Höhe: 7,5 m (geschätzt)

GPS-Daten

N 53.151616
O 9.958128

„Viele erschrecken bei dem Gedanken an die trostlos langweilige Heide. Der kundige Freund der Natur bedauert bloß die Bewohner weiter Heideländereien, wenn er sich an ihre durchsichtigen, zwerghaften Roggenfelder erinnert und an das kümmerliche Aussehen der Birken und Kiefern… Zu diesen beiden genügsamen deutschen Baumarten gesellt sich nur noch der Wacholderstrauch, *Juniperus communis*, der hier zu Hause ist, und sich daher besser befindet als jene… Niemand fällt es ein, für den Anbau des Wacholders etwas zu thun, denn den geringen Bedarf der Beeren zum Räuchern und zur Zubereitung des Genevers deckt der wildwachsende. Dem Feinschmecker würzen sie sein leckeres Mahl, denn das Fleisch der Krammetsvögel, die am liebsten Wacholderbeeren fressen, erhält dadurch seinen feinen Geschmack. Freilich bietet der kleine Vogel, der nur dem verwöhnten Gaumen die Mühe der Teller-Zergliederung lohnt, einen viel herrlicheren Ohren- als Gaumenschmauß, wenn er als Wacholder-Drossel, *Turdus pilaris*, auf hohen Baumwipfeln sitzend in stiller Abendluft sein volltönendes Lied flötet."

Es ist schon sehr interessant, wie sich die Wahrnehmung und der Zeitgeist ändern. Die „trostlose und langweilige Heide", wie sie Emil Adolf Roßmäßler, Professor für Forstbotanik in Tharandt, später Volkslehrer, 1877 beschreibt, wird heute von Millionen von Touristen besucht und wegen ihrer landschaftlichen Reize gelobt. Der Wacholder, der zweifelsfrei das Bild dieser selten gewordenen Wacholder-Heiden prägt, ist ebenfalls selten geworden und große Anstrengungen werden unternommen, um eine Verjüngung der Bestände zu erzielen. Er wächst keinesfalls nur als Strauch. Einige, zugegeben nicht sehr viele, bilden einen kurzen Stamm aus und werden bis zu 15 m hoch. Besonders die aufrechten und säulenförmigen Formen werden als ‚Zypresse des Nordens' bezeichnet. Die Wacholder-Drossel genießt heute gesetzlichen Schutz und ihr schnarrender Gesang wird meist nicht zu den lieblichsten gezählt. Nur die Wacholderbeeren, die selbstverständlich botanisch gesehen keine Beeren sind, werden immer noch gern zum Würzen genutzt. Es handelt sich streng genommen um Zapfen, die sich aus drei Schuppenblättern an der Spitze der weiblichen Blütensprosse entwickeln. In ihren Achseln sitzt jeweils eine Samenanlage, von denen sich meist nur zwei zum reifen Samen entwickeln. Die Spitzen dieser drei Schuppenblätter erkennt man anfangs auch noch an der „Wacholderbeere", die erst im zweiten Herbst nach der Blüte reift und sich dann schwarz verfärbt.

Das Einzige, was der Wacholder wirklich braucht, ist Licht. Nur bei vollem Lichtgenuss kann er gedeihen, dagegen ist er trocken- und kälteresistent und wächst auch und gerade auf ärmsten Standorten, da er hier frei von Konkurrenz ist. Von ausgesprochen trockenen bis nassen und sauren bis basischen Standorten reicht sein Spektrum. Selbst intensive Beweidung übersteht der Wacholder, der dank seiner starren, spitzen und zu dritt im Wirtel stehenden Nadelblätter geschützt ist. So gilt er einerseits als Weideunkraut, schützt andererseits aber selbst auch andere Gehölzarten, die unter diesen Bedingungen nur in alten, auseinanderbrechenden Wacholdern keimen und aufwachsen können. Er ist das natürlich am weitesten verbreitete Nadelgehölz der Erde und auf der gesamten Nordhalbkugel zu finden, bis in Höhen von 3550 m ü. NN in den Alpen – ein wahrer Überlebenskünstler.

Text- und Bildautor:
Ulrich Pietzarka, Kurort Hartha

F1

Flatter-Ulme

vom Ulmenhof in Bleckede-Nindorf

Ulmus laevis,
Flatter-Ulme

Standort: etwa 50 m östlich der durch den Ortsteil Nindorf führenden Hauptstraße an der Einfahrt zum Ulmenhof, Nindorf 3; Bleckede, Lkr. Lüneburg, Niedersachsen

Alter: 300–500 Jahre (geschätzt)

Stammumfang: 7,13 m (gemessen 05.2018 in 1,3 m Stammhöhe)

Höhe: 8 m (geschätzt)

GPS-Daten

N 53.261570
O 10.743570

Hier steht eine Persönlichkeit. Nein, es ist nicht nur eine Person, es sind derer viele. Von überall her scheinen einen Gesichter aus dem Stamm dieser ehrwürdigen Flatter-Ulme anzuschauen und zu beobachten. Zugegeben, nicht alle würde man hübsch nennen, vielleicht schauen einige sogar grimmig. In jedem Fall kann die Phantasie so richtig Flügel bekommen, wenn man sich etwas Zeit gönnt und in die Betrachtung dieses Baumes vertieft.

Der Baum ist in die Jahre gekommen. Wer kann sagen, wie alt er ist? Sind es schon 400 Jahre, oder hundert mehr oder weniger? Ist es wirklich wichtig, wie alt der Baum genau ist? Der Stamm ist gänzlich ausgehöhlt und besteht eigentlich nur aus Beulen und Knollen, die ihm die Gesichter verleihen. Mit Sicherheit lebt darin jemand. Ob es sich um seltene Tierarten oder eher geisterhafte Wesen oder beide handelt, mag im Auge des Betrachters liegen.

Die Krone ist auch nicht die erste im Leben dieses Baumes. Zahlreiche Starkäste entspringen dem Torso und spannen eine niedrige aber ausladende Krone auf. Sie werden offensichtlich gelegentlich vorsichtig eingekürzt, um ein Ausbrechen zu verhindern. Auch ein Band umspannt eher notdürftig den Stamm. Ob es ausreichen wird, um das Auseinanderbrechen zu verhindern? In jedem Fall zeigen die Maßnahmen, dass sich jemand um dieses geschützte Naturdenkmal (ND-LG 112) kümmert und es wertgeschätzt wird. Sicherlich nicht zufällig nennt sich der Hof, dessen Einfahrt von der Ulme überschirmt wird ‚Ulmenhof'. Sie stand schon vor den Gebäuden hier.

Für jeden Baumliebhaber bleibt es hoffentlich noch viele Jahre eine Freude, bei dieser Flatter-Ulme zu verharren. Ihre relative Resistenz gegen das „Ulmensterben" oder auch die „Holländische Ulmenkrankheit" genannte Pilzerkrankung hat der Flatter-Ulme sicher das Überleben ermöglicht, während leider so viele Feld- und Berg-Ulmen aus der Landschaft verschwunden sind. Ihre recht großen Blätter, besonders an den zahlreichen Stockausschlägen, mit bis zu 18 Seitennervenpaaren und dem stark asymmetrischen Blattgrund machen sie leicht erkennbar. Auch ihre recht kleinen, scheibenförmigen Früchte mit einer Einkerbung an der Spitze und deutlich bewimpertem Rand unterscheiden sie von ihren Schwesterarten. Es war an der Zeit, dass die Flatter-Ulme 2019 zum Baum des Jahres gekürt wurde.

Text- und Bildautor:
Ulrich Pietzarka, Kurort Hartha

3

F2

Schwarz-Erlen

bei Diestelow

***Alnus glutinosa*, Schwarz-Erle**

Standort: ca. 1,5 km Luftlinie östlich des Ortes Diestelow; Stadt Goldberg, Lkr. Ludwigslust-Parchim, Mecklenburg-Vorpommern

Alter: ca. 220 Jahre (geschätzt)

Stammumfang: nördliche/ südliche Erle 7,02 / 5,72 m (gemessen 06.2018 in 1,3 m Stammhöhe)

Höhe: je 17 m (geschätzt)

GPS-Daten

N 53.552280
O 12.093320

Viele der starken Bäume haben eine konkrete Historie, weil sie in irgendeiner Weise mit dem Menschen verbunden sind und an geschichtsträchtigen Orten stehen. Andere wieder gelangten (noch) nie so richtig in den Fokus, weil sie in einem stillen Winkel unbemerkt Jahrhunderte überstanden haben. Das trifft auch für diese beiden gewaltigen Erlen zu, die nahe dem winzigen Ort Diestelow bei Goldberg stehen. Zahlreiche Kleingewässer, zum großen Teil Relikte der letzten Eiszeit, Feldgehölze und Brüche prägen die Acker- und Grünlandkulturen. In einer weiten, flachen Senke und von Diestelow aus nicht zu sehen, türmen sich hier im Sommer zwei belaubte Berge auf, Schwarz-Erlen, die nach Norden hin von einem Waldrücken abgeschirmt werden.

Ob es sich um jeweils einen Baum handelt oder um mehrere zusammengewachsene, ist nicht sicher zu entscheiden. Die nördliche Erle besteht aus sechs Stämmlingen, die sich in einer Höhe von 1,5 m trennen. Dazugesellt haben sich eine Esche, im Schutz der Erle aufgewachsen, und eine noch junge Eberesche, die sich zwischen zwei Wurzelanläufe zwängt.

Das Ensemble der Stämmlinge, egal wie es entstanden ist, hat sich optimal an den Wind angepasst; es verfügt zwar über eine gemeinsame Krone, aber jeder Stämmling leitet die auf seinen Kronenteil wirkenden Kräfte separat in die Wurzel. Für eine Altersangabe ist es aber nicht gleichgültig, ob es sich ursprünglich um einen einzigen Baum handelt. Sollte er ein Überbleibsel des ehemaligen Niedermoor-Bruchwaldes sein, könnten zumindest die Wurzel und der Stammfuß um die 220 Jahre alt sein. Die ursprüngliche Erle wäre dann vor langer Zeit umgebrochen und hätte mehrstämmig neu ausgetrieben. Ab etwa 1800 sind die Spiegel mehrerer Seen der Umgebung deutlich abgesenkt und z.T. trocken gelegt worden, was die Nutzbarkeit mit Brüchen bestockter Flächen erst möglich gemacht hat. Sind es aber mehrere Bäume, die miteinander verwachsen sind, wäre das Alter um einiges geringer.

Das etwas kleinere, südliche Exemplar hat sieben Stämmlinge, die bis zu einer Höhe von 1,3 m miteinander verwachsen sind.

Das Verweilen unter oder in den Bäumen lohnt sich, sie sind beide klettertauglich, und mit der nötigen Achtsamkeit nehmen sie auch keinen Schaden. Es ist dies ein Ort, zu dem keine Straßengeräusche dringen, allenfalls ist irgendwo ein Landwirt mit dem Traktor unterwegs. Recht weit entfernt starten zwar gelegentlich Militärflugzeuge, aber die sind meistens so schnell verschwunden wie sie gekommen sind. Wenn allerdings eine Rinderherde auf der Wiese steht oder gar unten den Bäumen liegt, sollte man den Besuch der beiden Erlen tunlichst verschieben. Meistens jedoch wird das Grünland gemäht, und der ortsansässige Agrarbetrieb hat gegen einen Besuch nichts einzuwenden. Im Winter, bei frisch gefallenem Schnee und geschlossener Schneedecke, kann man Glück haben und als erster hier ankommen – und das ist einfach nur grandios, wenn man diese Unberührtheit körperlich fühlen kann. Ich habe es noch nie erlebt, mir den Platz bei den Bäumen mit jemandem teilen zu müssen (oder zu dürfen). Das kann an solchen Orten der Stille durchaus ein Privileg sein, wenn man sich in oder zwischen die Wurzelanläufe „kuscheln" möchte. Sonnenauf- und -untergänge sind hier etwas Besonderes, das flache Licht streift die Borke der Erlen und arbeitet ihre Details optisch heraus. Dann erfährt man viel über die individuelle Geschichte der Bäume, allerdings eben auch nicht alles. Die genauere Genese der Erlen muss also einstweilen offen bleiben.

Text-und Bildautor:
Wolf-Peter Polzin, Güstrow

F3

Alte Ulme

in Gülitz

***Ulmus laevis*,**
Flatter-Ulme

Standort: auf dem Anger hinter der Kirche im Dorf Gülitz; Lkr. Prignitz, Brandenburg

Alter: ca. 400 Jahre (geschätzt)

Stammumfang: 9,77 m (gemessen 04.2019 in 1,3 m Stammhöhe)

Höhe: 20 m (geschätzt)

GPS-Daten

N 53.202130
O 11.968667

Auf dem Rad durch die Weite und Stille der Prignitz, weit nordwestlich von Berlin: für mich stets ein ganz besonderes Erlebnis. Sanfte in sich ruhende Landschaften, abgelegen und einsam, verführen und entführen. Alte Alleen mit ihren dichten Laubdächern, geleiten und begleiten den Radwanderer. Und doch steht hier, verborgen wie behütet, einer der spektakulärsten Baumschätze Deutschlands, die Gülitzer Ulme, mit fast 10 m Umfang und einem Alter von ungefähr 400 Jahren ein wahrer Methusalem.

Die Ulme in Gülitz ist die stärkste Ulme Europas, vielleicht auf der ganzen Welt und einer der stärksten Bäume Deutschlands, und doch weist kein Schild den Weg hierher. Sie steht ganz hinten im Dorf, auf dem Anger, ehemals befand sich hier der alte Friedhof, aber Gräber findet man hier keine mehr. Einige Steine der nicht mehr vorhandenen Friedhofsmauer hat sie sich unter ihre knorrigen, weit anlaufenden Wurzeln und in den hohlen Stamm einverleibt, als wolle sie so die Geschichte des Dorfes für immer bewahren.

15 km sind es vom nächsten Bahnhof in Pritzwalk hierher, selten geht die Fahrt gerade auf dem kürzesten Wege, meist im Zickzack, hier zwei starke Eichen, dort eine alte Linde, auch der Weg ist das Ziel. Unterwegs wächst stetig die Vorfreude, steht sie noch unversehrt, haben die Stürme des letzten Winters ihr Schaden zugefügt, ist sie noch vital? Das Ziel ist ein steter Begleiter.

Angekommen erfüllen sich Ruhe und Frieden, in sich ruhen Raum und Baum. Es ist die Gelassenheit, welche die alte Ulme ausstrahlt und mit der sie kraftvoll die ganze Welt um sich herum zu tragen scheint. Selbst wiederum beschützt durch das Dorf, das ihr Jahrhunderte lang Ort der Geborgenheit war und weiterhin ist. Ich könnte hier stundenlang verweilen, sie betrachten, im Gras zu Füßen ihres mächtigen, vollkommen hohlen Stammes voller Knollen und Beulen liegen und dem Wind und den Vögeln in ihrer Krone lauschen, die kein Lärm der Straße stört. Hier draußen in der entlegenen Ferne und doch geborgen unter der knorrigen Krone der alten Ulme.

Was könnte sie alles erzählen? Nicht von den großen umwälzenden Ereignissen, nicht von Kriegen und Katastrophen, nicht von berühmten Persönlichkeiten. Kein Kaiser oder Dichter wird hier je vorbeigekommen sein, keine napoleonischen Heerscharen, keine Panzer-Armeen. Das ganz normale Leben eines kleinen Dorfs war wahrscheinlich ihr einziger Begleiter durch die Jahrhunderte. Und stets naht auch wieder die Zeit des Abschied-Nehmens, jetzt gelassen in der neu gewonnenen Gewissheit, dass sie weiterhin da sein wird, wenn ich dann wiederkommen werde.

Viele, und vor allem die alten Ulmen wurden in den vergangenen Jahrzehnten durch das Ulmensterben dahingerafft. Von der dafür verantwortlichen Holländischen Ulmenkrankheit ist aber die Flatter-Ulme, wie auch die Gülitzer Ulme eine ist, weniger stark betroffen als die Feld- und die Berg-Ulme, die anderen beiden heimischen Ulmenarten.

Die Unterscheidung zwischen den Dreien ist nicht einfach und oft fehlerhaft. So wurde die Gülitzer Ulme auch fälschlich als Feld-Ulme ausgewiesen. Will man sicher sein, so muss man zur rechten Zeit nach den lang gestielten, hängenden und bewimperten Früchten der Flatterulme sehen. Schauen Sie mal genauer hin.

Text- und Bildautor:
Andreas Gomolka, Berlin

F4

Buchsbäume

im Schlosspark Krumke bei Osterburg

***Buxus sempervirens*, Gewöhnlicher Buchsbaum**

Standort: alte durchgewachsene Buchsbaum-Hecke im Schlosspark Krumke (Ortsteil der Hansestadt Osterburg), nahe dem nördlichen Haupteingang von der Dorfstraße; Altmark, Lkr. Stendal, Sachsen-Anhalt

Alter: 420 Jahre (nach www.championtrees.de)

Stammumfang: 80 cm (stärkstes Exemplar, gemessen 08.2019 in 1,3 m Stammhöhe)

Höhe: 8 m (geschätzt)

GPS-Daten

N 52.798058
O 11.717932

Hier handelt es sich um eine Reihe von ungefähr 80 starken Buchsbäumen mit etwa oder über 20 cm Stammdurchmesser und einer Höhe von 8–9 m aus einer durchgewachsenen Hecke, die wohl um 1600 gepflanzt worden und somit 420 Jahre alt ist (nach championtrees.de) – man glaubt es kaum, sie sehen aus wie 90-jährig. Aber das ist eben Buchsbaum und dann noch dazu zunächst als Hecke geschnitten. 20 cm Stammdurchmesser entsprechen einem Radius von 10 cm, geteilt durch 400 Jahre macht durchschnittlich 0,25 mm Jahrringbreite! Da würde ich ja gerne mal eine Stammscheibe sehen und die Jahrringe zählen. Entsprechend schwer ist das Holz: mit einer Dichte von um oder über 1 geht es in Wasser unter und ist extrem hart.

Buchsbaum ist weiter als immergrüner Laubbaum etwas Besonderes, seine Blätter werden 4–6 Jahre alt. Wobei die Frage Baum oder Strauch diskutiert werden darf: meist wächst er strauchförmig mit bis unten beasteten Stämmchen. Aber viele dieser Exemplare hier sind tatsächlich kleine Bäumchen. Vom Schwarzen Meer werden Exemplare mit 16 m Höhe beschrieben. Hier in Krumke soll es sich um die ältesten Buchsbäume Europas handeln, nach Park-Informationsmaterial. Die Bäume stehen am Weg nahe dem o.g. Eingang des Schlossparkes. Schloss und Park sind unbedingt sehenswert mit vielen weiteren besonderen Gehölzen, einem Teich und eindrucksvollen Sichtachsen.

Der Buchsbaum ist für seine Langsamwüchsigkeit bekannt, das kann ein Vorteil sein, wenn man nicht viel Pflegeaufwand mit seiner Hecke haben möchte, hat aber den Nachteil, dass er auch nur langsam größer wird – wo man das erreichen will, braucht es Zeit. Bekannt ist der eigenartige, etwas strenge Geruch der Blätter an warmen Tagen, besonders im Frühjahr und wenn er beschnitten worden ist. Die Schnittverträglichkeit führt oft zur Herstellung von Figuren, sog. Topiari (Formschnitt), und ihretwegen spielte er eine bedeutende Rolle in der Gartenkunst des Barock und der Renaissance.

Buchs ist ein Gehölz, das bis zu 600 Jahre alt werden kann. Die Schwerpunkte seines geteilten Verbreitungsgebietes liegen in Spanien und Frankreich bzw. auf dem Balkan und an der türkischen Schwarzmeerküste. Bezüglich des Standortes ist der Buchsbaum relativ anspruchslos; er reagiert allerdings empfindlich auf verdichtete Böden und verträgt keine Staunässe. Der Buchsbaum ist eine der schattentolerantesten, frosthärtesten und trockenheit-unempfindlichsten europäischen Gehölzarten. Auch gehört er zu den alkaloidreichsten Pflanzen; seine Blätter und Früchte sind giftig. In Deutschland stehen Wildvorkommen der Art als einer von ganz wenigen Gehölzarten nach Bundesartenschutzverordnung unter strengem Naturschutz.

Der Name *Buxus* stammt von der griechischen Bezeichnung ‚pyxos' für den Buchsbaum. Sie ist nah verwandt mit ‚pyxis' = Büchse und weist auf die Verwendung des Holzes für Arzneibüchsen und andere kleine Gebrauchsgegenstände hin. Im 19. Jahrhundert wurden große Mengen des wertvollen Holzes für die Herstellung von Weberschiffchen genutzt. Heute werden nur noch wertvolle Einlegearbeiten und Holzschnitte aus Buchsholz angefertigt.

Die natürliche Ausbreitung der Samen erfolgt durch ihr Herunterfallen, so dass die meisten Samen im Bereich der Kronentraufe keimen. Es wurde allerdings beobachtet, dass ein Teil der zu Boden gefallenen Samen durch Wasser verfrachtet oder durch Ameisen bis zu 25 m weit verschleppt wird.

Text- und Bildautor:
Andreas Roloff, Tharandt

Aspenklon
in Sandgrube Sandbeiendorf

F5

Populus tremula, Zitter-Pappel oder Aspe

Standort: alte Sandgrube in Sandbeiendorf (Ortsteil der Gemeinde Burgstall) auf halber Strecke von Magdeburg nach Stendal, direkt westlich an der Straße „Am Damm“ nach Tangerhütte; Lkr. Börde, Sachsen-Anhalt

Alter: 1–40 Jahre (geschätzt, es handelt sich um einen Klon mit über 200 Individuen, im Zentrum die ältesten Bäume, am Rand sich durch Wurzelbrut weiter in die Ackerfläche ausbreitend)

Stammumfang: 1–178 cm (gemessen 08.2019 in 1,3 m Stammhöhe)

Höhe: 18 m (geschätzt)

GPS-Daten
N 52.391771
O 11.714900

Zur Zitter-Pappel war mir wichtig, nicht einen dicken Einzelbaum in diesem Buch vorzustellen (die gibt es zwar auch, mit Stammumfang 3 bis 4 m, aber sie sind untypisch für die Baumart), sondern einen starken Klon. Denn für diese Baumart ist die Ausbreitung über Wurzelbrut das typische und ggf. lästige Kennzeichen. So einen Klon haben wir einige Monate gesucht, und er muss ja auch fotogen sein, das ist extrem schwierig zu finden. Schließlich bin ich durch Zufall in Sachsen-Anhalt fündig geworden, habe ihn im Vorbeifahren aus den Augenwinkeln gesehen und dachte: waren das Zitter-Pappeln? Umgedreht und tatsächlich: besser geht es kaum – eine ehemalige Sandabbaufläche, die sich vor geschätzt 45 Jahren selbst überlassen und dann vom Zitterpappel-Klon erobert wurde. Die stärksten Bäume in der Mitte, zum Rand immer jünger werdend eine steile, etwa 15 m hohe Böschung hinauf und oben in eine angrenzende Ackerfläche einwandernd (kleines Bild unten). Insgesamt mit ca. 50 Altbäumen und drumherum über 150 jüngeren Exemplaren aus Wurzelbrut.

Dieser Klon hat also die nackte Sandfläche besetzt und kann sich ungehemmt „austoben“. Das erinnert einen dann gleich an ‚Pando‘, den berühmten Klon der Schwesternart Nordamerikanische Zitter-Pappel (*Populus tremuloides*), die in Fishlake National Forest (Utah, USA) inzwischen ein Areal von 45 Hektar mit etwa 50.000 Individuen erobert hat und das größte und schwerste Lebewesen der Erde sein soll, mit einem möglichen Klonalter von etwa 30.–80.000 Jahren. Und hier kann man sich den Beginn einer solchen Entwicklung am „Sandgruben-Klon“ richtig gut vorstellen – ich möchte jubeln über diese Entdeckung – möge er noch lange leben dürfen!

Die Zitter-Pappel hat in der Jugend eine auffallend hellgraue Glattrinde, im Alter dann eine dunkle Netzborke. Ihre Blattform ist rundlich, stumpf gezähnt, der lange Stiel stark abgeflacht, wodurch das Blattzittern noch verstärkt wird, das haben Sie sicher schon gesehen. Es führt bei Windstärke 4 zu einem hellen raschelnden Klappern aus den Kronen. Die Blüte erfolgt bereits ab Februar, entsprechend früh sind dann auch die Früchte schon im Mai reif. Im Unterschied zur Schwarz-Pappel kommt die Zitter-Pappel besonders häufig auf trockenen Standorten vor. Die Herbstfärbung kann leuchtend gelb oder rot sein. Nachdem Napoleon Moskau 1812 in Schutt und Asche hinterließ, haben Zitterpappel-Sämlinge für ein schnelles Wiederergrünen der Ruinen gesorgt, was gut zum Pioniercharakter dieser Baumart passt. Aufgrund ihrer Genügsamkeit gehören die Zitter-Pappeln zu den anspruchslosesten und tolerantesten Pappeln.

Die Verschiedenartigkeit der Blattform (Heterophyllie) macht einem bei dieser Baumart etwas zu schaffen: die Blätter an Langtrieben sind herzförmig mit ausgezogener Spitze, die Blätter an Kurztrieben hingegen rundlich und mit stumpfer Spitze. Das ist auch bei diesen Bäumen gegeben – so kann man kaum glauben, dass dies alles dieselbe Baumart, ja sogar derselbe Baum ist.

Text- und Bildautor:
Andreas Roloff, Tharandt

G1

Wild-Birne

bei Carpin

Pyrus pyraster, **Wild-Birne**

Standort: an der B 198 bei Carpin; Lkr. Mecklenburgische Seenplatte, Mecklenburg-Vorpommern

Alter: ca. 190 Jahre (geschätzt)

Stammumfang: 3,54 m (gemessen 08.2017 in 1,3 m Stammhöhe)

Höhe: 12 m (geschätzt)

GPS-Daten

N 53.354077
O 13.232477

An der Bundestraße 198 zwischen Neustrelitz und Woldegk liegt der kleine Ort Carpin. Kurz vor dem Ort in einer langgeschwungenen Linkskurve öffnet sich die Sicht auf den Schlesersee. Fast zwangsläufig bleibt der Blick aber an einem Baum hängen, der etwa 50 m von der Straße entfernt mitten im Acker steht. Anfang Mai, wenn diese Wildbirne zu blühen beginnt, steht dort eine grünweiße, nicht ganz runde Kugel auf kurzem Stamm.

Dankenswerter Weise hat der Landwirt, der den umgebenden Acker bewirtschaftet, dem Baum ein kleines Fleckchen Wiese gelassen, als er das Grünland umbrach. Dafür aber stand für viele Jahre ein rostiger Heuwagen mit der Werbetafel eines ortsansässigen Landgasthofs unmittelbar vor dem Baum, der als einsame Landmarke die Zufahrt nach Carpin prägt.

Eine verlässliche Differenzierung zwischen Wild- und Kultur-Birne ist nach wie vor schwierig, vor allem auf der Grundlage rein morphologischer Kriterien. Die Summe aller verfügbaren Merkmale spricht zumindest für ein der Wildform sehr nahestehendes Exemplar. Über seine individuelle Geschichte ist nichts überliefert; da es sich aber um den einzigen Baum in dem ansonsten ausgeräumten Acker handelt, muss sein Überleben einem starken Baum-Sympathisanten zu verdanken sein. Er steht zwar der Ackerwirtschaft mit schnurgeraden Furchen im Wege, aber mittlerweile ist er ein kleines Monument. Die Ausweisung als Naturdenkmal war folgerichtig, wenn auch nicht selbstverständlich.

Ihren ursprünglich schlanken Habitus hat die Birne längst aufgegeben, die Krone ist inzwischen genauso breit wie hoch. Wie Teufelshörner ragen zwei trockene Äste aus der Oberkrone, die kein Sturm der letzten 30 Jahre brechen konnte. Man sieht ihr das hohe Alter trotz anhaltend guter Vitalität dennoch an, denn auch in der Peripherie nimmt sie Teile der Krone allmählich zurück. Etwa 200 Jahre soll sie auf der Borke haben, in den letzten 20 Jahren hat ihr Durchmesser um 1 cm zugenommen.

Wenn das herbstliche Laub-Feuerwerk aus Rot-, Gelb- und Orangetönen zu Ende geht und der Baum seine Blätter fallen gelassen hat, präsentiert er sich in einer ganz anderen Weise. Dann offenbart er den kandelaberartigen Habitus, der aus einem zentralen und zwei seitlich wegführenden Stämmlingen gebildet wird, die als sog. Unglücksbalken enden könnten. Aber das ist Spekulation, vor allem bei solchen, durch den Menschen ungestressten Individuen. Oft durften wir erleben, dass sich Bäume ganz anders verhalten als mit bestem Wissen prognostiziert.

Obwohl die Wild-Birne zu den „vergessenen“ Baumarten zählt, sind in Mecklenburg-Vorpommern noch vergleichsweise zahlreiche und alte Bäume dieser Art zu finden. Sie stehen vielfach wie hier als Solitäre in Ortsrandnähe oder begleiten truppweise Feld- und Waldwege. Erstaunlicherweise ist das Wissen der ansässigen Bevölkerung um diese alten Wildformen heutiger Kulturgehölze recht gering. „Birne ist schließlich Birne und Apfel eben Apfel“, und manchmal sind einfach alle Bäume irgendwie im Weg. Zum Glück steigt aber die Zahl derer, die sich auf altes Kulturgut besinnen, selbst wenn sie oft (zunächst) als Einzelkämpfer unterwegs sind. Wild-Birne, Wild-Apfel und Vogel-Kirsche sind nun aber eben in diesem Sinne echtes und erhaltenswertes Kulturgut. Der Anteil der Wild- an der Kultur-Birne mag zwar u.U. und ähnlich wie bei Wild- und Kultur-Apfel eher gering sein, gleichwohl leisten alle Wildformen einen nicht zu unterschätzenden Beitrag zur genetischen Diversität der Kernobstgehölze und damit der gesamten Landschaft.

Text-und Bildautor:
Wolf-Peter Polzin, Güstrow

Maulbeer-Allee

G2

bei Zernikow

Morus alba,
Weißer Maulbeerbaum

Standort: nordwestlich des Ortes Zernikow, vom Ortsausgang beginnend, an der Straße nach Burow; Gemeinde Großwoltersdorf, Lkr. Oberhavel, Brandenburg

Alter: 270 Jahre (entstanden 1751)

Stammumfang: 3,85 m (gemessen 06.2018 in 1,3 m Stammhöhe)

Höhe: 10 m (geschätzt)

GPS-Daten

N 53.096831
O 13.097116

Die Allee aus Maulbeerbäumen bei Zernikow wurde 1751 angelegt. Zu dieser Zeit lagen die Anfänge der planmäßigen Anpflanzung dieses aus China stammenden Baumes in Brandenburg schon 50 Jahre zurück. In dieser Form und Anzahl an Exemplaren beinahe einmalig, kann hier alleine die kurze Allee bei Jatznick in Vorpommern mithalten.

Die Seidenraupe, in Schuppen auf Bretterregalen gezogen, wird mit den Blättern des weißen Maulbeerbaums gefüttert. Aus ihrem Kokon wird dann Seide gewonnen, ihre Zucht erfordert viel Arbeit. Zuerst versuchten sich über Jahrhunderte hinweg Herrscher und Könige immer wieder am Seidenbau, um unabhängig zu werden vom Import dieses begehrten Rohstoffes, später Unternehmer und Fabrikanten, mit mehr oder weniger Erfolg. In jungen Jahren frostempfindlich, rafften kalte Winter manchmal Plantagen mit Tausenden junger Bäumchen dahin.

Als ich vor 25 Jahren nach Berlin kam, um von da an Brandenburg zu erkunden und seine zahlreichen alten Baumriesen mit dem Fahrrad und auf Wanderungen zu entdecken, war mir der Maulbeerbaum noch gänzlich unbekannt. Auf der Suche nach dicken Eichen und alten Linden stieß ich bald auf diese Veteranen, die hier so zahlreich wie sonst nirgendwo in Deutschland die Zeiten überdauert haben. Viele von ihnen stehen auf Kirchhöfen oder vor ehemaligen Schulen, wo sie von Beginn des 18. Jh. an unter König Friedrich Wilhelm I. und später unter seinem Sohn, Friedrich II. oftmals zur Anpflanzung an die Küster und Lehrer angeordnet wurden. So sollten diese sich auch ein Zubrot verdienen können.

Und ich habe mich in diese Veteranen verliebt, gezeichnet und gebeugt vom Alter, einige liegend und doch unbeugsam, knorrig und beulig die Stämme hohl, geteilt, geköpft und beschnitten. Voller Charakter und Würde. Jedes Jahr treiben sie auf das Neue ihr markant hellgrün glänzendes Laub aus, tragen zahlreich die weißen, teils später auch rot und schwarz reifenden essbaren Früchte.

Schon auf den ersten Naturdenkmallisten in den 1920-er Jahren tauchen Maulbeerbäume auf, die ersten Naturschützer erkannten bereits damals ihren Wert, und so ist auch die Allee in Zernikow geschützt. Dabei sind sie mehr noch als Denkmale der Natur vor allem auch Kulturdenkmäler. Sie zeugen vom Leben vergangener Epochen, haben überlebt, obwohl ihr eigentlicher Zweck verloren ging, wahrlich Überlebenskünstler.

Text- und Bildautor:
Andreas Gomolka, Berlin

G3

Stiel-Eiche

an der Werbellinkanal-Schleuse in Eichhorst

***Quercus robur*,**
Stiel-Eiche

Standort: an der Einmündung der Schulstraße auf die Eberswalder Chaussee, ca. 100 m nordwestlich der Schleuse Eichhorst; Eichhorst, Gemeinde Schorfheide, Lkr. Barnim, Brandenburg

Alter: 300–400 Jahre (geschätzt)

Stammumfang: 682 cm (gemessen 07.2017 in ca. 4 m Stammhöhe)

Höhe: 20 m (Kronenhöhe ab Boden, Stamm überschüttet)

GPS-Daten

N 52.890842
O 13.638083

Die Besonderheit dieser Eiche in Eichhorst ist ihr vermutlich mehrere Meter hoch überschütteter Stammfuß (lt. Info-Tafel 4 m hoch überschüttet) am Ufer des Werbellinkanals.

Der alte Baum steht heute beinahe in der Ortsmitte des kleinen Dorfes Eichhorst am südlichen Ufer des Werbellinsees in der Schorfheide. Obwohl der Name Eichhorst, für den die alte Eiche Pate stand, noch gar nicht so alt ist (erst 1878 erhielt die Siedlung ihren heutigen Namen), ist die Gegend seit dem Mittelalter besiedelt. Das Dorf reicht im Norden bis an das südwestliche Ende des Werbellinsees. Hier, neben der Mündung des Werbellinkanals in den See, wird der ehemalige Standort der Askanierburg Werbellin vermutet, in der im 13. und 14. Jahrhundert die askanischen Markgrafen von Brandenburg Hof hielten.

Nach dem Untergang der Burg Werbellin (möglicherweise bereits mit dem Aussterben des Askaniergeschlechts im 14. Jh.) siedelte sich am Ufer des Fließes schon weit vor dem Kanalausbau in unmittelbarer Nähe zur Eiche zunächst eine Papiermühle an, die später auch als Sägemühle genutzt wurde.

Dass die alte Eiche schon „Zeuge" des reisenden Hofstaates der Askanier im 13. Jh. war, ist zu bezweifeln. Die Altersschätzungen schwanken sehr stark zwischen Angaben von 400 bis über 800 Jahre. Anzunehmen ist, dass die Eiche 1766 beim Ausbau des kleinen Werbellinfließes (zunächst zum Flößen angelegt) zum bis heute genutzten Werbellinkanal bereits längere Zeit dort stand. Vermutlich wurde der Baum damals mit Erdmassen vom Kanalaushub mehrere Meter hoch überschüttet, so dass heute der Stammfuß nicht sichtbar und der sogenannte „Brusthöhendurchmesser" nicht messbar ist. Unterstellt man aber eine Überschüttungshöhe von 4 m und eine Stammdurchmesser-Zunahme von 2 cm je Meter in Richtung des verschütteten Stammfußes, so könnte die Eiche in „Brusthöhe" einen Stammumfang von ca. 7,20 m haben und wäre dann bei einem durchschnittlichen jährlichen Umfangzuwachs von 2 cm etwa 350 Jahre alt.

Am Habitus des alten Baums ist die mehrere Hundert Jahre alte Überschüttung gut erkennbar. Wurzelanläufe fehlen vollständig und die Krone mit ihren weitausladenden Ästen wirkt mit dem kurzen Stamm wie „in den Boden gesteckt".

Die für Stiel-Eichen arttypische, natürliche Überflutungs- und Überschüttungstoleranz hat der alten Eiche in Eichhorst nach dem traumatischen Ereignis der meterhohen Überschüttung vermutlich das Überleben ermöglicht. Mit ihrem ausgeprägten Pfahlwurzelsystem können alte Eichen auch tiefergelegenes Bodenwasser nutzen und kommen besser als die meisten anderen Bäume auf Staunässeböden oder Böden mit Grundwassereinfluss zurecht. Sie bilden dann manchmal ein beinahe zwei-etagiges, im Querschnitt hantelförmiges Wurzelsystem, wodurch sie in längeren Trockenperioden anderen Baumarten mit nur flachen Wurzeln durch die dann bessere Wasseraufnahmemöglichkeit überlegen sind. Adventivwurzelbildung ist bei alten Eichen eher selten zu beobachten, weshalb es durchaus sein kann, dass die Eichhorster Eiche den Großteil des Wassers und der Nährstoffe immer noch mit dem heute stark überschütteten Hauptwurzelsystem aus großer Tiefe aufnimmt.

Der alte Baum im Ortszentrum von Eichhorst ist mit seinen vielen Höhlen ein artenreicher Lebensraum für holzbewohnende Pilze wie Leberpilz, Schwefelporling und Eichenwirrling und zeigt Besiedlungsspuren vielfältigster Insekten – beispielsweise wäre eine „Klopfprobe" am Stamm im Sommer 2017 nicht ratsam gewesen, denn eine Höhle am Kronenansatz (nur ca. 1 m über dem Boden ...) wurde von einem Hornissenstaat genutzt.

Text- und Bildautor:
Henrik Weiß, Dresden

G4

Späte Traubenkirsche

im Schlosspark von Criewen

Prunus serotina, Späte Traubenkirsche

Standort: östlich vom Schloss in Criewen am Südostrand der Rasenfläche, am Rande des Oderbruch, südlich Schwedt; Lkr. Uckermark, Brandenburg

Alter: ca. 130 Jahre (geschätzt)

Stammumfang: 3,43 m (gemessen 07.2019 in 1,3 m Stammhöhe)

Höhe: 15 m (geschätzt)

GPS-Daten

N 53.010904
O 14.221969

Das untere Odertal ist ein kleines Paradies für Naturliebhaber und Fahrradfahrer. Regelmäßig unternehmen wir Touren zwischen dem Oderbruch und der Stadt Schwedt. Der Zug bringt uns dabei aus Berlin hin, und wieder zurück. Auf dem Oderdeich entlang der Friedrichsthaler Wasserstraße lässt es sich entspannt oder sportlich radeln, die richtige Windrichtung vorausgesetzt. Gen Westen die steil ansteigenden Hänge der Uckermarker Hochfläche, nach Osten der weite Blick über das flache Odertal, die Oder mal ganz nah, mal in der Ferne und dahinter die polnische Seite. Man kann von Bad Freienwalde starten, von Chorin oder von Angermünde. Die 30–50 km bieten viele Varianten, Kultur- und Naturerlebnisse.

Ein fest eingeplanter und oft längerer Halt ist dabei stets der Schlosspark in Criewen. Der von Lenné gestaltete Landschaftspark wurde ab 1816 geschaffen und dafür wurde sogar das Dorf verlegt, so dass Dorfteich und Kirche heute mitten im Park liegen. Er geizt nicht mit beeindruckenden, alten und vor allem starken Baumriesen, wie der uralten und knorrigen ehemaligen Dorflinde am Froschteich (7 m Umfang), der großen Sumpfzypresse (6 m) und den mächtigen alten Rosskastanien (5 m) und Platanen (6 m).

Den wahren „Champion“ aber, eine große, alte Späte Traubenkirsche, das stärkste bekannte Exemplar ihrer Art in ganz Deutschland, werden die meisten Besucher des Parks nicht direkt wahrnehmen. Etwas versteckt steht sie nahe dem Rande der Wiese vor dem Schloss zur Oder hin. Auch wir brauchten fünf Besuche, ehe wir im Jahr 2008 erstmals diesen besonderen Baum wahrnahmen, und es war nicht von ungefähr Anfang Juni, als die Traubenkirsche blühte und weithin duftete. Überrascht erkannten wir, dass diese Art, die wir in Brandenburg bisher immer nur als krummes und dichtes Unterholz in den Kiefernwäldern kennengelernt hatten, auch als wunderschöner, dekorativer Baum in Erscheinung treten kann. Seitdem gilt unser erster banger Blick stets diesem Baum. Er dürfte mit seinen fast 3,50 m Umfang langsam sein maximales Lebensalter erreicht haben – wie lange wird er noch vital bleiben, und wissen die Verantwortlichen um seine Einmaligkeit und Schutzwürdigkeit?

Und wir lernten mehr: Die aus Nordamerika stammende Späte Traubenkirsche wurde bereits im 17. Jahrhundert als Park- und Zierbaum nach Europa gebracht. Erst Ende des 19. Jh. erfolgte die forstliche Verwendung, man hoffte auf eine ertragreiche Baumart für sandige und karge Böden. Eine Hoffnung, die sich nicht erfüllte. Zurück blieb eine mehr oder weniger invasive Baumart, um deren Schaden, den sie anrichtet, und die Notwendigkeit und Art der Bekämpfung die Fachleute diskutieren. Man ist versucht zu sagen: „Woanders eine Plage, hier eine Zier“.

So hat ein vormals für uns unscheinbarer Baum unseren Blick auf die Natur ein Stückchen mehr verändert, wie viele andere Entdeckungen davor und danach auch. Wir sehen jetzt viel mehr Späte Traubenkirschen auf unseren Touren, nicht nur im Wald, aber keine hat je auch nur ansatzweise diese Dimensionen erreicht. Seien auch Sie neugierig und wenn Sie etwas Ungewöhnliches entdecken, forschen Sie nach und achten, ehren und schützen Sie die Natur und die Bäume, nicht immer nur die ganz großen und dicken.

Text- und Bildautor:
Andreas Gomolka, Berlin

Götterbaum

in Berlin-Lichterfelde

Ailanthus altissima,
Götterbaum

Standort: Grünanlage auf dem Begonienplatz hinter der Bushaltestelle „Unter den Eichen“ gegenüber dem Eingang „Unter den Eichen“ zum Botanischen Garten Dahlem in Berlin; Bezirk Steglitz-Zehlendorf, Ortsteil Lichterfelde, Stadt Berlin

Alter: ca. 90 Jahre (geschätzt)

Stammumfang: 3,39 m (gemessen 06.2018 in 1,3 m Stammhöhe)

Höhe: 18 m (geschätzt)

GPS-Daten
N 52.451466
O 13.310278

Der Götterbaum, ein Baum der Götter?

Der hier vorgestellte Götterbaum steht an prominenter Stelle gegenüber dem Eingang des Botanischen Gartens Berlin-Dahlem. Der Begonienplatz wurde 1908 als Schmuckplatz angelegt. Ob der Götterbaum im Zuge der Schmuckplatzgestaltung gepflanzt wurde oder etwas später, ist nicht bekannt. Es steht ein weiterer Götterbaum ebenfalls auf der Nordseite, die Standorte beider Götterbäume betonen die symmetrische Anlage des Platzes. Zuwächse des Stammumfangs von 4 cm im Jahr sind für diese Baumart nicht selten und lassen auf ein Alter des Baumes von etwa 90 Jahren schließen.

Der wissenschaftliche Name „Ailanthus“ des aus China stammenden Baumes ist vermutlich chinesischen Ursprungs und heißt übersetzt „Wiege des Himmels“ oder „Scharnier des Himmels“. Der Artname „altissima“ bedeutet „der höchste“. Ein durchaus passender Name für den attraktiven Baum, der in seiner Schnellwüchsigkeit in den Himmel zu ragen scheint. Der englische Name ist passenderweise „Tree of heaven“.

Der Götterbaum ist so prägend für Berlin wie keine andere „neue“ Baumart. Entgegen seinem Namen ist er, was den Standort betrifft, nicht wählerisch und steht an nahezu jeder Ecke. Ich treffe ihn nicht nur in Parks und Grünanlagen, sondern auch in Grünstreifen, Baumscheiben, Industrie- und Bahnbrachen. Er keimt sogar in Mauer- oder Pflasterritzen. Und da, wo ein Götterbaum steht, bleibt er nicht lange alleine. In seiner direkten Nachbarschaft umgibt er sich gern mit seinesgleichen und breitet sich durch Wurzelbrut oder Selbstaussaat aus.

Ein Exemplar hat es in unseren begrünten Hinterhof geschafft und wächst dort seit etwa 15 Jahren, hat eine Höhe von etwa 15 m erreicht, spendet reichlich Schatten und hätte sich im ganzen Hof ausgebreitet, würden wir ihn nicht eindämmen.

Die im 18. Jahrhundert nach Europa eingeführten Götterbäume pflanzte man zunächst als seltene Exoten in Parks und Gärten. Seine bis zu 1 m langen, dekorativen Fiederblätter erinnerten den Mitteleuropäer an Palmen, in deren Schatten man sich setzte. Kurzzeitig wurde der Götterbaum im 19. Jahrhundert für die Seidenherstellung genutzt und dazu der Götterbaumspinner eingeführt. Wegen der geringen Qualität der so erzeugten Seide wurde diese Nutzung bald wieder aufgegeben.

Mit der Industrialisierung kam der Götterbaum in die Städte und nach Berlin. Seine Trockenheitsresistenz, Hitzebeständigkeit und Industriefestigkeit machen ihn zum optimalen Stadtbewohner.

Nach 1945 fand der Götterbaum in den kriegszerstörten innerstädtischen Trümmer- und Schuttflächen ideale Wuchsbedingungen und samte sich in großer Zahl aus. Danach wurde er noch eine Zeit lang als Straßenbaum und zur Begrünung von Großsiedlungen angepflanzt.

Wegen seiner Ausbreitungstendenz wird der Götterbaum als erste Baumart sogar auf der europäischen Liste der invasiven Arten geführt und darf nicht mehr gepflanzt werden.

Dennoch wird der Götterbaum in Berlin bleiben, da er auch ohne Hilfe des Menschen in der Lage ist, sich zu verbreiten. Und so werde ich mich weiter über die ungewöhnlichen und seltsamen Orte wundern können, die der Götterbaum besiedeln kann, und werde mich an seinen Blüten erfreuen, die alljährlich an einem der ersten milden Frühsommerabende mit ihrem intensiven Duft vom nahenden Sommer künden.

Text- und Bildautorin:
Marion Scheich, Berlin

G6

Zwei Schnurbäume

in der Stadtmitte von Berlin

***Styphnolobium japonicum*, Japanischer Schnurbaum**

Standort: Gendarmenmarkt, im nördlichen Teil der kleinen Grünanlage zwischen der Charlottenstraße und dem Deutschen Dom; Berlin-Mitte

Alter: 120 Jahre (geschätzt, ausweislich der Informationstafel am Naturdenkmal)

2 Bäume: ein doppelstämmiges Exemplar mit Stammumfängen 3,00 und 2,20 m (gemessen 2018 in 1,30 m Stammhöhe); daneben ein zweites, dreistämmiges Exemplar (2,80, 2,40 und 1,80 m)

Höhe: 20 m (geschätzt)

GPS-Daten

52.512953
13.391739

Der Schnurbaum ist eine Art Mittler zwischen Ost und West.

Er ist von markanter Gestalt, er blüht überaus üppig und spät im Jahr, die abgefallenen Blüten bedecken dann bis zu knöcheltief den Boden. Er wird gerne zwei- und mehrstämmig, setzt seine Hauptäste tief an und entwickelt sich so zu einer eigenwilligen Baumgestalt. Mancher wird ihn wegen der Blütenstände für eine Robinie halten, was nicht völlig verkehrt ist, weil beide zur gleichen Familie gehören, den Leguminosen. Die Früchte sind Hülsen wie auch die unserer Bohnen, allerdings befinden sich beim Schnurbaum zwischen den einzelnen Samen dünne Abschnitte, sie wirken wie auf einer Schnur aufgefädelt – daher der deutsche Name.

In Ostasien ist die Art bekannter, denn sie wurde und wird bevorzugt in Klöstern, an Tempeln und an anderen Orten der Religiosität und der Gelehrsamkeit gepflanzt. Das hat ihr die englischen Namen *pagoda tree* und *scholar tree* (Pagodenbaum und Gelehrtenbaum) eingebracht. Der wissenschaftliche Name verweist auf eine Herkunft aus Japan, was nicht zutreffend ist. Der Schnurbaum stammt aus China und Korea.

Es gibt noch einen zweiten Grund, warum asiatischen Menschen der Schnurbaum vertraut sein dürfte: Aus den kleinen Knospen wird der Farbstoff Rutin gewonnen. Bei richtiger Verarbeitung entsteht ein kräftiges Gelb, das im alten China der Kleidung des Kaisers vorbehalten war. Es gab einen Farbcode, der von Rot für den Adel über Blau für „aufrichtige Menschen" bis Weiß für ältere Beamte reichte.

Zurück nach Berlin und zum Gendarmenmarkt: Der Platz hat seit seiner Anlage im Jahr 1688 vielfältige Umgestaltungen erfahren. Um 1900 wurde er zum eigentlichen Zentrum des deutschen Kaiserreichs und seiner Hauptstadt. Die Vermutung ist naheliegend, dass zu diesem Zeitpunkt die Schnurbäume gepflanzt wurden. Naheliegend ist auch eine gedachte Brücke zwischen dem alten chinesischen Kaiser, dessen Reich 1912 unterging, nachdem es 2133 Jahre lang bestand, und dem deutschen Kaiser, dessen Reich im Jahr 1871 erst gegründet worden war und rasch wieder unterging.

Die Berliner Schnurbäume sind keineswegs die stärksten ihrer Art in Deutschland. Bekannt ist ein Exemplar in Heilbronn, das 5,35 m Umfang aufweist, ein Baum in Frankfurt am Main mit 5,02 m und einer in Ludwigsburg mit 4,83 m. Der älteste Schnurbaum Chinas könnte in der Verbotenen Stadt in Beijing stehen, sein Alter wird mit ungefähr 620 Jahren angegeben. Allerdings gibt es im chinesischen Kloster Shuanglin Si bei Pingyao, Provinz Shanxi, zwei Exemplare, von denen behauptet wird, sie wären 1200 Jahre alt. Vielleicht ist das eine Übertreibung nach der Art unserer „tausendjährigen" Eichen.

Ganz junge Schnurbäume stehen wiederum in Berlin. Den neu entstandenen Leipziger Platz hat man mit rund 50 Exemplaren bepflanzt. Hier verlief früher die Sektorengrenze, dann die Mauer und die innerdeutsche Grenze. Nach 1989 konnte der dann neu bebaute Leipziger Platz wieder seine Mittlerstellung zwischen Ost und West einnehmen – begrünt von Schnurbäumen.

Text- und Bildautor:
Gordon Mackenthun, Leipzig

G7

Lindwurmkirsche

in Berlin-Pankow

***Prunus mahaleb*, Weichsel-Kirsche**

Standort: Grünfläche an der Wisbyer Straße, Ecke Neumannstraße, Bezirk Pankow, Ortsteil Pankow, Stadt Berlin

Alter: ca. 100 Jahre (geschätzt)

Stammumfang: 2,07 m (gemessen 06.2019 in 1,30 m Höhe)

Höhe: 9 m (geschätzt)

GPS-Daten

N 52.553025
O 13.424299

Manches wird erst wertvoll, wenn es verloren zu gehen droht. So erging es mir mit dieser Weichsel-Kirsche. Ich war schon einige Male an ihr vorbeigekommen, eine flüchtige Bekannte, der man im Vorbeigehen kurz zunickt.

Dann erzählte mir im März 2015 eine Freundin, dass im Umfeld der Weichsel-Kirsche Sanierungsarbeiten geplant seien und sie dadurch in Mitleidenschaft gezogen oder gar beseitigt werden könnte. Der Baum steht nur wenige Meter neben einem mehrgeschossigen Wohnhaus auf einer kleinen Grünfläche, die samt angrenzenden Wohngebäuden einer Wohnungsbaugenossenschaft gehört.

Das Jahr der Entstehung der Weichsel-Kirsche ist nicht bekannt. Denkbar ist eine Pflanzung um 1910 gleich nach dem Bau des Gebäudes. Der Standort so nah am Wohnhaus könnte aber auch darauf hindeuten, dass sie hier zu einem späteren Zeitpunkt wild erwachsen ist.

Der nicht ganz optimale Standort hat dazu geführt, dass dieser Baum sehr kurios gewachsen ist. Zur Straße hin eine grüne Wand, bis auf den Boden reichend, zeigt sie ihre wahre Größe erst auf der Rückseite. Der Stamm liegt flach etwa 50 cm über den Erdboden und wird von drei Starkästen abgestützt, zwei davon sind abgestorben. Darüber wölbt sich eine mächtige und vitale Krone, die die kleine Grünfläche fast vollständig überspannt. Besonders im Frühling zur Blüte, wie auf dem Bild, sind Weichsel-Kirschen eine Augenweide. Die Bäume blühen vor dem Blattaustrieb, und bilden zu der Zeit ein rein weiß strahlendes Blütenmeer.

Wir haben uns dann den Baum genauer angesehen und entschieden, uns für seine Erhaltung und den weiteren Schutz einzusetzen. In Berlin gibt es zwar noch einige ähnlich starke Weichsel-Kirschen, jedoch keine mit einer so ungewöhnlichen Wuchsform und in dieser Größe.

Daher haben wir ein Schreiben an die Untere Naturschutzbehörde Berlin-Pankow gesendet, mit dem Ziel, diese Weichsel-Kirsche als Naturdenkmal ausweisen zu lassen. Unser Anliegen wurde leider abgelehnt, jedoch kam infolge dieser Initiative ein Treffen mit der Wohnungsbaugenossenschaft und der Unteren Naturschutzbehörde Berlin-Pankow zustande. Es wurden Regelungen zum Schutz des Baumes bei den geplanten Sanierungsarbeiten getroffen, so dass eine akute Gefährdung des Baumes ausgeschlossen werden konnte. Schön ist, dass auch die Wohnungsbaugenossenschaft als Eigentümerin des Grundstücks die Eigenart und den Wert des Baumes erkannt hat. So wurde sie etwa ein gutes Jahr später im Magazin der Wohnungsbaugenossenschaft als besonderes Kleinod benannt. Und wie mir meine Bekannte erzählte, führten sogar schon Rundfahrten des Vorstands zu diesem Naturmonument.

Bleibt noch die Frage nach einem dauerhaften Schutz des Baumes durch Ausweisung als Naturdenkmal. Wir entschlossen uns zu einem zweiten Versuch. In Berlin werden zentral Naturdenkmalslisten durch die Senatsverwaltung als höhere Naturschutzbehörde erstellt und aktualisiert. Die Bezirke können zwar ebenfalls einzelne Naturdenkmale ausweisen, verzichten aber wegen des damit verbundenen Aufwandes häufig darauf. Derzeit wird eine Neuausweisung bzw. Aktualisierung der Naturdenkmalslisten in Berlin vorbereitet, die Vorschlagsliste wurde durch den Bund für Umwelt und Naturschutz (BUND) im Auftrag der Senatsverwaltung erstellt. Wir haben erreicht, dass die Weichsel-Kirsche in diese Vorschlagsliste aufgenommen wurde. Das Verfahren zur Neuausweisung von Naturdenkmalen steht noch aus. Bleibt abzuwarten, ob die unbedingt gebotene Würdigung als Naturdenkmal diesmal gelingt.

Text- und Bildautorin:
Marion Scheich, Berlin

G8

Derfflinger-Eiche

bei Gusow im Oderbruch

Quercus robur, Stiel-Eiche

Standort: südlich des Ortes Gusow, ca. 300 m nördlich vom Bahnübergang nach Osten Richtung Werbig abbiegen, Baum nach genau 1 km am Weg; Lkr. Märkisch-Oderland, Brandenburg

Alter: ca. 350 bis 400 Jahre (geschätzt)

Stammumfang: 7,80 m (gemessen 09.2017 in 1,3 m Stammhöhe)

Höhe: 20 m (geschätzt)

GPS-Daten

N 52.563894
O 14.367089

Im Osten Brandenburgs, östlich des Dorfes Gusow, steht am Weg nach Werbig in das Oderbruch hinein die „Derfflinger-Eiche", als Solitär weithin sichtbar am Ende einer Eichenallee.

Als ich am 12. November 2016 mit dem Zug aus Berlin zu einer Wanderung nach Gusow zum schönen Schlosspark und zur alten Eiche fuhr, hatte der Wetterbericht einen milden sonnigen Herbsttag versprochen. Ich hatte die Rechnung allerdings ohne das Oderbruch gemacht. Eine Nebeldecke legte sich ganztägig über die Region. Aber trotz lausiger Kälte bescherte mir dieses Wetterphänomen tolle Naturerlebnisse, der Raureif hielt sich den ganzen Tag und verzauberte die Landschaft und auch die Eiche.

Ihr mächtiger Stamm ist zu einem Viertel entrindet und bis in die Krone hinein hohl. Der östliche Teil der Krone ist schon länger ausgebrochen und nur ein Aststummel ist dort verblieben. Dennoch strotzt die Eiche vor Lebenskraft. Jedes Jahr aufs Neue bildet sie mit ihren jungen und kräftigen Zweigen an den alten Starkästen eine dichte grüne Krone, die die vielen Höhlungen, Öffnungen und abgestorbenen Aststümpfe verdeckt.

Vor vielen Jahren wurde eine große Höhlung an ihrem Stammfuß mit Ziegelsteinen ausgemauert und zusätzlich betoniert. Heutzutage führt man diese Art der „Sanierung" nicht mehr durch, sie schadet mehr als dass sie nutzt. Der Baum hat jedoch jenen Eingriff bisher gut überstanden, an der Nahtstelle zum Beton hat er mit seiner Borke diesen bereits teilweise überwallt, während die steinerne Plombe selbst schadhaft geworden ist.

Bereits 1936 wurde die Eiche als Naturdenkmal ausgewiesen. Direkt an der kleinen Ortsverbindungsstraße stehend, bleibt zu hoffen, dass sie noch lange von einschneidenden Maßnahmen zur Verkehrssicherung verschont bleiben wird.

Ihren Namen verdankt sie dem preußischen Generalfeldmarschall Georg von Derfflinger (geb. 1606, gest. 1695 in Gusow). Der Legende nach soll er die Eiche selbst an der Grenze seiner Besitztümer gepflanzt und an seinem Lebensabend dort gerne gesessen haben.

Demnach wäre sie heute ca. 350 Jahre alt, der Umfang beträgt aktuell 7,80 m in Brusthöhe. Eine dokumentierte frühere Messung von 1906 betrug in 1 m Höhe 7,50 m, heute hat die Eiche in dieser Höhe 8,20 m Umfang. Dass sie von Derfflinger gepflanzt wurde, oder vielleicht sogar damals schon stand, also noch älter sein könnte, erscheint plausibel.

Bis zur Bodenrefom nach dem zweiten Weltkrieg stand die Eiche an einer Wegekreuzung. Dieser zweite Weg kam aus dem Luch und querte mit einer Brücke weiter südlich die Gleise der Ostbahnstrecke. Von ihm ist heute außer einer Reihe von Kopfweiden mitten im Feld nichts mehr zu sehen. Früher erzählten sich die Leute allerhand Spukgeschichten von diesem Baum, der in der Dämmerung, des nachts oder bei Nebel durch seine Geräusche und Schatten unheimlich erscheinen kann. Viele alte Eichen, an abgelegenen Orten und an vorbeiführenden Wegen, beflügelten in vergangenen Zeiten, als man noch viel zu Fuß unterwegs war, die Phantasie der Menschen und einige von ihnen sind teilweise heute noch als „Spukeiche" oder „Mordeiche" bekannt. So manche unheimliche Geschichte von Begegnungen mit spukenden Toten ist bis heute überliefert.

Text- und Bildautor:
Andreas Gomolka, Berlin

G9

Silberweiden-Krake

in Lebus bei Frankfurt/Oder

Salix alba,
Silber-Weide

Standort: in der Oderaue bei Lebus vor den Pontischen Hängen, etwa 50 m östlich vom Wanderweg an der unteren Hangkante entfernt, nahe dem altem Oderarm; Kleinstadt Lebus, Lkr. Märkisch-Oderland, Brandenburg

Alter: 170 Jahre (geschätzt)

Stammumfang: 7,40 m (gemessen 04.2019 an Taille in 0,5 m, Stammaufteilung in etwa 1,20 m Höhe,)

Höhe: 12 m (geschätzt), Kronenbreite 16 m (geschätzt)

GPS-Daten
N 52.415226
O 14.538442

Ich kenne keine schönere Silber-Weide in schönerer Umgebung. Der Baum war mir 2016 bei einer Radtour von Görlitz nach Szczecin (Stettin) auf dem Oder/Neiße-Radweg aufgefallen, und ich hatte sie damals fotografiert. Nun war die spannende Frage: gibt es den Baum noch, lebt er noch und ist er noch so schön? Denn solche wirklich alten Weiden beginnen früher oder später auseinanderzubrechen, dies hat bei diesem Baum begonnen. Dann können sie gerade besonders eindrucksvoll aussehen (Kraken-Habitus), bevor sich der Baum irgendwann durch weiteres Brechen von Stämmlingen vollständig „auf die Wiese legt“. Auch das kann zwar enorm skurril aussehen (wie eine Skulptur), aber man kann dann keinen Stammumfang mehr messen. Das war bei diesem Baum noch gut möglich, allerdings nicht in „Brusthöhe“, sondern an der „Taille“ in 0,5 m Höhe. Damit zählt er zu den stärksten Silber-Weiden unseres Landes.

Für das Erkennen von Silber-Weiden zur Unterscheidung von Bruch- und Fahl-Weiden (*Salix fragilis, S.* × *rubens*) hilft mir am besten die Blattbehaarung, die bei der Silber-Weide erhalten bleibt.

Ebenso schön wie der Baum ist die Landschaft drumherum: offene, fast freie Auenwiesenflächen mit alten Baumsolitären, viele von ihnen leider durch Biberfraß abgestorben. Da fragt man sich: sind für den Naturschutz hier die Uraltbäume oder die Biber wichtiger? Das ist ein spannender Konflikt – er ist eigentlich einfach lösbar, indem man die Stammfüße wertvoller Bäume mit Draht umwickelt. Das muss bis in 1 m Höhe geschehen, da der Biber sich sonst auf die Hinterbeine stellt und oberhalb seine Zähne schärft. Traumhaft sind die Osthänge der Sandhügel am Auenrand, direkt am Wanderweg: mit Adonisröschen und Küchenschellen Anfang Mai etwas ganz Besonderes und Pontische Häng genannt (pontisch ist das Klima der türkischen Schwarzmeerküste). Zudem steht dort auch eine besonders schöne Weichsel-Kirsche, die ebenfalls um diese Zeit blüht. Sogar der Taxifahrer aus Frankfurt/Oder wusste sofort, wo die Pontischen Hänge sind und hat mich direkt an der optimalen Stelle abgesetzt.

Der Weg ist an dieser Stelle so sandig, dass der Radweg durch Lebus (bergauf und dann wieder bergrunter) geleitet wird, aber es lohnt hier unbedingt, unten am Hangfuß weiterzulaufen, selbst wenn man das Fahrrad stellenweise schieben muss – sonst wäre mir die Weide sicher 2016 gar nicht aufgefallen. Zum Aufsuchen dieses starken Baumes 2019 bin ich von Frankfurt/O. mit dem Taxi hingefahren, und dann die 10 km zu Fuß zurückgelaufen (2 Std.), über die Oderwiesen ein traumhafter Rückweg immer an der Oder (das ist nicht nach längerem Regen oder bei Hochwasser möglich, dann müsste man an der Schnellstraße gehen). Die Oder ist ab dem Zusammenfluss mit der Neiße ein wunderschöner großer Fluss mit Buhnen, Sandbänken und Buchten.

Die Stadt Frankfurt/Oder ist bekannt für ihre Europa-Universität Viadrana, direkt an der Oder gelegen mit Campus bis zum Ufer auf der Insel Ziegenwerder. Die Stadt wird immer wieder mit Frankfurt/Main verwechselt, vor allem von anreisenden Ausländern: als ich dort war, musste gerade eine große Menge Fußballfans umkehren und abreisen, die für ein Champions League-Spiel Frankfurt gegen Liverpool angereist waren und erst vor Ort merkten, dass es das falsche Frankfurt war und das Stadion dort gar nicht in Betrieb war. Der Taxifahrer hatte zu dem Thema falscher Zielort noch eine Menge weiterer schöner bzw. trauriger Geschichten zu erzählen, weshalb die 15-minütige Fahrt schnell herumging.

Text- und Bildautor:
Andreas Roloff, Tharandt

H1

Edel-Kastanie

in Hamminkeln

***Castanea sativa*, Edel-Kastanie**

Standort: 2 km südwestlich von Hamminkeln an der Bislicher Straße auf Höhe der Zufahrt des Hauses Nr. 40 (Köpenhof); Kreis Wesel, Nordrhein-Westfalen

Alter: ca. 250–300 J. (geschätzt)

Höhe: 7,01 m (gemessen 03.2019 in 1,3 m Stammhöhe)

Stammhöhe: 13 m (gemessen)

GPS-Daten

N 51.722889
O 6.560500

Die rechtsrheinisch gelegene Stadt Hamminkeln liegt zwischen Bocholt im Norden und der Kreisstadt Wesel im Süden und gehört geologisch betrachtet zum Niederrheinischen Tiefland. Die flache Landschaft wurde in diesem Bereich durch kiesige und sandige Flussablagerungen des Rheines gebildet. An der Bislicher Straße südwestlich von Hamminkeln überrascht den Wanderer eine eindrucksvolle Baumgestalt: eine malerische Edel-Kastanie steht dort an der Zufahrt zu einem landwirtschaftlichen Anwesen, dem Köpenhof.

Das knorrig gewachsene, auf ein Alter von 250–300 Jahren geschätzte Naturdenkmal beeindruckt nicht nur durch seine Dimension. Auf einem großen Abschnitt des wulstigen und auffallend drehwüchsig gewachsenen Stammes fehlt die Rinde, das Kernholz liegt dort frei und ist in Teilen ausgehöhlt. Spechte haben in mehreren Ästen ihre Bruthöhlen in das harte Holz gemeißelt. Eine Edel-Kastanie vermag mit derartigen Beschädigungen jedoch sehr gut umzugehen. Die hohe Resistenz des gerbsäurehaltigen Holzes gegenüber holzzersetzenden Pilzen verhindert über lange Jahre eine statische Beeinträchtigung ihrer Bruchsicherheit. Das tatsächliche Absterben des Baumes wird sich daher noch über viele Jahrzehnte, wenn nicht sogar Jahrhunderte hinauszögern. Sie ist so zu einem wertvollen Biotopbaum geworden, der zahlreichen Lebewesen eine Heimat bietet. Neben verschiedensten Käfern, Spinnen, Wespen und Wildbienen finden höhlenbrütende Kleinvögel, Eulen, Fledermäuse und Kleinsäuger Unterschlupf und Lebensraum.

Am Niederrhein gibt es mehrere Schwerpunkt-Vorkommen betagter Edel-Kastanien. So finden wir in Kleve, Goch-Pfalzdorf und in Alpen-Bönninghardt zahlreiche Altbäume, die dort im 18. Jahrhundert vermutlich durch kurpfälzische Auswanderer-Familien verbreitet wurden. Diese Kolonisten beabsichtigten ursprünglich von Rotterdam nach Amerika überzusetzen. Als die Niederländer ihnen jedoch die Einreise verweigerten, strandeten die Aussiedler ab 1741 am Niederrhein. Aus ihrer pfälzischen Heimat brachten sie in ihrem Gepäck die Früchte des am Oberrhein häufig vorkommenden „Brotbaumes“ mit. So wurde der Bestand der ursprünglich schon von den Römern am Niederrhein eingeführten Edel-Kastanien durch Neupflanzungen der Auswanderer aus der Pfalz erweitert.

Rund um Hamminkeln finden wir eine größere Anzahl sehr stattlicher Edel-Kastanien, die dort offensichtlich ohne pfälzischen Einfluss gepflanzt wurden. Viele der markanten Altbäume sind unmittelbar an landwirtschaftliche Höfe angebunden. Schon in frühesten Zeiten wurden die sogenannten Hofbäume aus unterschiedlichen, teils praktischen, aber auch religiösen Beweggründen gesetzt. Es handelt sich dabei um Solitärbäume, Haine und auch Baumreihen etwa entlang von Zufahrten. Je nach Region wurden unterschiedliche Baumarten bevorzugt. Im Münsterland wurden überwiegend Eichen, in Ostwestfalen eher Linden und am Niederrhein häufig die Früchte tragenden Walnüsse und Edel-Kastanien gepflanzt. Sie dienten zur Beschattung des Hofes, der Terrasse oder des Weideviehs. Baumreihen und kleine Haine wurden gerne auf der Wetterseite zum Schutz vor Witterung und Blitzeinschlag gesetzt und Grenzbäume steckten den Besitz ab. Die Edel-Kastanie am Köpenhof begrüßt hingegen seit vielen Jahren die Gäste an der Hofzufahrt.

Text- und Bildautor:
Christoph Michels, Sonsbeck

H2

Küstenmammutbaum

im Schmölderpark in Mönchengladbach

***Sequoia sempervirens*, Küstenmammutbaum**

Standort: Stadt Mönchengladbach, am südwestlichen Rand des Schmölderparkes im Stadtteil Rheydt auf einer Rasenfläche an der Urftstraße; kreisfreie Stadt Mönchengladbach, Nordrhein-Westfalen

Alter: ca. 60 J. (geschätzt)

Stammumfang: 5,10 m (gemessen 12.2018 in 1,3 m Stammhöhe)

Höhe: 26 m (gemessen)

GPS-Daten

N 51.158889
O 6.429583

Der etwa 16 Hektar große, nach dem Textilunternehmer Carl Julius Schmölder benannte Schmölderpark ist eine grüne Oase im Stadtteil Rheydt. Schmölder gründete 1888 den „Rheydter Verschönerungsverein“ und übernahm dessen Vorsitz. Unter der Auflage daraus einen öffentlichen Park zu machen, schenkte der Verein der Stadt eine 2,5 Morgen große Waldparzelle. Aus Spenden wurde weiteres Land zugekauft, der Wald auf Teilflächen gerodet und am 20. Juli 1883 als „Kaiserpark“ der Öffentlichkeit übergeben. 1949 wurde der Park zu Ehren des Stifters in Schmölderpark umbenannt.

Die wunderschöne, teilweise aus über 180 Jahre alten Bäumen des ursprünglichen Waldbestandes bestehende Anlage weist eine Vielzahl an Gehölzarten und -sorten auf, die überwiegend im 20. Jahrhundert eingebracht wurden. Am südwestlichen Rand der Parkanlage steht inmitten einer großen Rasenfläche in einer Gruppe weiterer Baumraritäten ein imposanter Küstenmammutbaum. Mit seinem Stammumfang von 5,10 m zählt er zu den stärksten bekannten Exemplaren seiner Art in Deutschland. Der mächtige Stamm ist außerhalb der bis zum Boden streichenden Krone kaum wahrzunehmen, erst beim Betreten des Raumes unter der Baumkrone lässt sich seine tatsächliche Dimension erkennen. Vermutlich wurde er zwischen 1950 und 1960 aus dem Gehölzbestand der nahegelegenen Sequoiafarm in Kaldenkirchen in den Schmölderpark verpflanzt.

Der Küstenmammutbaum ist ein immergrüner Nadelbaum, der an der Pazifikküste Nordamerikas beheimatet ist. Ein Exemplar aus dem Redwood-Nationalpark im Nordwesten Kaliforniens, genannt „Hyperion“, ist mit einer Stammlänge von 115,60 m (2006 gemessen) der höchste bekannte lebende Baum der Erde. Es verwundert nicht, dass die Baumart der Staatsbaum des US-Bundesstaates Kalifornien ist. Im Jahr 1840 wurde sein Saatgut erstmals in Europa eingeführt.

Der aus dem wintermilden Küstenstreifen an der Westküste der USA stammende Baum hat eine relativ geringe Frosthärte und wird in Deutschland daher häufiger in den wärmeren und atlantisch geprägten Regionen gepflanzt. Die durch den Klimawandel bedingten milderen Winter in unseren Breiten kommen ihm dabei entgegen. Aufgrund seiner Windempfindlichkeit ist die Pflanzung an einem geschützten Standort angebracht. Durch den Wintersturm Friederike wurde die Krone des Baumes im Schmölderpark im Januar 2018 um 6 m in der Höhe eingekürzt und macht seitdem einen etwas zerzausten Eindruck. Vermutlich sind auch die Witterungsbedingungen für die Zweistämmigkeit des Baumes ab einer Höhe von 15 m verantwortlich.

Ein charakteristisches Merkmal der Baumart ist die rotbraune, faserartige und bis zu 30 cm dicke Borke, die sie in der Heimat vor den dort zahlreich auftretenden Waldbränden schützt. Die auffallend dunkelgrünen Nadeln bilden einen sehr schönen farblichen Kontrast dazu. Das Holz ist aufgrund seiner Dauerhaftigkeit und seinen technischen Eigenschaften als Nutzholz in den USA sehr begehrt, wegen der leuchtend hellroten bis rotbraunen Farbe des Kernholzes wird der Küstenmammutbaum auch als „California Redwood“ bezeichnet.

Text- und Bildautor:
Christoph Michels, Sonsbeck

I1

Riesentannen

vom Limberg in Preußisch Oldendorf

Abies grandis,
Große Küsten-Tanne

Standort: ca. 1 km südwestlich des Ortes Bad Holzhausen im Waldbestand am Osthang des Limberges; Preußisch Oldendorf, Kreis Minden-Lübbecke, Nordrhein-Westfalen

Alter: 129 Jahre

Stammumfang: 4,57 m (gemessen 03.2019 in 1,3 m Stammhöhe)

Höhe: 57 m

GPS-Daten

52.282944
8.522861

Der Limberg ist ein Teil des Höhenzuges Egge am Nordrand des Wiehengebirges. Charakteristisch für das Landschaftsbild sind die bewaldeten Kuppen der Anhöhen. Einem aufmerksamen Wanderer entgeht jedoch nicht, dass die sich gleichmäßig an das Gelände anschmiegenden Waldbestände am Osthang des Limberges durch weit herausragende Nadelbaumgruppen unterbrochen werden.

Betreten wir nun das Waldgebiet aus Bad Holzhausen kommend, so gelangen wir über eine Allee 130-jähriger Sommer-Linden nach wenigen Metern in einen beeindruckenden Mischbestand aus Rot-Buchen, Berg-Ahornen, Sommer-Linden, mächtigen Douglasien und Großen Küsten-Tannen. Die Großen Küsten-Tannen tragen ihren Namen zu Recht, denn mit einer Höhe zwischen 55 und 60 m überragen die kerzengeraden Bäume die Laubholzbestände und auch die Douglasien mit weitem Abstand. Es ist ein unbeschreibliches Gefühl, sich zwischen diesen gewaltigen Bäumen zu bewegen. Mühsam versucht man den Gipfel der Bäume zu erahnen, was jedoch nur selten gelingt, denn die auf den ersten 30 m fast astfreien, in der Sonne gelbgrün leuchtenden Stämme verschwinden oftmals in den niedrigeren, sommergrünen Laubholzkronen wie in einer Wolkendecke. Wir stehen in einem der höchsten Waldbestände Deutschlands. An die 40 Tannen mit einem Stammumfang von bis zu 457 cm stehen hier im Quellbereich am Unterhang sowie auch im Mittelhang des Limberges.

Die Große Küsten-Tanne erreicht im Heimatland eine Höhe bis zu 85 m und ein Höchstalter von bis zu 300 Jahren. Von anderen Tannen lässt sie sich leicht durch ihre in zwei Ebenen gescheitelten Nadeln unterscheiden. Sie bildet eine tiefe Pfahlwurzel aus, die ihr eine gute Standfestigkeit verleiht und sie am Limberg vor Schäden durch die zahlreichen schweren Stürme der letzten Jahrzehnte bewahrte.

1832 wurden die Waldungen am Limberg von der Familie von Oheimb zu Enzen erworben. Der dendrologisch engagierte Ferdinand von Oheimb, der seinen Wohnsitz auf dem nahegelegenen Rittergut Hudenbeck hatte, brachte auf einer Reise Saatgut unter anderem der Großen Küsten-Tannen und Douglasien von der Westküste Nordamerikas mit und pflanzte die jungen Bäume 1890 in seinem Forstrevier aus. Das atlantisch beeinflusste Klima und der ausgewählte Standort im Bereich der den Mühlbach im Eggetal speisenden Quellen kommen anscheinend den Idealbedingungen am Naturstandort sehr nahe und fördern ihr rasches Wachstum.

Im Jahr 1935 erkannten die Eigentümer die wertvolle und artenreiche Zusammensetzung mit damals insgesamt 44 heimischen und auch fremdländischen Baumarten in den Waldbeständen am Limberg und setzten sich für die Ausweisung als Naturschutzgebiet ein. Obwohl die nationalsozialistisch beeinflussten Behörden erkannten, dass „eine ausländische Tanne, wahrscheinlich die Amerikanische Riesentanne" einen beachtlichen Zuwachs erzeugte, wurde empfohlen, dass „durch einen planmäßigen Aushieb überflüssiger Fremdländer das natürliche Landschaftsbild wiederherzustellen sei". Mitsamt der „Exoten" entstand hier eines der ältesten Naturschutzgebiete des Kreises Minden-Lübbecke, welches inzwischen als FFH-Schutzgebiet ausgewiesen wurde.

Die Bedrohung vieler heimischer Baumarten durch die weltweiten klimatischen Veränderungen erfordert ein Umdenken bei der Baumartenzusammensetzung unserer Wälder. Vielleicht kann die Einbindung der Großen Küsten-Tanne auch aufgrund der positiven Erfahrungen hier am Limberg einen Teil dazu beitragen.

Text- und Bildautor:
Christoph Michels, Sonsbeck

12

Eibe

in Fischbeck an der Weser

***Taxus baccata*, Europäische Eibe**

Standort: Garten im Stift Fischbeck; Gemeinde Hessisch Oldendorf, Lkr. Hameln-Pyrmont, Niedersachsen

Alter: 700 Jahre (geschätzt)

Stammumfang: 4,49 m (gemessen 07.2019 in 1,0 m Stammhöhe)

Höhe: 8,20 m (gemessen), Kronenbreite 8,90 m (gemessen)

GPS-Daten

N 52.1426
O 9.2968

Inmitten einer reizvollen Landschaft, wo der Nährenbach in die Weser mündet, liegt Fischbeck. Im Nordosten grenzt daran der Höhenzug Süntel. Radfahrer, die entlang des Weser-Radweges unterwegs sind, machen gerne in dem gemütlichen Ort Rast, der besonders durch das Stift Fischbeck bekannt ist. Seit der Gründung im Jahr 955 leben und arbeiten hier ausschließlich Frauen. Sie legten Gärten an und pflanzten auch Bäume. Heute finde ich hier, abgegrenzt von der ältesten Backsteinmauer Niedersachsens, den im 18. Jahrhundert angelegten Abteigarten des Stifts mit Kräutern und Blumen und uralten Bäumen wie einer Eibe, die stolz das Schild „mehr als 1000 Jahre alt“ trägt. Unterlagen, die das tatsächliche Alter der Eibe belegen, sind in dem Stift leider nicht zu finden und die 1000 Jahre müssen angezweifelt werden. 700 Jahre sind bei dem gemessenen Stammumfang von 4,49 m realistisch. Ohne Zweifel ist dieser Baum etwas Besonderes. Sogar ein Gedicht ist ihm gewidmet, das die Geschichte des Baumes eindrucksvoll beschreibt:

Die Eibe zu Fischbeck (Auszüge) von Hjalmar Kutzleb (1885–1959)

Hinter Beeten mit Kohl in umhegtem Raum,
Über Apfelbäumen mit reifender Tracht,
Riesig getürmt und ernst wie die Nacht
Der tausendjährige Baum.
.....
Und es ward eine Axt gewetzt und geweiht,
Und der Nonnenchor schloss den Ring des Heils
Um die Eibe.
Die Gemeinde sang: „Alle Geister loben
Dich, Herre!“ Aufblitzte der Stahl des Beils,
Da sanken dem Fäller die Arme am Leibe,
Und niemals hat er sie wieder gehoben!

Seitdem wächst der Baum die Jahrhunderte fort
Und sieht, wie der Garten blüht und verdorrt...

2005 wurde der uralte Baum während eines starken Sturmes schwer in Mitleidenschaft gezogen. Ein wesentlicher Teil der Krone brach ab (Foto unten).

Als die Stiftsdamen den Baum so zerzaust sahen, konnten sie es nicht fassen. Sollte es das Ende des ältesten Baumes auf dem Stiftsgelände sein? Auf Basis eines Baumgutachtens wurde die Eibe so eingekürzt, dass sich die Krone wieder neu aufbauen konnte – diese Maßnahme hatte Erfolg. Eine wieder geschlossenen Baumkrone, die bis auf den Boden reicht und Jahrestriebe von 35 cm Länge zeugen davon, dass der Baum sich erholt hat. Leider fehlt ihm heute die imposante Höhe und so steht er eher unscheinbar und von den vielen Besuchern unbeachtet im hinteren Gartenteil. Doch schaue ich durch das Grün der Krone, sehe ich den mächtigen Stamm und kann die Größe erahnen, die er einst hatte. Ehrfurchtsvoll und glücklich über seine wiedergewonnene Kraft stehe ich vor ihm.

Eine Führung durch die schöne Anlage oder noch besser, zwei Stunden „Beetgeflüster“ (eine Lesung im Garten) sollte sich der Reisende nicht entgehen lassen. Dabei kann man auch die alte Eibe besuchen – es lohnt sich.

In Deutschland stehen Wildvorkommen der Art als eine von ganz wenigen Gehölzarten nach Bundesartenschutzverordnung unter strengem Naturschutz.

Text- und Bildautorin:
Katharina Dujesiefken, Schwerin

I3

Rosskastanie

in Münster

***Aesculus hippocastanum*, Gewöhnliche Rosskastanie**

Standort: im kleinen Park Linnenbrinks Garten im Stadtteil St. Mauritz, gegenüber Rudolfstr. 8; kreisfreie Stadt Münster, Nordrhein-Westfalen

Alter: 220 Jahre (geschätzt)

Stammumfang: 5,60 m (gemessen 04.2018 an Taille in 0,90 m Höhe)

Höhe: 25 m (geschätzt), Kronenbreite 24 m (geschätzt)

GPS-Daten

N 51.961597
O 7.643480

Schöne starke Rosskastanien gibt es natürlich viele in Deutschland, zumindest im April und Mai während der Blüte fallen sie überall auf. Dieser Baum in Münster ist besonders prächtig, da er in einer kleinen Parkanlage ideale Lebensbedingungen hat, von der anderen Wiesenseite vollkommen frei zu sehen ist und phantastisch wirkt: mit einer perfekten Krone, bis tief unten beastet, oben wolkige Teilkronen und ein starker gut sichtbarer Stamm mit einer Gabelung in 1,80 m Höhe. Da kann man nur hoffen, dass das noch möglichst lange so bleibt. Mit seinen 5,60 m Stammumfang an der Taille ist dieser Baum einer der 5 stärksten Rosskastanien (nach www.championtrees.de).

Peter Linnenbrink (nach dem die Grünanlage benannt ist) war ein Maler. In dem kleinen Park gibt es ab und zu Veranstaltungen, z.B. eine Tanzdiele mit Tango im Mai und Straßenfeste. Dafür eignet sich die große Wiese natürlich besonders gut.

Wer kennt und mag sie nicht: strahlende Rosskastanien Anfang Mai mit ihrem Blütenmeer. Selbst Kinder lieben diese Baumart schon, und viele Erwachsene ebenso, denn sie macht uns viermal im Jahr Freude: im Winter mit ihren riesigen glänzenden Knospen, im April beim Erscheinen der großen gefingerten Blätter, im Mai mit ihrem lange anhaltenden Blütenspektakel und im Herbst mit den vielen großen glänzenden Samen. Die Blüten sind auch von Nahem ein Hingucker wegen ihrer roten und gelben Farbflecke. Ursprünglich stammt die Rosskastanie vom Balkan, sie wurde erst 1576 hier eingeführt, ist also eine nichtheimische Baumart, ein Neophyt.

Die Rosskastanie ist nicht mit der Ess- oder Edel-Kastanie (Marone) zu verwechseln, selbst wenn die Früchte auf den ersten Blick ähnlich aussehen. Beide gehören zu ganz verschiedenen Familien, und sie haben außer dem Aussehen der Früchte nichts gemeinsam.

Am Habitus einer Rosskastanie fällt sofort ihre relativ breite, gewölbte Krone auf. Man hat direkt den Eindruck, dass viele Rosskastanien mehr in die Breite als in die Höhe wachsen. Und dann betrachten wir den Stamm: mit seiner groben Schuppenborke und bei genauerem Hinsehen auffallendem Rechtsdrehwuchs, den über 90 % der Rosskastanien aufweisen. Die Holzstrukturen sind dabei längs des Stammes nicht genau senkrecht orientiert, sondern verdreht. Unter Wissenschaftlern wird diskutiert, ob dieser Drehwuchs angeboren ist oder ob er durch die Erddrehung bzw. durch das Wandern der Sonne bedingt sein kann. Wir lassen das hier offen.

Die Blätter sind gefingert, d.h. ein einzelnes Blatt besteht aus 5 bis 7 Fiederblättchen, die allesamt vom Ende des Blattstieles ausgehen und sehr unterschiedlich groß sind (das mittlere Fiederblatt ist immer am größten). Die Herbstfärbung ist gelblich braun, wobei Blätter an Straßenlaternen sich oft erst deutlich später verfärben und abfallen.

Immer wieder hört und liest man bis in die jüngste Zeit, dass bei der Rosskastanie (wie auch bei Hainbuchen) eine direkte Beziehung zwischen einem Wurzelstrang und dem darüber befindlichen Ast in der Krone besteht. Wenn also ein Ast in der Krone abstirbt, so muss die darunter befindliche Wurzel geschädigt worden sein. Dies trifft so nicht zu. Erstens gibt es eine solche Beziehung bei älteren Bäumen grundsätzlich nicht (das haben wir in Experimenten nachgewiesen, und es wäre baumbiologisch auch viel zu riskant), und zweitens selbst wenn es sie gäbe: aufgrund des verbreiteten Drehwuchses bei Rosskastanien müsste dann gerade ein Ast auf einer anderen Kronenseite absterben und eben nicht der genau darüber befindliche.

Text- und Bildautor:
Andreas Roloff, Tharandt

I4

Mauerpappel

in Soest

Populus nigra 'Italica', Pyramiden-Pappel

Standort: Kreisstadt Soest, im Graben an der äußeren Stadtmauer zwischen dem Osthofentor und dem Thomätor, Nordrhein-Westfalen

Alter: ca. 60 J. (geschätzt)

Stammumfang: 4,67 m (gemessen 12.2018 in 0,4 m Stammhöhe)

Höhe: 29 m (gemessen)

GPS-Daten

N 51.572250
O 8.116306

Die Stadt Soest liegt zwischen Dortmund und Paderborn am Südrand der Westfälischen Bucht, einer flachen Landschaft, die im Süden durch den Höhenzug Haarstrang begrenzt wird. Soest war im Jahr 1180 mit einer insgesamt 3,8 km langen Stadtmauer und 10 Stadttoren umgeben, von denen heute noch mehr als 2,5 km Mauer und das Osthofentor erhalten sind. Die Befestigung bestand aus einer etwas flacheren Außenmauer und einer hohen Innenmauer, die später zu einem Wall aufgeschüttet und zu preußischen Zeiten mit Bäumen bepflanzt wurde. Zwischen den Mauern befand sich ein für lange Zeit unüberwindbarer Wassergraben, heute Gräfte genannt.

Sowohl die inzwischen trockengelegte Gräfte als auch der mit einer historischen Winterlinden-Allee bepflanzte Wall laden zu einem ausgedehnten Spaziergang ein. Zwischen Osthofentor und dem ehemaligen Thomätor wird jeder Baumfreund auf seinem Spaziergang innehalten, da eine außergewöhnliche Baumgestalt seine Blicke auf sich zieht. Wie mit den Ellenbogen aufgestützt, lehnt sich eine mächtige Pyramiden-Pappel an die aus grünlichem Anröchter Stein bestehende Außenmauer der Gräfte. Obwohl die Pappel sicherlich kein hohes Alter erreicht hat, versucht der viel zu nah an die Mauer gepflanzte Baum den notwendigen Stärkenzuwachs durch das Wachstum in die Breite und Überwallungen auf der Mauer zu kompensieren. Oberhalb der Mauer bildet sich dann der Stamm wieder in seiner gewöhnlichen Form aus.

Pyramiden-Pappeln beeindrucken durch ihren säulenförmigen Wuchs, der durch die steil aufrecht strebenden zahlreichen Verzweigungen des Hauptstammes und der Seitenäste hervorgerufen wird. Selbst alte Bäume, die eine Höhe von 35–40 m erreichen können, bilden nur eine schmale Krone aus. Besondere Merkmale des Baumes sind die brettartigen Wurzelanläufe, die längsrissige graue Borke und die häufig anzutreffenden Wülste und Knollen mit zahlreichen Wasserreisern im unteren Stammbereich. Ihre dekorativ leuchtend gelben Triebe heben sie in der laublosen Zeit im Frühjahr schon von weitem sichtbar hervor.

Bei der Pyramiden-Pappel handelt es sich um eine Mutation der Schwarz-Pappel, die Anfang des 18. Jahrhunderts in Italien gefunden wurde. Da alle Individuen der Form männlich sind, lässt sie sich nur durch Stecklinge vermehren. Im Jahr 1765 gelangten die ersten Exemplare nach Deutschland, wo sie schnell als Alleebaum und in Windschutzhecken Verwendung fanden. Im 18. und zu Beginn des 19. Jahrhunderts war sie aufgrund ihrer Schnellwüchsigkeit und des schlanken Säulenform als wirksames Element zur räumlichen Gestaltung in den Landschaftsgärten sehr beliebt. Napoleon soll die weithin sichtbaren Pappeln in großem Umfang zur Orientierung und als Schattenspender an seinen Heerstraßen angepflanzt haben.

Bis vor wenigen Jahren säumten Pyramiden-Pappeln viele Landstraßen, in Regionen wie dem Niederrhein prägten sie in großer Zahl das Landschaftsbild. Sie hat jedoch eine begrenzte Lebensdauer und erreicht selten ein Alter von 100 Jahren. Bereits in jungen Jahren bildet sie zahlreiche Totäste aus, das weiche Holz ist nicht fäulnisresistent und neigt dazu, im Alter brüchig zu werden. Daher wird sie aus Gründen der Verkehrssicherheit häufig aus den öffentlichen Bereichen entfernt und durch die Pflanzung alternativer Baumarten ersetzt.

Ihr großflächiges Verschwinden ist sehr bedauerlich, viele Baumfällungen hätten durch eine regelmäßige und fachgerechte Pflege, die Vermeidung von Kappungen und die Neupflanzung abseits stark frequentierter Wege für Jahrzehnte aufgeschoben bzw. vermieden werden können.

Text- und Bildautor:
Christoph Michels, Sonsbeck

Berg-Ahorn
im Klosterhof Gehrden

***Acer pseudoplatanus*,**
Berg-Ahorn

Standort: in dem von Mauern umgebenen Klosterhof des ehemaligen Benediktinerinnen-Klosters in Gehrden (Zugang zum Kosterhof vom Parkplatz an der heutigen Pfarrkirche Peter und Paul an der Marktstraße, durch einem Mauerdurchgang die Treppe hinauf – dann steht man unmittelbar unter dem Baum); Lkr. Höxter, Nordrhein-Westfalen

Alter: 200–300 Jahre (geschätzt)

Stammumfang: 6,10 m (gemessen 07.2018 an Taille, etwa 0,5 m über dem Boden)

Höhe: 25 m (geschätzt)

GPS-Daten
N 51.65445
O 9.11916

Der mehrhundertjährige Baum hat eine Kronenbreite von 27 m. Sein Stamm teilt sich in etwa 1 m Höhe in drei etwa gleich starke Stämme auf, der stärkste Stamm hat knapp über dem Ansatz einen Umfang von 2,95 m.

Er steht unmittelbar neben dem gegenwärtig einzigen Gebäudekomplex im ehemaligen Klosterhof. Das 1142 gegründete Benediktinerinnen-Kloster Gehrden wurde 1810 im Rahmen der Säkularisation aufgegeben und fiel an Jérôme, den König von Preußen. Der Klosterhof ist von einer hohen Mauer umgeben, der einst den Klostergarten, die Wirtschaftsgebäude, den Friedhof der Nonnen und das Leben der Schwestern in ihrer strengen klösterlichen Klausur umgab. Die Mauer weist eine Besonderheit auf: Eine nach außen führende Treppe in der Mauer erlaubte den Benediktinerinnen einen kurzen Blick in die Außenwelt.

Der Berg-Ahorn ist ein Baum der mitteleuropäischen Gebirge in der kollinen und subalpinen Stufe. Er ist dort häufig in alten, ehrwürdigen Exemplaren als Dorf-, Haus- und Hofbaum zu finden. Die Bäume können 400 oder 500 Jahre alt werden und landschaftsprägende Dimensionen erreichen. Auch in Alleen und Baumreihen prägen sie oft die Landschaft. Im norddeutschen Flachland sind Bäume in der Größe des Berg-Ahorns in Gehrden eher selten zu finden. Er entwickelt im Freistand mit mächtigen Ästen und weit ausladenden, regelmäßig kugeligen bis kuppelförmigen Kronen imposante Baumgestalten. Die Borke bildet mit ihren silbrigen bis graubraunen Borkenschuppen oft interessante, mehrfarbige Muster. Die Borke wird häufiger als bei anderen Laubholzarten unserer Breiten von epiphytisch lebenden Moosen und Flechten besiedelt. Die gelblich grünen Blüten erscheinen mit dem Laubausbruch zu 10 bis 50 in 5–15 cm langen, hängenden, walzenförmigen Trauben. Die bis 20 cm langen und ebenso breiten, fünflappigen Blätter färben sich im Herbst auffallend goldgelb. Der Berg-Ahorn wurde 2009 durch die Dr. Silvius Wodarz Stiftung zum „Baum des Jahres“ gewählt.

In Klosterhof von Gehrden steht ein weiterer bemerkenswerter Baum, die Zwölf-Apostel-Linde, eine 400 bis 600 Jahre alte Winter-Linde mit einst zwölf miteinander verwachsenen Stämmen. In den 1930er Jahren verlor sie bei einem schweren Gewitter einen ihrer Stämme. Der Legende nach ging das Gewitter an einem Karfreitag nieder, gerade zur Karfreitagsliturgie in der benachbarten Klosterkirche. Die Krone der Linde wurde 2002 in einer Höhe von etwa 10 m gekappt. Sie hat nun eine dichte, breit kegelförmige Krone. Nach einer eigenen Messung im September 2017 hat der Baum einen Umfang in Brusthöhe von 10,10 m. Seit einigen Jahren ist die Linde weiträumig mit einem Zaun umgeben. Vor allem zum Schutz der Kinder, die im unmittelbar benachbarten Kindergarten betreut werden. Die Linde hat in ihrem langen Leben viel erlebt und zuletzt im April 2017 ein Feuer im Kronenbereich überstanden.

Text- und Bildautor:
Andreas Bärtels, Waake OT Bösinghausen

I6

Wild-Apfel

in Beberbeck

***Malus sylvestris*, Wild-Apfel**

Standort: Domäne Beberbeck, Wiese nördlich der Eichen-Allee, Stadtteil Beberbeck; Stadt Hofgeismar, Lkr. Kassel, Hessen

Alter: 270 Jahre

Stammumfang: 3,05 m (gemessen 08.2019 in 1,30 m Stammhöhe)

Höhe: 9 m

GPS-Daten

N 51.530639
O 9.492722

Der nordhessische Reinhardswald, das größte zusammenhängende hessische Waldgebiet, ist bei Naturfreunden und Waldbesuchern vor allem für seine urigen, über 500-jährigen Eichen-Hutewälder weithin bekannt. Seit Jahrhunderten ranken sich zahlreiche Sagen und Legenden um dieses fast unbewohnte Gebiet und waren auch eine Quelle für die weltberühmten Kinder- und Hausmärchen der Gebrüder Grimm. An diesem geschichtsträchtigen Ort, nahe dem Dornröschenschloss Sababurg, geschehen aber auch heute noch ganz moderne Märchen und sagenhafte Entdeckungen.

Ende der 1990er Jahre, bei einer Inventur der Naturdenkmale des Landkreises Kassel, entdeckte man mitten auf einem Wiesenstreifen der Staatsdomäne Beberbeck, dem ehemaligen Gestüt der Kasseler Landgrafen, einen kleinfrüchtigen Apfelbaum mit beeindruckenden Dimensionen. Eine umgehend durchgeführte Jahrringanalyse erbrachte das sensationelle, überraschende Alter von 250 Jahren. Bei der Artbestimmung war man sich damals nicht ganz sicher, da die morphologischen Merkmale für die Unterscheidung von Wild- und Kultur-Äpfeln nicht immer eindeutig sind. Erst 2010, mit einem neuen genetischen Untersuchungsverfahren über sogenannte DNA-Marker, erfolgte eine neue Untersuchung mit einem eindeutigen Ergebnis:

Es ist ein echter *Malus sylvestris*, ein seltener Europäischer Wild-Apfel, der hier seit Jahrhunderten mitten auf einer ehemaligen Pferdekoppel steht. Dass dieser Baum alle Notzeiten, Stürme, extreme Winter und Sommer dort überleben konnte, ist ein kleines Wunder und bis heute kaum zu erklären. Denn die „Holzäppel“, die Früchte des „Waldapfels“, waren auch in früherer Zeit wegen ihres unangenehmen, extrem sauren, adstringierenden Geschmacks kein essbares Obst, sondern vielmehr das Synonym für saure, schlechte Speisen. In einem Spottvers auf die Hessen heißt es „wann schleen und holzäpfel nicht gerathen, so haben sie weder zu sieden noch zu braten“. Vermutlich dienten die lange frisch bleibenden Äpfelchen vorwiegend als vitaminreiches Viehfutter im ausgehenden Winter, wenn die anderen Vorräte zur Neige gingen.

Der Habitus des Beberbecker Wild-Apfels hat sich in den letzten Jahrzehnten stark verändert. Ursprünglich doppelt so hoch, hat er mittlerweile seine Krone vollständig zurückgebildet und durch ein dichtes heckenartiges Astwerk ersetzt. Die neuen Triebe reichen fast bis zum Boden und verdecken den starken, knorrigen Stamm, so dass er von weitem fast an einen Weißdorn oder Pflaumenbaum erinnert.

Obwohl der Baum als Naturdenkmal gesetzlich geschützt ist, drohte dem alten Wild-Apfel 2004 beinahe neues Unheil, als Pläne für ein Ferienresort auf dem Gelände der Domäne Beberbeck vorgestellt wurden. Ein Luxus-Resort mit über 6000 Betten in 5-Sterne-Hotels mit künstlichen Seen, Golf- und Poloplätzen sollte hier in wenigen Jahren für ein internationales Publikum errichtet werden. 2010 wurde das Projekt „Ferien- und Freizeitresort Schloss Beberbeck“ jedoch für beendet erklärt.

Fazit: Für ein langes Leben braucht es neben guter Gesundheit einen sicheren Ort und vor allem sagenhaft viel Glück!

Textautoren: Hans Jürgen Arndt / Horst Weisgerber,
Bildautor: Hans Jürgen Arndt, Hann. Münden

J1 Tumulus-Linde

in Evessen

***Tilia platyphyllos*,**
Sommer-Linde

Standort: an der L 626 zwischen Braunschweig und Schöppenstedt am südwestlichen Rand des Elms, etwa 250 m hinter dem Ortseingang von Evessen; Lkr. Wolfenbüttel, Niedersachsen

Alter: 400 bis ca. 800 Jahre laut Überlieferung (Gerichtslinde – umstritten, je nach Quelle)

Stammumfang: 6,80 (gemessen 03.2018 in 1,3 m Stammhöhe)

Höhe: ca. 14 m (geschätzt)

GPS-Daten
N 52.188592
O 10.705367

Täglich fahren viele Menschen auf der L 626 mitten durch den Ort Evessen. Diejenigen, die den direkt an der Hauptstraße befindlichen, großen Hügel mit dem Lindenbaum kennen, werden ihn vielleicht kaum noch beachten. Wer aber zum ersten Mal durch den Ort fährt, wird staunen, denn ein solches Ensemble aus altem Grabhügel und mächtiger alter Linde ist sehr selten. Beim Tumulus handelt es sich um den laut Literatur „wohl eindrucksvollsten Grabhügel Niedersachsens“, mit etwa 6 m Höhe und etwa 34 m Durchmesser. Was er genauer verbirgt, wird man vielleicht nie erfahren; er ist jedenfalls nie Gegenstand von Grabungen gewesen, und dies soll offenbar auch so bleiben. Vermutet wird, dass es sich um einen Grabhügel handelt, der irgendwann zwischen Spätneolithikum und früher Bronzezeit entstanden sein kann, er kann also zwischen etwa 1.600 und 4.000 Jahre alt sein.

Im Volksmund wird der Hügel auch schlicht „dat Hoch“ genannt. Die Entstehung erklärte man sich früher folgendermaßen: Vom Elmgebirge ist ein Riese gekommen, mit großen Lehmklumpen an den Stiefeln. Diese hat er in Evessen mit einem Lindenheister abgestreift und den Heister in den Klumpen gesteckt, wo er zum Lindenbaum wurde. Da in der Nachbarschaft bis in das 18. Jahrhundert zwei weitere, ähnlich große Grabhügel vorhanden waren, muss der Riese wohl mehrere Lehmklumpen abgestreift haben!

Wie und wann auch immer sie gepflanzt worden ist, die eindrucksvolle und von der Kronenform her sehr gleichmäßig geformte Linde prägt den Hügel. Laut Literatur werden bereits im Jahr 1347 Gerichtsverhandlungen in Evessen genannt, und diese Vogteigerichte wurden erst 1808 aufgehoben. Anfang des 19. Jahrhunderts wurde der Baum in diesem Zusammenhang erwähnt. Daher muss er vor 200 Jahren schon sehr stattlich gewesen sein, was gegen die in manchen Quellen genannten 400 Jahre spricht. Ich schätze den Baum angesichts des exponierten Standorts auf dem Hügel und des Stammumfangs jedenfalls auf deutlich mehr als 600 Jahre.

Die Linde ist schon lange, seit 1944, Naturdenkmal. Es sind in früheren Zeiten zahlreiche „baumchirurgische“ und in jüngerer Zeit baumpflegerische Maßnahmen ergriffen worden, um den Baum zu erhalten. Dazu zählen Kronensicherungen, Plombierungen mancher Öffnungen und das Verschließen größerer Höhlungsbereiche mit Draht, um zu verhindern, dass z.B. spielende Kinder ins Innere der Linde gelangen. (Das Bedürfnis, in einem hohlen Baum Feuer zu entfachen, ist vor allem in der Kindheit, und leider auch bei manchen Erwachsenen zu beobachten.)

In den unteren Stamm sind in früheren Zeiten übrigens viele Nägel eingeschlagen worden, ein volkstümlicher Brauch gegen Zahnschmerzen. Beim Einschlagen des Nagels hatte man einen Spruch aufzusagen, der bewirkte, dass der Schmerz aus dem Körper fuhr und mittels Nagel in den Baum geleitet wurde. Man erzählt sich, dass sich deswegen nie ein Zahnarzt in Evessen niedergelassen hat. Die zahlreichen Nägel hat der Baum dank seiner guten Vitalität offenbar gut vertragen.

Text- und Bildautor:
Rolf Kehr, Göttingen

J2

Kaiser-Lothar-Linde

in Königslutter am Elm

***Tilia platyphyllos*, Sommer-Linde**

Standort: südlich des Kaiserdomes, auf einer Rasenfläche zwischen Dom und Niedersächsischem Landeskrankenhaus; Königslutter, Lkr. Helmstedt, Niedersachsen

Alter: 800–1000 (geschätzt)

Stammumfang: 13,25 m (gemessen 05.2018 an Taille, knapp 0,5 m über dem Boden)

Höhe: 30 m (geschätzt)

GPS-Daten

N 52.24409
O 10.81580

Nach der Überlieferung soll die Linde zur Zeit der Grundsteinlegung der Stiftskirche, allgemein als Kaiserdom bezeichnet, im Jahr 1135 durch Kaiser Lothar III. (1075–1137) und seine Gemahlin Richeza auf einer Richtstätte gepflanzt worden sein. Der Baum steht seit 1956 unter Denkmalschutz. Er gehört zu den stärksten und ältesten Linden Niedersachsens. Sein tatsächliches Alter ist nicht bekannt, es wird auf 500 bis 1000 Jahre geschätzt.

Lothar von Süpplingburg war von 1125 an deutscher König und ab 1133 deutscher Kaiser. Er stiftete 1135 die Klosterkirche, gleichzeitig mit dem von ihm gegründeten Benediktinerkloster. Die Kirche wurde als dreischiffige, kreuzförmige, 75 m lange Pfeilerbasilika aus Elmkalksandstein erbaut. Der Kaiserdom wurde durch einen italienischen Steinmetz, den „Meister von Königslutter", reich ausgeschmückt. Besonders bemerkenswert sind der Kreuzgang an der Südfront des Domes, das rätselhafte, in der gesamten romanischen Kunst einzigartige Jagdfries an der Außenwand der Hauptapsis und das Löwenportal an der Nordseite des Doms, das zu den eigenwilligsten romanischen Portalen Deutschlands gehört.

Kaiser Lothar III. starb am 4. Dezember 1137 in Breitenwang/Tirol und wurde in der Silvesternacht 1137 in dem noch unvollendeten Dom beigesetzt.

Die vitale Linde hat eine hochgewölbte, locker aufgebaute Krone, deren äußere Zweigspitzen den Boden berühren. Etwa 0,8 m über dem Boden teilt sich der Stamm in vier Starkäste, die nach einem kurzen Knick aufrecht wachsen, der stärkste Ast hat in Stammnähe einen Umfang von 3,8 m.

Die Linde war stets ein Baum der Kommunikation. Unter ihr wurden Beratungen und Versammlungen abgehalten und Gerichtsverhandlungen geführt. Die Linde war aber auch ein Ort der Freude und des Friedens. Martin Luther sagte dazu: „Unter den Linden pflegen wir zu singen, trinken und tanzen und fröhlich zu sein, denn die Linde ist uns ein Freude- und Friedebaum." Musizierende und Tanzende zog es unter Linden als Baum der Liebes- und Fruchtbarkeitsgöttin Freya. Davon zeugen noch zahlreiche Tanzlinden, deren Äste so gestuft wurden, dass sie ein Gerüst mit Plattform für Musiker und Tanzende tragen konnten.

Text- und Bildautor:
Andreas Bärtels, Waake OT Bösinghausen

J3

Spitz-Ahorn

in Wiedigshof

***Acer platanoides*, Spitz-Ahorn**

Standort: von Walkenried kommend bald nach dem Ortsschild Wiedigshof nach links in die einzige Seitenstraße der sehr dünn besiedelten Ortslage abbiegen und das Flüsschen Wieda überqueren (bevor die unbenannte Straße nach rechts abbiegt, sieht man den Baum, der neben dem Haus Nr. 11 steht); Gemeinde Wiedigshof, Lkr. Göttingen, Niedersachsen (unmittelbar an der Grenze zu Thüringen)

Alter: 150 bis 200 Jahre (geschätzt)

Stammumfang: 4,85 m (gemessen am 15.10.2018 an Taille in 1,3 m Stammhöhe)

Kronendurchmesser: 28,5 m

Höhe: 25 m (geschätzt)

GPS-Daten

N 51.567518
O 10.641924

Bäume mit einem Stammumfang von knapp 5 m sind in Deutschland nicht selten, dabei handelt es sich oft um Eichen oder Linden. Spitz-Ahorne mit einem derartigen Stammumfang findet man dagegen höchst selten. Deshalb stellt der prachtvoll entwickelte Spitz-Ahorn in Wiedigshof mit seiner weit ausladenden Krone eine Besonderheit dar. Der Stamm des Baumes löst sich in etwa 3 m Höhe in zwei starke und zwei deutlich schwächere Äste auf. Die Astansätze bilden eine Mulde, in der sich so viel Humus angesammelt hat, dass darin Ebereschen keinem konnten. Der Wiedigshöfer Spitz-Ahorn ist unter der Nummer OHA00089 im Verzeichnis der Naturdenkmale im ehemaligen Landkreis Osterode am Harz (heute Landkreis Göttingen) eingetragen.

Der Spitz-Ahorn gehört mit Wuchshöhen bis zu 30 m zu den stattlichsten Waldbäumen Europas. Mit mächtigen Ästen bildet er meist eine länglich-eiförmige oder kugelige Krone. Im Freistand können die Kronen auch, wie beim Wiedigshöfer Spitz-Ahorn, ausladend flach gewölbt sein. In der heimischen Feldmark fällt der Spitz-Ahorn im Frühjahr und im Herbst besonders auf. Im Frühjahr öffnen sich seine grünlich gelben oder hellgelben Blüten von Mitte April bis Mai, noch vor der Laubentfaltung, in überreicher Fülle. Die Bäume fallen dann in der noch winterkahlen Landschaft weithin auf. Die nektarreichen Blüten sind eine wichtige Bienennahrung. Im Herbst färben sich die über Sommer glänzend dunkelgrünen Blätter intensiv in sattgelben bis tiefroten Farben. Die in lange Spitzen auslaufenden Blattlappen haben dem Spitz-Ahorn seinen deutschen Namen verliehen. 1995 war der Spitz-Ahorn „Baum des Jahres“.

Der Spitz-Ahorn wächst in einer kulturhistorisch und landschaftlich interessanten Umgebung. Wiedigshof ist eine landwirtschaftlich geprägte Streusiedlung in der Gemeinde Walkenried, die aus mehreren Höfen und einigen Einfamilienhäusern besteht.

Historischer Mittelpunkt von Walkenried, 1085 erstmals urkundlich erwähnt, ist das 1127 von Zisterziensern erbaute Kloster Walkenried, das 1525 während der Bauernkriege zerstört wurde. Im gotischen Kreuzgang der Klosterkirche finden seit 1983 in jedem Sommer die Walkenrieder Klosterkonzerte statt.

Die restaurierte Klosterruine ist seit 2010 Teil des UNESCO-Kulturerbes, das aus dem Erzbergwerk Rammelsburg, der Altstadt von Goslar und der Oberharzer Wasserwirtschaft besteht. Die Walkenrieder Zisterziensermönche gelten als Väter des Oberharzer Wasserregals, das schon vor 800 Jahren die entscheidende Kraftquelle der Harzer Hüttenwirtschaft war. Vom 12. Jahrhundert an wurde die ursprünglich bewaldete Walkenrieder Sumpflandschaft durch die Mönche zu einer abwechslungsreichen Teichlandschaft mit fruchtbarem Ackerland umgewandelt. Von den ursprünglich 365 Teichen sind gegenwärtig noch 50 im Naturschutzgebiet „Priorteich/Sachsenteich“ nachweisbar.

Das Flüsschen Wieda markiert die Grenze zum Naturschutzgebiet „Gipskarstlandschaft Bad Sachsa und Walkenried.“ Das 378 Hektar große Gebiet wurde am 20 Dezember 2007 unter Schutz gestellt. Es liegt im Naturpark Harz und ist zum großen Teil Bestandteil des FFH-Gebietes „Gipskarstgebiet bei Bad Sachsa“.

Text- und Bildautor:
Andreas Bärtels, Waake OT Bösinghausen

J4

Birkensolitär

bei Hasselfelde im Ostharz

Betula pendula,
Sand-, Hänge- oder Weiß-Birke

Standort: an der Straße L 95 von Allrode nach Friedrichbrunn (ca. 1 km hinter dem Ortsende Allrode, OT von Thale, 25 m rechts unterhalb/südlich der Straße zwischen Hasselfelde und Harzgerode); ca. 400 m ü. NN; Lkr. Harz, Sachsen-Anhalt

Alter: 70–80 Jahre (geschätzt)

Stammumfang: 3,70 m (gemessen 08.2018 an Taille in 0,7 m, Stammgabelung in 1,15 m)

Höhe: 21 m

GPS-Daten
N 51.679240
O 10.988685

Diese Sand-Birke steht als eindrucksvoller Doppelstamm-Solitär in offener Hügellandschaft im Ostharz. Ihr Stamm teilt sich als U-Zwiesel in 1,15 m Stammhöhe, so dass er in etwa 10 Jahren bis 1,30 m einen geschlossenen Stamm haben dürfte und dann nach Messanleitung Champion Trees nicht mehr die beiden Stämmlinge mit 258 und 215 cm Umfang gemessen werden müssten. Da der geschlossene untere Stammteil sehr dominant für den Baumeindruck ist, wurde er auch jetzt an der Taille gemessen, wie früher allgemein üblich.

Der Baum wirkt sehr vital und intakt – kein V-Zwiesel und in der Zwieselkehle keine Fäule, die ein Auseinanderbrechen bei der beachtlichen Baumhöhe befürchten ließe. So wird er hoffentlich noch lange dort stehen. Birken mit besonders schönem Habitus gibt es viele im Raum Quedlinburg – Hasselfelde, wo durch den Regenschatten des Harzes unter 500 mm Jahresniederschlag fallen (Quedlinburg 438 mm).

Es gibt keine anderen einheimischen Baumarten, die durch ihre fast schneeweiße Rinde so für Abwechslung und Heiterkeit in Stadt, Landschaft und Wäldern sorgen und der Inbegriff des Frühlings sind, wie die Birken. Dies trifft besonders auf die Sand-Birke zu. Ihre leichte Krone lässt viel Licht durch, ihre Silhouette gleicht einer grünen Kaskade mit im Wind schwingenden Zweigen. Zudem haben die Birken eine besonders schöne goldgelbe Herbstfärbung. Ihr Charakter hat schon viele Maler und Fotografen inspiriert, erstere insbesondere im Jugendstil wie z.B. Heinrich Vogeler.

Das Auffälligste an den Birken ist ihre weiße Rindenfarbe, und dies ist kein Zufall: Dadurch kann die Birke als Baum der Freiflächen die Oberflächentemperatur auf ihrer Rinde deutlich verringern, da Weiß die auftreffende Strahlung zu einem erheblichen Anteil reflektiert und so eine Überhitzung des sehr empfindlichen Zellteilungsgewebes Kambium direkt unter der Rindenoberfläche verhindert wird. Dies ist wegen der sehr dünnen Rinde wichtig.

Die dünne und glatte Rinde führt dazu, dass man Birkenstämmen ihre genaue Lebensgeschichte sehr gut ansehen kann. Jeder früher vorhanden gewesene Ast ist für lange Zeit in seiner Lebensdauer, Stärke und seinem Abgangswinkel eindeutig dokumentiert und rekonstruierbar durch die sog. ‚Chinesenbärte' auf der Rindenoberfläche. Zudem bilden die Rindenporen (Lentizellen) markante waagerechte schwarze Striche auf der Rinde – je länger der Strich, desto älter sind sie.

Die Sand-Birke gehört zu den schnelllebigen Baumarten: sie erreichen i.d.R. nur ein maximales Alter von etwa 100 Jahren, oft auch nur 60–80 Jahre. Dies hört sich vielleicht kritisch an, ist aber Teil ihrer Strategie: schnell zur Stelle zu sein, wo es neue Flächen zu besiedeln gibt, dort schnell einen Bestand zu etablieren und sich schnell an die neue Situation anzupassen. Insbesondere zuletzt genannter Aspekt wird derzeit immer wichtiger, da sich verschiedene Umweltbedingungen immer schneller ändern: z.B. das Klima und im besiedelten Raum menschverursachte Standortseinflüsse. Damit können diese „Pionierbaumarten" meist gut umgehen und durch kurze Generationszyklen schnell(er) auf die Veränderungen reagieren. So trägt die Schnell- und Kurzlebigkeit auch entscheidend zum Charakter dieser Baumart bei.

Text- und Bildautor:
Andreas Roloff, Tharandt

J5 Gerichtseiche

in Groß Schneen

***Quercus robur,* Stiel-Eiche**

Standort: im Ortskern von Groß Schneen (auf der B 27 in Richtung Klein Schneen abbiegen, der Michaelisstraße bis zur Straße Am Mühlenberg folgen – der Baum steht unmittelbar an der Straße Am Mühlenberg neben dem Sportplatz); Friedland OT Groß Schneen, Lkr. Göttingen, Niedersachsen

Alter: etwa 800 Jahre

Stammumfang: 7,95 m (gemessen 01.2018 an Taille in 0,8 m Stammhöhe)

Höhe: 22 m, geschätzt

GPS-Daten

N 51.434972
O 9.933000

Die mächtige Eiche auf dem 197 m über NN gelegenen Mühlenberg war vom 13. Jahrhundert an Halsgerichtsstätte des Amtes Friedland. Das Amt entwickelte sich um die 1289 erstmals erwähnte Burg Friedland. Es wurde nach dem französisch-westfälischen Intermezzo 1815 restituiert, 1859 aufgehoben und dem Amt Reinhausen eingegliedert. Es ist deshalb möglich, dass unter der damals noch jungen Eiche Gericht gehalten worden ist.

Die Ortsbild prägende Stiel-Eiche ist seit 1913 als Naturdenkmal ausgewiesen und 1936 als „dicke Eiche bei Groß Schneen“ unter der Nummer ND GÖ 150501 im Verzeichnis der Naturdenkmale des Landkreises Göttingen eingetragen.

Bei einer 1993 durchgeführten Messung für die von Hans Joachim Fröhlich konzipierte und herausgegebene Buchreihe „Wege zu alten Bäumen“ betrug der Stammumfang 7,60 m. Der Baum wurde auf ein Alter von etwa 800 Jahre geschätzt. Der Zuwachs von 13 cm in 25 Jahren weist darauf hin, dass der Baum auf nährstoffreichem Tonverwitterungsmaterial des Keuper (verbraunter Pelosol) bei guter Wasserführung unter idealen Standortbedingungen wächst. Er präsentiert sich gegenwärtig gesund und vital.

Die Eiche bildet über starken, weitstreichenden Wurzelanläufen einen sehr kurzen, knorrigen, völlig intakten Stamm aus fünf starken, etwa in gleicher Höhe angesetzten, stark bemoosten Ästen einen auffallenden Astkranz, über dem sich eine regelmäßige, nahezu kugelige Krone ausbreitet. Der stärkste der fünf Hauptäste hat knapp oberhalb der Ansatzstelle einen Umfang von 4,60 m.

Der Baum wurde am 8. April 2004 von dem Ingenieurbüro Frank Rinn für die Wissenschaftssendung „Quarks und Co.“ des WDR durch eine Micro-Nadel-Bohrwiderstandsmessung untersucht. Es wurde festgestellt, dass der Stamm bis auf eine Wandung von etwa 30 cm vollkommen hohl ist. An einem ebenfalls angebohrten, vollholzigen Starkast wurden ca. 270 bis 290 Jahresringe gezählt. Unter Berücksichtigung anderer Untersuchungsergebnisse wurde der Baum auf ein Alter von 300 bis 350 Jahre geschätzt.

In der zweiten Junihälfte 2012 brach bei ruhigem Wetter in den frühen Morgenstunden ein kronentragender Starkast am Stammkopf aus. In dem Gutachten zur Stand-, Bruch- und Verkehrssicherheit der Eiche wurde festgestellt, dass die Eiche über einem relativ kurzen Stamm einen Stammkopf entwickelt habe. Von ihm gehen starke Seitenäste aus, deren Anlehnung am Stamm ähnlich einer Hohlkehle geformt ist, die eine starke Moosbildung begünstigt. Die verbliebenen Äste wurden unter Zuhilfenahme einer Bohrwiderstandsmessung per Resistograph untersucht. Die Ergebnisse in Bezug auf die Stand- und Bruchfestigkeit erwiesen sich als unbedenklich, bis auf einen Starkast, der eine fortgeschrittene Fäulnis aufwies. Die vorgenommene Einkürzung des Astes um etwa 20 % ist gegenwärtig kaum mehr sichtbar.

Die Stand- und Bruchfestigkeit dieses eindrucksvollen Baumes ist von besonderer Bedeutung, denn er steht unmittelbar am Rand der mit Einfamilienhäusern bebauten Straße Am Mühlenberg am 1930 eingerichteten Sportplatz der Gemeinde.

Text- und Bildautor:
Andreas Bärtels, Waake OT Bösinghausen

J6

Tulpenbaum

im Bergpark Kassel-Wilhelmshöhe

Liriodendron tulipifera, Amerikanischer Tulpenbaum

Standort: Bergpark (vom Eingang in Höhe des Schlosshotels, vorbei am historischen Gewächshaus, an den drei alten Ginkgo-Bäumen und dem Fontänenteich in Richtung Löwenburg, am Rundgang Nr. 9, im Abschnitt H–J auf einem kleinen Hügel); kreisfreie Stadt Kassel, Wilhelmshöhe, Hessen

Alter: 240 Jahre

Stammumfang: 4,95 m (gemessen 10.2019)

Höhe: 35 m (geschätzt)

GPS-Daten

51.313295 N
9.412681 O

Es ist nicht belegbar, aber plausibel, dass auch Saatgut von Tulpenbäumen durch Soldaten des Landgrafen Friedrich II. von Hessen-Kassel (1720–1785), die im Amerikanischen Unabhängigkeitskrieg (1777–1783) auf Seiten des britischen Königs Georg III. kämpften, nach Kassel gekommen ist.

Das Saatgut, aus dem der Tulpenbaum im Bergpark Kassel-Wilhelmshöhe gezogen worden ist, muss aber schon vor 1777 nach Kassel gekommen sein. Der Hofgärtner und spätere Garteninspektor Friedrichs II., Daniel August Schwarzkopf (1738–1817), unterhielt in dem damals als Weißenstein benannten Park eine Baumschule. Nach einer Auflistung der dort kultivierten Pflanzen aus dem Jahr 1776 waren unter den 91.355 Bäumen und Sträuchern auch 208 Tulpenbäume vertreten. Es liegt nahe, dass der heutige Baum um diese Zeit gepflanzt worden ist, nicht als Solitär, sondern als Teil einer größeren Gruppe. Schwarzkopf berichtet 1791 an Christian Cai Lorenz Hirschfeld (1742–1792), philosophischer Schriftsteller und Theoretiker der Gartenkunst, dass unterhalb der Löwenburg ein Wald von Tulpenbäumen vorhanden sei. Der Tulpenbaum ist vermutlich der letzte Baum dieses Waldes.

Nordamerikanische Gehölzarten trugen Ende des 18. Jh. wesentlich zum Gehölzbestand des Bergparkes bei. Nach einem Verzeichnis von Chr. H. Böttger aus dem Jahr 1777 waren von den 329 vorhandenen Gehölzarten 128 Arten nordamerikanischer Herkunft.

Der Bergpark Kassel-Wilhelmshöhe ist ein Landschaftspark von Weltgeltung. Am 23. Juni 2013 wurde er als UNESCO-Weltkulturerbe anerkannt. Seit 2009 gehört der Park zum European Garden Heritage Network. Seit 2006 wird er von der Museumslandschaft Hessen Kassel (mhk) betreut.

Der vitale, stattliche Tulpenbaum der Wilhelmshöhe hat eine erstaunlich schmale, nahezu säulenförmige, tief angesetzte Krone mit einem durchgehenden Hauptstamm. Zu ihm ist im Oktober 2004 ein dendrologisches Gutachten angefertigt worden. Seine Höhe betrug nach einer Messung 32,5 m, der Stammumfang 4,54 m, der Kronendurchmesser ca. 21 m. Der Baum sei zum Zeitpunkt der Untersuchung stand- und bruchsicher und nach einer Totholzentnahme auch wieder verkehrssicher.

Der Tulpenbaum ist durch seine unverwechselbar geschnittenen Blätter eine einzigartige Erscheinung unter den sommergrünen Laubbäumen. Die im Umriss nahezu viereckigen Blätter sind an der Basis abgerundet oder gestutzt, der Mittellappen ist quer gestutzt oder sattelartig eingebuchtet. Jederseits haben die Blätter zwei bis drei kurze, spitz zulaufende Lappen. Die 12 bis 15 cm langen und gleich breiten Blätter sind über Sommer sattgrün, im Herbst färben sie sich prachtvoll goldgelb.

Der Tulpenbaum bildet, zusammen mit den Magnolien, die Familie der Magnoliengewächse. Die Blüten sind wie die der Magnolien aufgebaut. Die Blütenhülle der tulpenförmigen, 5 bis 7 cm breiten, aufrecht stehenden Blüten besteht aus drei grünen, früh abfallenden Kelchblättern und sechs spatelförmigen, grünlichen oder gelblich grünen, 4 bis 6 cm langen Kronblätter, die nahe der Basis orangegelb gefleckt sind. Die Blüten öffnen sich nach der Laubentfaltung im Mai. Sie sind in den hohen Kronen zwischen dem Laub oft nur schwer zu entdecken.

Text- und Bildautor:
Andreas Bärtels, Waake OT Bösinghausen

Mehlbeeren-Allee

bei Kefferhausen

Sorbus intermedia, Schwedische Mehlbeere

Standort: an der K 229 zwischen Heuthen und Wachstedt, linkerhand (in östliche Richtung zur Unstrutquelle hin führend); Kreis Eichsfeld, Thüringen

Alter: 110 Jahre

Stammumfang: mehrere Bäume mit über 2 m Umfang (gemessen 06. 2018 in 1,3 m Stammhöhe), davon vier Bäume zwischen 2,12 und 2,20 m Umfang

Höhe: ca. 12 m

GPS-Daten

N 51.312087
O 10.234699

Diese schöne und hinsichtlich Baumart und Ausprägung ungewöhnliche Allee liegt im Thüringischen Eichsfeld und steht als Naturdenkmal unter Schutz. Im Jahr 1910 von einem Forstmann angelegt, bilden ca. 100 stärkere Bäume im westlichen Teil ein etwa 600 m langes Kronendach. Um die Jahrtausendwende wurden im weiteren Verlauf östlich etwa 300 Jungbäumen ergänzt, so dass die Allee hoffentlich eines Tages wieder in ihrer Gesamtlänge aus stärkeren Bäumen besteht. Besonders beeindruckend ist die Allee zur Blütezeit im Mai, und dann wieder ab September, wenn die roten „Beeren" (Apfelfrüchte) den Eindruck prägen. So verwundert es nicht, dass ein Einwohner aus Heiligenstadt im Jahr 2013 mit einem Bild der Allee den zweiten Platz beim Wettbewerb „Allee des Jahres" des Bundes für Naturschutz Deutschland (BUND) belegte.

Die Schwedische Mehlbeere gehört zu den Rosengewächsen; der wissenschaftliche Name deutet darauf hin, dass es sich um eine Kreuzung handelt. In diesem Fall waren die Elternarten offenbar die Eberesche (*Sorbus aucuparia*) und die Mehlbeere (*Sorbus aria*), aber die Hybridisierung erfolgte wohl auf natürlichem Wege ohne Zutun des Menschen. Beheimatet ist die Art in Südschweden, im Baltikum und auf den Ostseeinseln. Dort wird sie auch recht häufig angepflanzt, zumal sie sehr windfest ist.

Die Blüten der Schwedischen Mehlbeere werden von Insekten gerne besucht, wobei anzumerken ist, dass es sich um eine apomiktische Art handelt, d.h. ihr Pollen ist steril, aber es kommt dennoch zur Produktion keimfähiger Samen, die ausgesät wieder die Eigenschaften des Mutterbaumes haben. Die Früchte werden gerne von zahlreichen Vogelarten gefressen, wodurch die Samen verbreitet werden. Die Baumart hat also insgesamt einen hohen ökologischen Wert. Für den Menschen sind die Früchte nicht giftig, können aber unverarbeitet zu Unverträglichkeiten führen. Als Gelee oder Saft wurden sie früher durchaus häufig verwendet.

Von der Allee gelangt man weiter zur ebenfalls sehenswerten Werdigeshäuser Kirche mit einer alten Lindengruppe. Die Allee weist geografisch auch den Weg zur knapp 3 km entfernten Quelle der Unstrut, die durch eine schöne Landschaft in Richtung Saale fließt und den Ausgangspunkt des Unstrut-Radweges bildet. Für Fahrradfahrer ist der westliche Teil der Allee allerdings weniger geeignet, außer für Mountainbikes, denn es handelt sich um eine alte Verbindungsstraße, die mit groben Natursteinen gepflastert ist. Auch solche alten Straßen werden immer seltener, und insofern bilden Straße und Allee ein schützenswertes Ensemble.

Die Allee hat das Trockenjahr 2018 übrigens relativ gut überstanden, wie auch andere Schwedische Mehlbeeren in der Region. Als windfeste und trockenheitstolerante Art weist diese Baumart eine große Standortsamplitude in Bezug auf die Bodenart auf. Vielleicht sollten wir ihr als Zukunftsbaumart mehr Beachtung schenken, nicht nur für Alleen, auch wenn sie mit einem Höchstalter von ca. 150 Jahren eher als relativ kurzlebig gilt.

Text- und Bildautor:
Rolf Kehr, Göttingen

K1

Schwarz-Pappel

in den Elbauen bei Magdeburg

***Populus nigra*, Echte Schwarz-Pappel**

Standort: auf dem Blumenthalswerder am Herrenkrugpark; kreisfreie Stadt Magdeburg, Sachsen-Anhalt

Alter: ca. 150–200 Jahre (geschätzt)

Stammumfang: 6,78 m (gemessen 07.2018 in 1,3 m Stammhöhe)

Höhe: 22 m (geschätzt)

GPS-Daten

N 52.150126
O 11.671921

Wir besuchen Magdeburg regelmäßig, dabei selten die Stadt und ihre Kulturdenkmäler, als vielmehr die noch vorhandenen, mehr oder weniger naturnahen Auenlandschaften der Elbe. Der Mensch hat sich über Jahrhunderte dem Strom so dicht wie nur möglich genähert, hat ihm nutzbaren Raum abgetrotzt, ihn in ein festes Bett gezwängt und schiffbar gemacht. In Magdeburg schützen hohe Mauern die – meist auch noch höher gelegene – alte Stadt vor der Stromelbe. Gegenüber auf der anderen Elbseite liegen der Rote-Horn-Park und wenig flussabwärts das neuzeitliche BUGA-Gelände, der Elbauenpark und dahinter der Herrenkrugpark.

Das Gelände des Herrenkrugs blickt auf eine wechselvolle Jahrhunderte alte Geschichte zurück. Aus einem ursprünglich dichten Auenwald, nach vielen Holzeinschlägen, der zwischenzeitlichen Nutzung als Obstplantage, entstand vor 200 Jahren bis heute ein Parkgelände. Gebäude wurden errichtet und Wege angelegt, viele seltene Bäume und Sträucher gepflanzt und das so Entstandene zum Schutz eingedeicht. Wer mit offenen Augen und Neugier durch den Park streift, wird viele tolle Entdeckungen an Gehölzen aus aller Welt machen können.

Aber dabei blieb auch stets ein schmaler Streifen zur Elbe außerhalb des Deichs, und auf einer somit frei von Nutzung gebliebenen Wiese steht diese wundervolle, mächtige und wie ein riesiger Kobold erscheinende alte Schwarz-Pappel. Die vielen Maserknollen und die netzartig gezeichnete dunkle Borke sind typische Merkmale für diese Baumart. Für uns ist sie die heimliche Königin der Magdeburger Auenlandschaft, ein echter Baumcharakter und die stärkste Pappel weit und breit. Vom Park und seinen Wegen, selbst von jenem auf dem Deich, durch einen Gehölzsaum abgetrennt, bleibt sie vielen Besuchern verborgen. Ihr Alter dürfte 150 bis 200 Jahre betragen.

Die Schwarz-Pappel ist ein typischer Baum der Auenlandschaft von Flüssen und Strömen. Sie steht dort in lockerer Gesellschaft weiterer starker und alter Auenbäume, wie Flatter-Ulmen und Stiel-Eichen und nur 50 m vom Flussbett der Elbe entfernt. Insbesondere die artreine Schwarz-Pappel aber ist selten geworden. Ihr natürlicher Raum ging nach und nach verloren. Sie braucht die Überschwemmungen, ihre Samen das zurückbleibende stehende Wasser zum Keimen, das Flusswasser lagert nährstoffreiche Sedimente ab und wer an die Überflutungen angepasst ist, muss weniger manch empfindsamere Konkurrenz fürchten. Andererseits stellen Treibholz und zu langes oder starkes Hochwasser auch eine Gefahr für die Auenbäume dar.

Insbesondere die Jahrhundertflut 2013 hat die Auen bei Magdeburg und auch den Herrenkrugpark überflutet, das Wasser stieg einfach höher als die Deiche. Im Park sind seitdem etliche der seltenen Bäume abgestorben, ihr Wurzelwerk im Boden hat durch das noch lange stehende Wasser zu großen Schaden genommen. Wenig Einfluss hatte selbst dieses extreme Hochwasser, wie viele andere zuvor, auf die an diese Bedingungen angepasste natürliche Vegetation.

Nach der Flut wurde nun ein neuer, höherer und besserer Deich gebaut. Er muss die von Menschenhand geschaffenen und im eigentlichen Herrschaftsbereich des Flusses liegenden Gebäude und Parkanlagen schützen. Die Wiese, auf der unsere Pappel steht, liegt weiterhin vor dem Deich, und sie und all ihre Gefährten werden weiterhin den Gewalten der Elbe trotzen, ohne die es sie hier aber auch nicht gäbe.

Text- und Bildautor:
Andreas Gomolka, Berlin

K2

Wilde Birne

im Dessau-Wörlitzer Gartenreich

***Pyrus pyraster*, Wild-Birne**

Standort: im Dessau-Wörlitzer Gartenreich, nahe der Muldemündung in die Elbe (150 m von Mulde, 500 m von Elbe entfernt), ca. 1,4 km nördlich Elbe-/Mulderadweg (Abzweig direkt an der Jagdbrücke über die Mulde, Weg östlich Weg nach Norden, schließlich eine Fahrspur); kreisfreie Stadt Dessau-Roßlau, Sachsen-Anhalt

Alter: 130 Jahre (geschätzt)

Stammumfang: ca. 4,40 m (oval, gemessen 05.2019 an Taille in 1,0 m Stammhöhe)

Höhe: 10 m (geschätzt), Kronenbreite 26 m (geschätzt)

GPS-Daten

N 51.868010
O 12.253978

Dieser besondere und starke Wild-Birnbaum steht im nordwestlichen Teil des UNESCO-Weltkulturerbes Dessau-Wörlitzer Gartenreich. Hier werden seit Jahrhunderten Kultur und Natur zu einer Symbiose zusammengeführt, die mich begeistert. Noch dazu führen einige besonders schöne Fernradwege durch dieses Paradies: z.B. Elbe- und Mulde-Radweg. Sie sollten sich mindestens einen Tag Zeit nehmen, um wenigstens Teile dieser einmaligen Landschaft zu erleben! Besonders die vielen alten Eichen auf den Feuchtwiesen an der Elbe sind ein Highlight.

Wenn es hier nun um eine Wild-Birne geht, soll auch etwas zu ihrer Unterscheidung von der Kultur-Birne gesagt werden, die einer der beliebten Haus- und Gartenbäume ist. Im Unterschied zur Kultur-Birne trägt die Wildform am Stamm meist Dornen (zumindest in der Jugend): viele kurze Seitentriebe enden mit einer empfindlich stechenden Spitze, so auch bei diesem Baum – der Stammumfang war deshalb nur mit einigen Blutspritzern messbar...

Am Habitus sind in der Wipfelregion alter Birnbäume die sogenannten „Fruchtbogen" charakteristisch: Die ursprünglich senkrecht wachsenden Hauptäste biegen sich, verstärkt durch das Gewicht der Früchte, immer mehr über und schließlich sogar nach unten, so dass Seitenknospen das Höhenwachstum fortsetzen müssen. Und auch die sich daraus entwickelnden Wipfeltriebe erfahren dasselbe Schicksal, so dass der Wipfel alter Birnbäume aus aufeinandergestellten, übergebogenen Ästen besteht.

Birnbäume können etwa 10 m hoch werden (selten 15–20 m) und haben daher in geschlossenen Wäldern kaum eine Chance. Das Höchstalter der Wild-Birne ist immerhin 150–200 Jahre und damit viel höher als von Kultur-Birnen, die nur etwa 80 Jahre alt werden aufgrund der Veredlungsstelle, welche die Lebenserwartung wie bei Kultur-Apfel und -Kirsche sowie Blut-Buchen halbiert. Der Stammumfang kann bis zu 3 m (selten 4 m) erreichen. Die dunkle Schuppenborke ist durch zahlreiche Längs- und Querrisse würfelförmig gefeldert.

Die Blätter der Wild-Birne sind rundlich, höchstens 5 cm lang und fast ebenso lang gestielt, gesägt und oft am Rand bewimpert. Oberseits glänzen sie auffällig, unterseits sind sie bläulich-grün und nie filzig behaart. Die Blätter der Kultur-Birne sind hingegen kürzer gestielt und spitz-eiförmig, unterseits grün und anfangs behaart. Die Herbstfärbung kann leuchtend rot werden.

Die echte Wild-Birne hat nur maximal 3 cm große Früchte, die rundlich oder eiförmig sind (und daher gar nicht wie Birnen aussehen!), im Reifezustand noch einen voll entwickelten Kelch tragen und an Stielen sitzen, die fast die Fruchtlänge erreichen. Ihre Früchte sind ungenießbar, da sie selbst reif noch hart und holzig sind (daher auch ihr zweiter deutsche Name Holz-Birne). Die Ursache dafür sind sog. Steinzellen, die besonders verstärkte Zellwände aufweisen und erst beim Kochen oder nach langem Liegen weich werden.

Die Wild-Birne kreuzt sich mit den Zuchtformen und dies führt so zu einer mittlerweile sehr komplizierten genetischen Situation: eine echte Wild-Birne ist heute überall eine wirkliche Seltenheit. Am ehesten können Sie sie noch in Gruppen auf Trockenrasen und wärmebegünstigten Standorten entfernt von Siedlungen finden.

Die Wild-Birne wird unter natürlichen Verhältnissen auf extrem trockene Standorte verdrängt und kommt daher am häufigsten an der Trockengrenze des Waldes vor, so auf basenreichen und flachgründigen, süd- oder westgerichteten Hängen im Mittelgebirgsraum. Aber auch in Auenwäldern an Rhein und Elbe wie hier ist sie von Natur aus häufiger anzutreffen, da andere Baumarten dort konkurrenzschwächer werden.

Text- und Bildautor:
Andreas Roloff, Tharandt

K3

Burgen-Ahorn

auf der Burg Giebichenstein in Halle/Saale

Acer monspessulanum,
Burgen-Ahorn

Standort: in der Burg Giebichenstein / Oberburg; kreisfreie Stadt Halle (Saale), Sachsen-Anhalt

Alter: 160 Jahre (geschätzt)

Umfang: zweistämmig, 239 und 232 cm (gemessen 07.2019 in etwa 1 m Stammhöhe)

Höhe: 8,5 m (geschätzt)

GPS-Daten

N 51.503378
O 11.953702

Zu bewundern ist ein wirklich starker Baum. Vielleicht sollte man ihn einen Hungerkünstler nennen oder eher einen Durstkünstler, einen Asketen oder einen Fakir. In jedem Fall aber ist er ein Musterbeispiel für Genügsamkeit, Bescheidenheit und einen geradezu preußischen Sinn für Pflichterfüllung.

Gemeint ist der Burgen-Ahorn auf der Burg Giebichenstein in Halle an der Saale. Genauer gesagt, auf der Oberburg. Sie wurde in der Mitte des 12. Jahrhunderts als Residenz der Magdeburger Erzbischöfe errichtet. Die zogen 1514 in die nahegelegene Moritzburg um, was den Verfall der Oberburg einleitete. Im Dreißigjährigen Krieg brannte die Ruine aus. Erhalten geblieben sind die massiven Außenmauern, die steil über der anstehenden Porphyrkuppe aufragen, der ebenfalls mächtige Torturm und die Grundmauern, die einen Wohnturm, den Palas, eine Kapelle und einige Wirtschaftsgebäude erkennen lassen.

Die Fundamente sind historisch interessant, weil sie das Raumgefühl einer mittelalterlichen Burg spürbar machen. Auf der Südseite, umgeben von Mauerresten steht unser Ahorn. Er wird im Deutschen auch Französischer oder Montpellier-Ahorn genannt. Das ist angelehnt an das natürliche mediterrane Areal der Art. Wir bleiben aus naheliegenden Gründen bei Burgen-Ahorn. Etwas krumm und schief steht er da, tief gezwieselt, mit niedrig angesetzter, breit auslandender Krone, überreichlich mit Früchten besetzt.

Bei den „Champion Trees" der Deutschen Dendrologischen Gesellschaft werden drei Bäume aus Sachsen einschließlich einer Altersangabe genannt. Sie weisen Stammdurchmesser von 58 bis 62 cm auf, ihr Alter wird mit rund 130 Jahren angegeben. Damit lässt sich ausrechnen, dass der Burgen-Ahorn in Halle um die 160 Jahre alt sein könnte. Seit 1860 harrt er dort aus. Er erträgt den außerordentlich schlechten Standort, fast nackten Fels, nährstoffarm und extrem trocken, Sturm und Schnee und Eis und Sonne ausgeliefert, heimgesucht von Kriegern und Vandalen – und trotzdem steht er unerschütterlich, blüht regelmäßig, investiert seine kargen Kräfte in einen üppigen Fruchtansatz, erstrahlt im Herbst in tiefem Rot. Der Burgen-Ahorn auf dem Giebichenstein ist ein Held.

Inzwischen hat die Baumart so etwas wie eine Karriere gemacht. In der KlimaArtenMatrix (KLAM) von Prof. Roloff wird der Burgen-Ahorn in der Kategorie 1.2 geführt, demnach ist er hinsichtlich der Trockenheitstoleranz „sehr geeignet" und hinsichtlich der Winterhärte „geeignet". Wir haben es also mit einer Art zu tun, die angesichts der laufenden Klimaveränderungen auch künftig in der Stadt gepflanzt werden kann. Der Burgen-Ahorn auf dem Giebichenstein ist der lebende Beweis dafür.

Damit nicht genug. Es gibt sogenannte „Klimabäume". Das ist begrifflich stark verkürzt und müsste eher heißen: „Baumarten-die-an-den-Klimawandel-vermutlich-besser-angepasst-sein-werden-als-andere-Baumarten". Renommierte Baumschulen bieten diese „Klimabäume" bereits an. Propagiert werden sie von einer „Stiftung Klimawald", die sich sogar die Namensrechte gesichert hat. Es bleibt abzuwarten, welche Windungen und Wendungen die aufgeheizte Klimadebatte noch nehmen wird. Unser Burgen-Ahorn hört von erhöhter Position aus zu.

Text- und Bildautor:
Gordon Mackenthun, Leipzig

K4

Ulme „Dicker Kunz“

in der Elbaue bei Torgau

***Ulmus laevis*, Flatter-Ulme**

Standort: Elbaue bei Torgau, linkes Elbufer (ca. 100 m nordöstlich fließt die Elbe, ca. 800 m nordöstlich vom Dorf Kunzwerda, Torgau (Schloss) liegt Luftlinie ca. 4,5 km nordwestlich); Kunzwerda, Lkr. Nordsachsen

Alter: 250 Jahre (geschätzt)

Stammumfang: 6,95 m (gemessen 02.2017 in 1,3 m Stammhöhe)

Höhe: 20 m

GPS-Daten

N 51.531519
O 13.055583

Die imposante Ulme steht nahe dem westlichen, linken Ufer der Elbe ca. bei Flusskilometer 150. Ungefähr 40 m südöstlich steht eine weitere, vormals dreistämmige Alt-Ulme. Dieser Baum ist jedoch stark geschädigt, von den ehemals kronenbildenden Stämmlingen verblieb nach Stürmen nur noch einer.

Bemerkenswert sind die Vitalität der Flatter-Ulme „Dicker Kunz“ und ihre große Widerstandskraft gegen die gefährliche Holländische Ulmenkrankheit. Der Baum steht zwar einzeln aber unweit von einem ehemals aus überwiegend Feld-Ulmen bestehenden Gehölzbestand (in ca. 150 m Entfernung). Die Feld-Ulmen innerhalb dieses kleinen Bestandes sind sehr stark an der Holländischen Ulmenkrankheit erkrankt und werden regelmäßig von Ulmensplintkäfern befallen. Es existiert keine lebende alte Feld-Ulme mehr, die jungen Austriebe aus Wurzelbrut sterben regelmäßig ab, zeigen die typischen Symptome der Gefäßkrankheit und unter der abgestorbenen Rinde findet man viele Fraßbilder des Großen sowie des Kleinen Ulmensplintkäfers. Die Ulmensplintkäfer dürften ohne Mühe bis zum „Dicken Kunz“ gelangen“. Es herrscht am Standort der Flatter-Ulme also ein andauernd hoher Befallsdruck durch die Splintkäfer, die mit hoher Sicherheit Sporen und Myzel der krankheitsverursachenden Pilze verschleppen. Die gefürchtete Holländische Ulmenkrankheit konnte dem „Dicken Kunz“ bisher jedoch nichts anhaben!

Diese Eigenschaft einer hohen Resistenz gegenüber der Ulmenkrankheit ist der Grund für eine regelmäßige Ernte der Samen vom „Dicken Kunz“. Aus den Samen erfolgt die Anzucht von Ulmenpflanzen, die als die bekannte Herkunft „Torgauer Flatterulme“ von verschiedenen regionalen Baumschulen angeboten werden.

Größere Berühmtheit erlangte der Baum 2005 als „Ulme des Jahres“, einem Titel, der vom damaligen Ulmenbüro in Hamburg unter Leitung von Dr. G. Mackenthun im Jahr 2005 erst zum zweiten Mal für eine besondere Ulme vergeben wurde.

Nicht erst seitdem identifizieren sich die Menschen in der Region mit ihrem „Dicken Kunz“, dessen Name auf das nahe Dörfchen Kunzwerda weist. Landesverband und der örtlich Elbe-Biber-Verein nutzen die Bekanntheit des „Dicken Kunz“ für öffentlich wirksame Aktionen wie Ulmenpflanzungen, aber auch in der Umweltbildung.

Bereits am Anfang der 1980er Jahre begeisterten mich die markanten Ulmen der Elbaue in der Nähe meines Elternhauses im kleinen Dorf Weßnig. Für mich als damals naturbegeisterten Jugendlichen waren die alten Ulmen und besonders der „Dicke Kunz“ an der Elbe Objekt für meine ersten Schwarzweißfotografien.

Der Name des nahen Ortes Weßnig leitet sich übrigens aus dem slawischen Wort „vezu“ für Ulme ab – bedeutet also „Ulmendorf“. Nirgendwo in der Umgebung gab es so viele Ulmen wie in dieser Gegend. In Weßnig steht die 1. Deutsche Radfahrerkirche, in der die vielen Radwanderer auf ihrem Weg entlang des Elbradweges gern für einen Augenblick der Besinnung und Ruhe einkehren. Zur Ulme „Dicker Kunz“ ist es vom Elberadweg nur ein kleiner Umweg über den Deich.

Text- und Bildautor:
Henrik Weiß, Dresden

K5

Bruch-Weide

in der Elbaue bei Tauschwitz

Salix fragilis, Bruch-Weide, Knack-Weide

Standort: in Tauschwitz auf der Deichstraße in Richtung Elbedeich fahren (hinter dem Deich ca. 400 m elbaufwärts unweit des Ufer); Tauschwitz, Lkr. Nordsachsen, Sachsen

Alter: 70 Jahre (geschätzt)

Stammumfang: 6,22 m (gemessen 08.2019 in 1,3 m Stammhöhe)

Höhe: 14 m

GPS-Daten

N 51.49221
O 13.15643

Sie ist selten geworden, die Bruch-Weide (*Salix fragilis*), eine der einst so prägenden Baumarten unserer Flussauen. Ursprünglich säumten Weichholzauenwälder die Fließgewässer in Mitteleuropa. Weichholzauenstandorte waren durch typische Arten wie Bruch-Weide, Silber-Weide (*Salix alba*), Schwarz-Pappel (*Populus nigra*) und Korb-Weide (*Salix viminalis*) charakterisiert. Menschliche Eingriffe, allen voran Landwirtschaft sowie Flussausbau- und Unterhaltungsmaßnahmen haben dazu geführt, dass diese inzwischen zu den gefährdetsten Waldgesellschaften zählen. Sie sind aus dem heutigen Landschaftsbild weitestgehend verschwunden. Obwohl auch an der Elbe ca. 80 % der ursprünglichen Überschwemmungsflächen durch Ausdeichungen verloren gingen, sind in der Elbaue vergleichsweise viele Abschnitte naturnah erhalten geblieben. Während Silber-Weide und Fahl-Weide (*S.* × *rubens*) noch relativ häufig anzutreffen sind, kommen Schwarz-Pappel und Bruch-Weide jedoch nur noch sporadisch vor.

Die Bruch-Weide ist ein schnellwüchsiger, mittelgroßer Baum mit einer runden Krone, die von einigen schweren Gerüstästen gebildet wird. Der kurze, meist krumme Stamm bildet im Alter eine graue, tief gefurchte, oft netzartig gemusterte Borke aus. Die gelblich-braunen jungen Zweige stehen in einem ziemlich stumpfen Winkel zu den älteren Ästen ab. Die Tatsache, dass die Zweige leicht brechen, hat dem Baum in diversen Sprachen den Namen Bruch-Weide gegeben. Auffällig sind auch sog. „spontane Zweigabsprünge“, bei der Seitenzweige durch eine Trennungszone aktiv abgestoßen werden, um die Verdunstungsfläche zu reduzieren und den Lichthaushalt der Krone zu regulieren. Gelegentlich kann man diese Absprünge durch Berühren künstlich auslösen. Dabei ist dann ein Knacken zu hören, daher der oft verwendete Name Knack-Weide. Durch Windeinwirkung kann eine Krone bereits stark entastet werden, so dass der sommergrüne Baum, der selten höher als 15 m wird, meist eine lockere, sparrig verzweigte Krone aufweist.

Im Mai lassen die zweihäusigen Kätzchen den Baum gelblich leuchten, kurz bevor die glänzend dunkelgrünen, bis zu 15 cm langen, eilanzettliche Blätter austreiben. Das abgebildete Exemplar ist ca. 70 Jahre alt und wächst auf einem wechselfeuchten bis nassen, bei Hochwasser zeitweise überschwemmten, nährstoffreichen Standort. Bruch-Weiden werden kaum älter als 70–90 Jahre, wobei sie oft schon viele Jahre kernfaul und Herberge von seltenen Vögeln und Insekten sind. Sie haben ein flaches und unregelmäßiges Wurzelsystem, dessen Ausbildung vom vorherrschenden Wasserhaushalt des Bodens abhängt. Zum einen werden dicht unter der Erdoberfläche Wurzelnester (dichte Feinwurzelgeflechte) ausgebildet, zum anderen erreichen die Enden langer und starker Seitenwurzeln zuweilen größere Tiefen. Wenn das Wasser längere Zeit über dem Boden steht, kann sich auch ein Wurzelnetz aus Adventivwurzeln an im Wasser befindlichen Stämmen und Ästen entwickeln.

Neben der hohen ökologischen Bedeutung in den Weichholzauen hatte die Bruch-Weide in früheren Zeiten auch eine wirtschaftliche Bedeutung. Sie wurde zur Zellstoffgewinnung und zur Herstellung von Faser- sowie Spanplatten genutzt. Gebietsweise wurde sie als Kopfweide geschnitten und zur Gewinnung von Flecht- und Bindewerk gepflanzt. Erst im hohen Alter und im freien Stand entwickeln die Bäume einen so eindrucksvollen Habitus, wie auf dem Foto zu sehen.

Text- und Bildautor:
Hans-Roland Müller, Laußnitz

K6

Riesenplatane

am Gutshof Oelzschau

Platanus × hispanica, Ahornblättrige Platane, Hybrid-Platane

Standort: im östlichen Teil des Dorfes Oelzschau (direkt vor dem Gutshaus); Lkr. Nordsachsen, Sachsen

Alter: 352 Jahre (historisch belegt)

Stammumfang: 9,18 m (gemessen 09.2016 in 1,30 m Stammhöhe)

Höhe: 32 m (geschätzt)

GPS-Daten

N 51.436083
O 13.162589

Wo die Ahornblättrige Platane ihre ursprüngliche Heimat hat, weiß niemand so genau. Möglicherweise ist sie in Spanien als spontaner Hybrid der Amerikanischen und der Morgenländischen Platane entstanden. Möglicherweise wurde sie auch gezielt gezüchtet, von wem und wo ist unbekannt.

Die wissenschaftliche Name des Baums ist *Platanus × hispanica* (das „×" zeigt an, dass sie aus *Platanus occidentalis* und *Platanus orientalis* entstanden ist). Die Blätter der Kreuzung weisen recht genau mittlere Merkmale zwischen den beiden Elternarten auf.

Um das Jahr 1650 herum kam die Ahornblättrige Platane nach West- und Mitteleuropa und muss so etwas wie eine Modewelle ausgelöst haben. Wer Rang und Namen hatte, pflanzte sie sich in den Park – offenbar auch die Herren auf dem Rittergut in Oelzschau. Wir wissen sogar das Jahr, es war 1668. Es wird vermutet, dass die Platane aus Anlass der Geburt eines Stammhalters auf dem Rittergut Oelzschau gepflanzt wurde. In Mitteleuropa war gerade der Dreißigjährige Krieg zu Ende gegangen und nun ging es um die Wiederaufbau. Krönender Abschluss war die Pflanzung eines stattlichen Baumes.

Die Engländer nennen die Ahornblättrige Platane übrigens London Plane, weil sie aus dem Stadtbild überhaupt nicht wegzudenken ist. Sie erträgt die außerordentlich schlechten Wuchsbedingungen in der Stadt, die Luftverschmutzung, die ausgelaugten Böden. Sogar Zusammenstöße mit den roten Doppeldeckerbussen soll sie schadlos überstehen.

Mit erkennbarem Stolz wird die Platane in Oelzschau die älteste und größte Platane Deutschlands genannt und sogar die größte Europas. Letzteres stimmt nicht so ganz, zumindest, wenn der Stammumfang als Maßstab herangezogen wird. Aus Polen, Italien und Ungarn kennen wir Bäume, die einen Umfang von als mehr als 10 m aufweisen. In Büdesheim in Hessen steht mit 9,86 m Stammumfang der deutschen Champion; es bleibt aber für die Oelzschauer Platane immerhin die Silbermedaille.

Wir kennen das Pflanzjahr 1668 und wissen daher auch, dass die Platane im Jahr 2018 genau 350 Jahre alt war – zuzüglich von ein paar Jahren in der Baumschule.

So ist die Platane von Oelzschau ein stummer Zeuge von mehr als drei Jahrhunderten europäischer Geschichte. Seit den 1980er Jahren ist sie als Naturdenkmal geschützt. Sie ist offenbar gesund und vital.

Es gibt in der Gemeinde eine Art Klub, der sich den beschaulichen Namen „Geselligkeitsverein" gegeben hat. Dieser kümmert sich um den Baum, es wurden ein Aussichtspunkt eingerichtet, eine kleine Broschüre geschrieben und Tafeln angebracht, die auf diesen bemerkenswerten Baum hinweisen. Bitte bei einem Besuch den Standort auf privatem Grundstück respektieren, der Baum ist von der Straße frei sichtbar, befindet sich aber im Vorgarten.

Wer sich das Vergnügen leistet, an einem sonnigen Sonntagabend in dieses eher abgelegene, stille, vielleicht etwas verschlafene Oelzschau zu kommen, erlebt eine Platane, die in den letzten Sonnenstrahlen fast erglüht. Und man mag über die vergangenen stürmischen Zeiten nachdenken und das Glück wieder neu empfinden, das so ein kleiner Ort und so ein großer Baum ausstrahlen können. Schön wäre es, es gäbe mehr „Geselligkeitsvereine", die das Dorfleben pflegen, Traditionen weiter leben lassen und sich um ihre großen, starken, geschichtsverbundenen Bäume kümmern.

Text- und Bildautor:
Gordon Mackenthun, Leipzig

K7

Ginkgo
im Schlosspark Jahnishausen

***Ginkgo biloba*, Ginkgo**

Standort: Schlosspark Jahnishausen (ca. 5 km südlich von Riesa/Elbe, 50 m hinter dem nordwestlichen Eingang durch einen Mauertorbogen); Riesa, Lkr. Meißen, Sachsen

Alter: 210 Jahre (nach Informationstafel im Schlosspark)

Stammumfang: 5,15 m (gemessen 08.2019 an Taille in 0,8 m Stammhöhe, Stammaufteilung in etwa 1,15 m Höhe),

Höhe: 25 m (geschätzt), Kronenbreite 26 m (geschätzt)

GPS-Daten
N 51.274708
O 13.286014

Ein besonders schöner und starker Ginkgo steht im Park Jahnishausen bei Riesa/Elbe (Sachsen). Er beeindruckt mich durch seinen ausgeprägten Habitus mit tief geteiltem Stamm, einem sehr beuligen, gedrehten und gebogenen kurzen unteren Stammabschnitt und darüber einer breit ausladenden Krone mit zwei Stämmlingen und überhängenden Zweigspitzen. Mit seinem Alter von über 200 Jahren und einem Stammumfang von 5,15 m in 80 cm Höhe, der" Taille" des Stammes, gehört er zu den stärksten Ginkgos unseres Landes. Allerdings ist die Messhöhe am Stamm schwierig festzulegen und je nachdem, in welcher Höhe man misst, ist das Ergebnis wegen der Beulen und Knollen sowie Stammgabelung in 1,15 m Höhe und starken Wurzelanläufen jedes Mal unterschiedlich.

Sein Standort im Park und der Schlosspark sind traumhaft, ein Besuch lohnt sich in jedem Falle. Der Schlosspark ist ein mittelgroßer Landschaftspark mit Wasser- und Wiesenflächen und einigen besonderen Baumexemplaren. Er soll im frühen 18. Jahrhundert entstanden sein (erste dokumentierte Erwähnung 1717) und geht fließend in ein benachbartes Auenwald-Naturschutzgebiet am Flüsschen Jahna über. Schloss und Rittergut sind in einem „romantischen Zustand", der Park ist etwas verwildert – nahe dem Ginkgo befindet sich eine Insel mit Teepavillon und geschwungener Fußgängerbrücke. Besonders schön ist es im zeitigen Frühjahr mit tausenden Märzenbechern auf den Wiesen und zur Laubfärbungszeit des Ginkgos Ende Oktober.

Das Höchstalter von Ginkgos kann über 1.000 Jahre erreichen. Bei uns können die Bäume heute allerdings höchstens etwa 250 Jahre alt sein, denn der Baum wurde erst 1730 nach Europa eingeführt und hier dann nur allmählich verbreitet. Sie erreichen Höhen von 25–30 m und bei uns maximale Stammumfänge von 3–4 m, nur selten 5 m wie bei diesem Exemplar. In seiner Heimat China gibt es uralte Exemplare mit 15 m Stammumfang, die sehr sehenswerte Baumskulpturen sind. Die Wald-Ginkgos wurden vor über 3000 Jahren von chinesischen Mönchen entdeckt und von dort zunächst über ganz China und Japan verbreitet, dann in jüngerer Zeit über die ganze Welt.

Die lang gestielten, zweilappigen (deshalb *biloba* im lat. Namen) Blätter sind durch ihre fächerartige Form unverwechselbar. Am schönsten ist diese Baumart zweifellos im Herbst (Oktober bis November), wenn sich seine Blätter leuchtend goldgelb färben und die einmalige Blattsilhouette noch prägnanter in Erscheinung tritt. Gelegentlich wird der Ginkgo wegen seiner Blattform auch als Entenfußbaum bezeichnet.

Die Baumart ist zweihäusig, d.h. es gibt nur weibliche oder männliche Bäume, da die verschiedengeschlechtlichen, windbestäubten Blüten auf unterschiedlichen Individuen vorkommen. Die weiblichen Blüten sondern zur Blütezeit morgens einen Flüssigkeitstropfen aus, um den Pollen aufzufangen – wenn Sie sich sehr anstrengen, können Sie ihn vielleicht in der Morgensonne glitzern sehen. Der Bestäubungstropfen trocknet dann tagsüber wieder ein, wodurch der Pollen in das Blüteninnere gelangt. Das Besondere beim Ginkgo ist die urzeitliche Befruchtung durch begeißelte männliche Spermien-„Tierchen", die aktiv in Flüssigkeit schwimmen können, um die weibliche Eizelle zu erreichen und in sie einzudringen.

Hier im Park handelt es sich um einen weiblichen Baum, der also Samen produziert. Diese sind bei uns bisweilen unbeliebt wegen ihres ranzigen Geruchs zur Reifezeit, in China hingegen heißbegehrt und verehrt, da man die sehr wohlschmeckenden Samen sammelt und intensiv nutzt. Dazu können wir noch viel lernen.

Text- und Bildautor:
Andreas Roloff, Tharandt

K8

Felsenrobinie

in Grimma an der Mulde

***Robinia pseudoacacia*, Gemeine Robinie**

Standort: etwa 200 m außerhalb der neuen Flutschutzmauer am nördlichen Stadtrand (links am Hangfuß neben dem linken Fuß-/Radweg entlang der Mulde); Grimma, Lkr. Leipzig, Sachsen

Alter: 70 bis 100 Jahre (geschätzt)

Stammumfang: etwa 2,50 m (nicht messbar, da Baum mit Rückseite an Felswand gepresst, Stammquerschnitt daher elliptisch: „Stamm"-Breite 1,30 m, -Dicke 0,50 m, gemessen 05.2019 in 1,0 m Stammhöhe, entsprechend 2 m über dem Boden)

Höhe: 7 m (geschätzt)

GPS-Daten
N 51.243273
O 12.733545

Diese Robinie ist ein ganz ungewöhnlicher Baum, da er an eine nach Südosten weisende Felswand gepresst wächst. Man fragt sich, wo Stamm und Wurzel beginnen („irgendwo" an dem Stammstück auf dem Foto) und wie er sich mit Wasser und Nährstoffen versorgt. Der Baum ist eine Zufallsentdeckung, da ich mich auf einer Radtour entlang der Mulde von Freiberg nach Dessau in Grimma vertan hatte und auf der linken Muldeseite weiterfuhr – eigentlich verläuft der „offizielle" Radweg hier auf der rechten Flussseite. So fuhr ich gegen Mittag auf diesen Baum zu und nahm ihn zum Anlass für meine Mittagspause. Die hatte ich mir verdient, da ich seit 6 Uhr in Freiberg/Sachsen gestartet auf dem Rad unterwegs war, Grimma ist knapp die Hälfte der Strecke bis Dessau. Der Muldental-Radweg ist einer der schönsten Flussradwege von den mittlerweile über 10, die ich kenne. Anfangs nördlich von Freiberg ist es richtig bergig, man fährt in z.T. engen Talschluchten bergauf und bergab, dann wird es immer offener und lieblicher, mit vielen schönen Städtchen wie auf einer Perlenkette, z.B. Nossen, Döbeln, Leisnig bis zur Vereinigung der Freiberger und Zwickauer Mulde südlich von Grimma.

Im Verlauf der Mulde sieht man in vielen Orten Flutmarken vom Jahrtausend-Hochwasser 2002, teilweise erschreckend: am 1. Stockwerk der Häuser, so auch in Grimma. Deshalb wurde dort jetzt eine fast 3 m hohe Schutzwand zwischen Stadt und Fluss gebaut, was gewaltig aussieht und den Fluss weitgehend von der Stadt trennt.

Diese Robinie beeindruckt mich so, da sie wie kaum eine andere zeigt, was diese Baumart für ein extremes Anpassungspotenzial an Trockenheit und Nährstoffmangel hat. Dafür ist sie bekannt. Wo die Wurzeln des Baumes an diesem Standort in Felsspalten eindringen, kann man schwer erkennen, vielleicht ist er auch durch Wurzelverwachsungen mit Nachbarbäumen verbunden und wird von diesen mitversorgt. Jedenfalls ist der Stamm-/Wurzel-Übergangsbereich eine 1,30 m breite Skulptur aus knorrigen Wülsten, Knollen und turbulenten Kehlen, wie ich es sonst noch nicht gesehen habe.

Die Baumart Robinie entwickelt intensive Wurzelbrut – Schösslinge aus oberflächennahen Wurzeln – und ist deshalb bisweilen etwas lästig, da sie aus Wiesen um den Mutterbaum herum emporsprießen. In jungem Stadium werden die Wurzelschösslinge vom Mutterbaum versorgt, wenn sie sich etabliert haben, kann es auch umgekehrt sein. Niemand weiß, wie lange die Verbindung zwischen Mutterbaum und den bis zu 100 „Klonkindern" bestehen bleibt.

Bei diesem Exemplar in Grimma ist sehr unsicher, wie lange sie auf diesem Extremstandort durchhält. Ich werde jedenfalls immer mal schauen fahren, wie es der Felsenrobinie geht und habe auf der Radtour in der Mittagspause enorm Kraft an dieser Robinie getankt, mit wunderschönen Ausblick auf die Mulde. Tatsächlich habe ich es am Abend desselben Tages dann noch bis Dessau geschafft. Das sollten Sie sich auch einmal gönnen, wenn Sie eine Auszeit benötigen. Und die Robinie werden Sie nicht wieder vergessen.

Text- und Bildautor:
Andreas Roloff, Tharandt

L1

Höchste Schwarz-Erle

im Spreewald

Alnus glutinosa, Schwarz-Erle

Standort: Alt Zauche, Oberspreewald (1,8 bis 2 km von der Ortschaft am Ufer des Nordfließes, zwischen Forstamt Schützenhaus und Kannomühle; Lkr. Dahme-Spreewald, Brandenburg

Alter: ca. 170 J. (Datenspeicher Forst)

Stammumfang: 3,20 m (gemessen 08.2019 in 1,3 m Stammhöhe)

Höhe: 35 m (Ultraschallmessung)

GPS-Daten

N 51.89591
O 14.04325

Wo, wenn nicht hier, sollte sie stehen – die höchste Schwarz-Erle Deutschlands? Im südöstlich von Berlin gelegenen Spreewald, dem wohl flächengrößten Erlenbruchwald, kann man sich nach ihr mit dem Kahn oder Paddelboot auf die Suche machen.

Die Lebenserwartung der Schwarz-Erle ist mit grundsätzlich 100 bis 130 Jahren eher gering. Im Spreewald gedeiht die Pionierbaumart jedoch besonders gut und erreicht ein mitunter erstaunlich hohes Alter. Die ältesten Bäume, die trotz des urwaldartigen Eindrucks aus Anpflanzungen des 19. Jahrhunderts auf künstlichen Hügeln oder Rabatten hervorgegangen sind, haben ein Alter von derzeit 170 Jahren! Die optimalen Wuchsbedingungen und die forstliche Bewirtschaftungsform sind auch Gründe dafür, dass die Erlen hier zu majestätischer Größe heranwachsen. Der höchste Baum misst aktuell 35 m und steht am Ufer des so genannten Nordfließes, wo sich auf der Strecke zwischen „Forsthaus Schützenhaus" und „Kannomühle" die ältesten und größten Erlen befinden. Nur auf dem Wasserweg gelangt man in die Nähe dieser Bäume, da sie von Wasser umgeben und Teil der streng geschützten Kernzone des Biosphärenreservates sind.

Um die „Spreewald-Riesen" aufzusuchen, empfiehlt es sich, den nächstgelegenen Kahnfährhafen in Alt Zauche als Startpunkt zu wählen. Mit einem Paddelboot oder Kanu bewegt man sich zunächst auf dem „Nordumfluter" in Richtung „Hochwald". Bei meinen Besuchen im Spreewald erlebe ich immer wieder das erstaunliche Gefühl, schon nach wenigen Ruderschlägen in eine außergewöhnliche Entspannungswelt einzutauchen – fern vom Lärm der Straßen und Ortschaften. Nur das leichte Plätschern am Bootsrumpf, das sanfte Rascheln im Schilfgürtel und der Gesang des Rohrsängers begleiten die Fahrt. Prachtlibellen schwirren dicht über der Wasseroberfläche und zwischen den Wasserpflanzen sind die Konturen vorbeihuschender Fische zu erkennen. Nach knapp einem Kilometer biegt man rechts in das „Nordfließ" ein und passiert die Schleuse „Schützenhaus".

Vom satten Grün des Hochwaldes umgeben, geht die Fahrt nach weiteren 500 m am alten Forsthaus vorbei, das in idyllischer Lage auf einer Spreeinsel errichtet wurde. Hinter dem Abzweig „Zerra" beginnt dann der Bereich, wo sich uferbegleitend die ältesten und höchsten Erlen befinden. Der aus meiner Sicht schönste und stattlichste Baum darunter steht linksseitig am Nordufer. Durch seine üppige Krone, die starkastig etwa zwei Drittel des mächtigen Stammes bekleidet, ragt er „königlich" aus der Uferkulisse seiner deutlich jüngeren Baumnachbarn hervor. Der Stammumfang in Brusthöhe beträgt 320 cm. Nur wenige Meter davon entfernt, in einem kurvigen Abschnitt des Fließes, findet sich auch der aktuell höchste Baum auf der rechten Uferseite.

Leider haben mehrere Sommerhochwasser und ein insgesamt verändertes Wasserregime den Erlen in den letzten 20 Jahren empfindlich zugesetzt. Den größten Schaden erlitt der Spreewald jedoch durch das „Erlensterben", eine seit dem Ende des 20. Jahrhunderts grassierende Infektionskrankheit, die inzwischen zahlreichen Bäumen das Leben kostete. Die einst dichten Waldungen erscheinen daher heute an vielen Stellen großflächig aufgerissen und unterliegen gravierender Veränderung. Nicht zuletzt durch unsere langjährige Forschungstätigkeit ist mir diese faszinierende Baumart eng ans Herz gewachsen. Daher hoffe ich sehr, dass der Spreewald auch künftig immer einige „Riesen" vorweisen kann und die Schwarz-Erle weiterhin den Charakter des Hochwaldes prägen wird.

Text und Bildautor: Jörg Schumacher, Eberswalde

L2

Robinie

in Branitz

***Robinia pseudoacacia,* Gewöhnliche Robinie**

Standort: In der Nähe des Branitzer Parks, am Ende des Eichenweges auf der rechten Seite auf einem Feld; Branitz, kreisfreie Stadt Cottbus, Brandenburg

Alter: 200 Jahre (geschätzt)

Stammumfang: 7,68 m (gemessen 11.2018 in 1,3 m Stammhöhe)

Höhe: 15 m

GPS-Daten

N 51.742944
O 14.377889

Bereits zu Zeiten des Fürsten Hermann von Pückler-Muskau stand diese Robinie wahrscheinlich auf freier Flur am Rande des Dorfes Branitz. Die Herrschaft Branitz gelangte 1696 in den Besitz der Grafenfamilie Pückler. Die Gestaltung des Branitzer Parks begann 1845, als Hermann von Pückler-Muskau seinen damaligen Wohnsitz Schloss Muskau und den dortigen Park aufgrund finanzieller Probleme verkaufte und nach Branitz zog. Er integrierte höchstwahrscheinlich den zu seinen Lebzeiten schon existierenden Baum in die Gestaltung des Außenparks. Denn die Robinie auf dem Acker gehörte einst zur „ornamental farm" – also der aufgeschmückten Feldflur am Rande seines berühmten Landschaftsparks nach englischem Vorbild.

Ihr Alter wird auf 200 Jahre geschätzt, wobei es keine eindeutigen Belege dafür gibt. Obwohl das Holz der Robinie sehr hart und dauerhaft ist, werden die Bäume im Vergleich zu Eichen oder Linden nicht sehr alt. Bereits mit 40–50 Jahren stellen sie das Höhenwachstum ein und bilden dann ihre unregelmäßigen, malerischen Kronen aus, die auf kurzen, krummen oft zwieselnden Stämmen sitzen. Bereits mit 100 Jahren beginnt die Altersphase, in der die Vitalität der Bäume abnimmt und sie durch hohle Stämme oder Astbrüche gezeichnet sind.

Trotz ihres für Robinien beachtlichen Alters und ihrer Ausmaße wurde die Branitzer Robinie erst 2018 unter Schutz gestellt. Andreas Gomolka und Marion Scheich machten im Rahmen einer Veranstaltung der Deutschen Dendrologischen Gesellschaft den Parkleiter des Branitzer Parks, Herrn Claudius Wecke im Winter 2017 darauf aufmerksam, dass diese Robinie ein Rekordbaum sei, d.h. das stärkste in Deutschland bekannte Exemplar dieser Art. C. Wecke ergriff die Initiative und setze sich mit der Stadtverwaltung von Cottbus in Verbindung, damit dieser Baum als Naturdenkmal unter Schutz gestellt werden kann. Das Stadtparlament von Cottbus stimmte einstimmig dem Antrag zu, die Robinie als Naturdenkmal auszuweisen. Darüber berichtete bereits zum Tag des Baumes, am 25. April 2018, die Lausitzer Rundschau unter dem Titel „Rekord-Robinie steht auf Branitzer Acker".

Schon immer wurde der Baum von den Landwirten geduldet, und die Agrargenossenschaft unterlässt in gebührendem Abstand um den Baum die Bewirtschaftung. Um die Robinie auch langfristig zu erhalten, wurde der Bereich zusätzlich mit Robinien-Pfählen abgegrenzt. Keines der in Mitteleuropa angebauten Hölzer eignet sich besser als Pfahl, Pfosten oder Mast, denn durch die außerordentlich hohe Widerstandsfähigkeit des Kernholzes gegen Holzfäule wird deren Lebensdauer auch bei Bodenkontakt erheblich verlängert. Das Holz der Robinie wird v.a. als Konstruktionsholz, für den Schiffs- und Brückenbau, für Werkzeugstiele und -griffe sowie für Eisenbahnschwellen genutzt. Von Imkern wird insbesondere ihre Honigtracht geschätzt. So versammeln sich zwischen Mitte Mai und Mitte Juni in der Branitzer Robinie unzählige Bienen und Hummeln, um ihren Nektarhunger zu stillen: ein beeindruckendes Schauspiel.

Text- und Bildautor:
Hans-Roland Müller, Laußnitz

M1

Zigeunerfichte

bei Erlinghagen

***Picea abies*,**
Europäische Fichte

Standort: an der Wegekreuzung Leppestraße/Schloßstraße in Richtung Gimborn 500 m westlich des Ortsteiles Erlinghagen; Gemeinde Marienheide, Oberbergischer Kreis, Nordrhein-Westfalen

Alter: 220 Jahre (geschätzt)

Stammumfang: 4,34 m (gemessen 10.2018 in 0,9 m Stammhöhe)

Höhe: 35 m

GPS-Daten

N 51.053889
O 7.471028

Das Gimborner Dreieck ist eine Wegekreuzung im Leppetal mit Zugang in ein kleines Seitental zur Ortschaft Gimborn. Hier mündet, 5 km südwestlich der Gemeinde Marienhagen, der Gimbach in die Leppe, einen Nebenfluss der Agger.

An der Böschung der Schloßstraße in Richtung Gimborn steht vor den Fischteichen am Gimbach eine der ältesten Fichten des Oberbergischen Landes, die mehr als 220 Jahre alte ‚Zigeunerfichte'. Schon von weitem sticht die außergewöhnliche Gestalt des Baumes ins Auge. Mehrere mächtige Starkäste mit einem Durchmesser von teilweise über 80 cm strecken sich schon kurz über dem Boden kandelaberförmig geschwungen in die Höhe. Der von Astbeulen übersäte Hauptstamm gabelt sich nach 7 m in zwei Einzelstämme, die durch einige eingebaute Kronensicherungen vor Bruch bewahrt werden sollen.

Obwohl die Europäische Fichte eine der bekanntesten und häufigsten Baumarten in Deutschland ist, genießen nur wenige Exemplare der Art den Schutzstatus des Naturdenkmales. Die ‚Zigeunerfichte' wurde jedoch bereits seit dem Jahr 1935 nach preußischem Feld- und Forstpolizeigesetz geschützt. Ihren Namen verdankt sie einem ehemaligen Lagerplatz des fahrenden Volkes, der sich in früheren Zeiten auf einer Wiese unterhalb des Baumes befand.

Noch um das Jahr 1800 waren Fichten der heimischen Bevölkerung des Oberbergischen Landes weitestgehend unbekannt. Die Wälder bestanden aus Laubhölzern, überwiegend Eichen und Buchen. Häufig wurden die Waldgebiete niederwaldartig bewirtschaftet. Im regelmäßigen Rhythmus von etwa 20–30 Jahren wurden die Bäume gefällt, das Holz als Brennholz und die Eichenrinde zum Gerben von Leder verwendet. Die verbliebenen Wurzelstöcke oder kurzen Stämme trieben im nächsten Jahr wieder aus und wuchsen zu neuen, mehrstämmigen Bäumen heran. Neben der Holznutzung wurde regelmäßig das Vieh zu Weidezwecken in den Wald getrieben und das am Boden liegende Laub zusammengerecht, um es als Stalleinstreu zu verwenden. Der große Bedarf an Holzkohle für die Eisenindustrie und die Schmiedefeuer der zahlreichen Hammerwerke der Region führte schließlich am Ende des 19. Jahrhunderts zu einer Übernutzung der Wälder. Der größte Teil der Waldflächen war durch die intensive Beweidung, die Streunutzung und den Holzeinschlag ausgemergelt und verwüstet.

Die preußische Regierung reagierte und forstete große Gebiete mit der schnellwachsenden und „anspruchslosen" Fichte auf. Der „Prüsseboom" (Preußenbaum) etablierte sich trotz des anfänglichen Widerstandes der Viehbauern, die um ihre Weidegründe fürchteten, und besiedelt heute mehr als 50 Prozent der gesamten Waldflächen des Oberbergischen Landes.

Das natürliche Verbreitungsgebiet der Europäischen Fichte beschränkte sich im deutschen Raum ursprünglich auf die Mittelgebirge im Osten, den Schwarzwald und die Bergwälder der Alpen. Die großflächige Verbreitung außerhalb der natürlichen Standorte erfolgte durch Menschenhand, in Nordrhein-Westfalen eingeleitet durch die preußische Regierung. Mit dem sich einstellenden wirtschaftlichen Erfolg wurde auf die tatsächlichen Standortansprüche der Baumart häufig keine Rücksicht mehr genommen. Die Folgen dieser Fehlentwicklungen sind nach den Stürmen der letzten Jahre, insbesondere dem Frühjahrssturm ‚Kyrill' nicht übersehbar. Die voranschreitende Klimaerwärmung wird in Kombination mit langanhaltenden Trockenphasen und den damit begünstigten Schadinsekten der Europäischen Fichte zur ernsten Bedrohung in unseren Breiten.
Wir können nur hoffen, dass uns die ‚Zigeunerfichte' noch viele Jahre erhalten bleibt.

Text- und Bildautor:
Christoph Michels, Sonsbeck

M2

Kopfhainbuchen

am Alten Landgraben bei Aachen

Carpinus betulus, Gewöhnliche Hainbuche

Standort: Südwestlich von Aachen, nahe der Grenze zu den Niederlanden und Belgien (Wegbeschreibung rechts); kreisfreie Stadt Aachen, Nordrhein-Westfalen

Stammumfang: 4,70 m (gemessen 11.2018 an Taille in 1,1 m Stammhöhe)

Höhe: ca. 13 m (geschätzt)

Alter: 250–400 Jahre (geschätzt)

GPS-Daten

N 50.758261
O 6.047744

Steigt man vom Philosophenweg kommend den Alten Landgraben hinauf, so wird man von wilden Baumgestalten begrüßt, die meine Kinder an die Verfilmungen von Tolkiens „Herr der Ringe“ erinnerten. Direkt oberhalb der Treppe scheint Baumbart, der Hüter des Fangorn-Waldes zu warten. Vielleicht entdecken Sie bei Ihrem Besuch auch die Nashörner, die mitten im Lauf erstarrten, als sie den Weg hinab stürmten.

Diese und viele weitere Hainbuchen gehörten zu einer Verteidigungsanlage des „Aachener Reiches“, die mit einem inneren und einem äußeren Landgraben eine Länge von rund 70 km hatte und Aachen und die umliegenden Ländereien umgab. Sie bildeten eine undurchdringliche Hecke und waren ein wesentlicher Teil der Befestigung. Mit dem Bau der Wallanlage wurde im 14. Jahrhundert begonnen, ihre regelmäßige Pflege wurde Ende des 18. Jahrhunderts aufgegeben. Einige der Bäume könnten durchaus noch aus dieser Zeit stammen.

Die Hainbuchen zeigen uns die Vielfalt möglicher Baumgestalten und die Strategien der Baumveteranen, die Jahrhunderte zu überdauern (Detail kleines Bild unten). Eine dieser Strategien hat den in dieser Umgebung besonders passenden Namen „Phönix-Reïteration“ (von lat. *re*, zurück, und *ire*, gehen). Dabei bilden auf dem Boden liegende Teile eines zusammengebrochenen Baumes neue Wurzeln, und es wächst ein neuer Baum. Solche alten und, jedenfalls auf den ersten Blick, vielleicht gar nicht mehr ansehnlichen Bäume sind sehr wichtig für das Überleben vieler Tier- und Pflanzenarten, da sie in einer von ständigen Veränderungen geprägten Landschaft Habitate dauerhaft zur Verfügung stellen. Sie sind eine Arche, die diese Lebewesen durch die Jahrhunderte trägt.

Text- und Bildautor: Steffen Rust, Göttingen

M3

Süntelbuche

am Froschberg bei Blankenheim

***Fagus sylvatica* var. *suentelensis*,**
Süntel-Buche

Standort: in der Eifel, am Westrand des Ahrgebirges (frei auf einer Magerrasenfläche am Froschberg), 2 km südwestlich der Gemeinde Blankenheim; Kreis Euskirchen, Nordrhein-Westfalen

Alter: 210 Jahre (geschätzt)

Stammumfang: 2,82 m (gemessen 01.2017 in 1,3 m Stammhöhe)

Höhe: 7 m

GPS-Daten

N 50.429139
O 6.620806

2 km südwestlich der Gemeinde Blankenheim im Kreis Euskirchen befindet sich das Naturschutzgebiet Froschberg/Seidenbachtal, das durch artenreiche Bergwiesen und Kalkmagerrasen geprägt wird. Inmitten einer Magerrasenfläche unterhalb des Froschberges thront auf einem Hügelgrab ein bizarr gewachsener Baum, der sofort die Blicke eines jeden Wanderers auf sich zieht. Um 1810 wurde er auf der prähistorischen Begräbnisstätte gepflanzt.

Durch seinen außergewöhnlichen Wuchs zieht der als Naturdenkmal geschützte Baum jeden Besucher magisch an. Seine rundum bis zum Boden herabhängende Krone bildet einen kleinen Innenraum in Form eines Zeltes, der in der Mitte durch den kurzen aber kräftigen Stamm gestützt wird. Der Stamm wiederum ist durch imposante Wurzelanläufe fest mit dem felsigen Untergrund verankert. Der Blick in die Krone, die in etwa 2 m Höhe ansetzt, ist faszinierend: Wenige, fast waagerecht ausgerichtete Hauptäste gehen in ein Durcheinander von zahllosen aufwärts wachsenden, zickzackförmig und verdreht ausgebildeten Schwach- und Grobästen über. Die Feinäste bilden abschließend ein hängendes, schirmförmiges Dach aus. Kein Ast an diesem Baum ist gerade gewachsen.

Es handelt sich um eine Süntel-Buche, eine seltene Varietät der Rot-Buche, die durch ihren verdrehten, schlangenförmigen und gleichzeitig hängenden Wuchs ihrer Äste unverwechselbar ist. Ursache für diese außergewöhnliche Wuchsform ist nach dem heutigen Stand der Wissenschaft eine Mutation der Erbanlagen. In früheren Zeiten wurden als Grund für den seltsamen Wuchs der Einfluss von Erdstrahlen, radioaktives Grundwasser oder unterirdische Hohlräume im Boden vermutet. Die Süntel-Buche wurde wegen ihrer geheimnisvollen Ausstrahlung im Volksmund als Hexenholz oder Teufels-Buche bezeichnet. Da sie und die normale Rot-Buche sich gegenseitig befruchten können, sind variable Wuchsformen möglich. Weitere Namensgebungen wie „Krüppelbuche“, „Schlangenbuche“ oder „Schirmbuche“ deuten auf diese Variationen hin.

Die Süntel-Buche verdankt ihren Namen dem Süntel, einem etwa 12 km langen Mittelgebirgszug im niedersächsischen Weserbergland nördlich der Stadt Hameln. Bis zum Jahr 1843 gab es dort in der Nähe der Ortschaft Hülsede den größten Süntelbuchen-Wald mit mehreren tausend Exemplaren. Bei der Umstrukturierung und Auflösung der Forstgenossenschaft im Winter 1842/1843 sowie der Verteilung der Waldflächen auf die einzelnen Mitglieder wurden die Buchenbestände größtenteils gerodet, die „wertlosen“ und „verkrüppelten“ Bäume zur Gewinnung von Holzkohle verbrannt. Die Westeregge zwischen Hülsede und Raden wurde fast vollständig in landwirtschaftliche Flächen umgewandelt, nur vereinzelte Bäume und kleine Baumgruppen blieben verschont. Obwohl die Süntel-Buchen schon im 19. Jahrhundert aufgrund Ihres charakteristischen Wuchses als Rarität galten, verschwanden die forstwirtschaftlich unbrauchbaren Bäume im Laufe der Jahre aus vielen Wäldern.

Nur wenige alte Exemplare können wir heutzutage in Botanischen Gärten und noch seltener in freier Natur bewundern. Vor diesem Hintergrund bekommt die zauberhafte Süntel-Buche am Froschberg eine ganz besondere Bedeutung.

Text- und Bildautor:
Christoph Michels, Sonsbeck

M4

Ölweide

in Andernach am Rhein

***Elaeagnos angustifolia*, Schmalblättrige Ölweide**

Standort: Rheinanlagen von Andernach, nördlich der Konrad-Adenauer-Allee; Lkr. Mayen-Koblenz, Rheinland-Pfalz

Alter: ca. 100 Jahre (geschätzt)

Stammumfang: etwa 2,35 m (gemessen 05.2018 in 1,3 m Stammhöhe)

Höhe: 14 m (geschätzt), Kronenbreite ca. 30 m (geschätzt)

GPS-Daten

N 50.441675
O 7.401137

Am Rheinufer in Andernach steht eine ungewöhnliche Schmalblättrige Ölweide – vielstämmig und niedergebeugt, auf starken Ästen ruhend, scheint sie die Tage zu verschlafen. Der Hauptstamm misst 2,35 m Umfang, doch sind weitere starke Triebe vorhanden, die weitausladend liegen und eine gewaltige Krone bilden. Insgesamt nimmt die Ölweide eine Fläche von mehreren hundert m^2 ein. Von Weiten glaubt man gar nicht, nur einen Baum vor sich zu haben. Die langen, schmalen Blätter, die jungen Zweige und sogar die Knospen sind mit silbrigen Schuppen- oder Schildhaaren besetzt. So wirkt der ganze Baum silbrig-luftig und erinnert tatsächlich an einen Ölbaum, mit dem die Ölweide aber botanisch nichts gemein hat, auch mit den Weiden nicht. Beides bemerkt man sofort, wenn man ihre zahlreichen Dornen sieht oder fühlt. Heimisch ist sie in Zentralasien, aber offensichtlich fühlt sie sich auch hier sehr wohl. In ihren wohl 100 Lebensjahren dürfte sie so manches Rheinhochwasser mitgemacht haben – auch dies entspricht durchaus dem natürlichen Standort in der Nähe von Flussufern. Ölweiden vertragen aber auch recht gut Trockenheit und sind zudem salzverträglich, was sie geeignet erscheinen lässt für eine Verwendung im Stadtbereich beim prognostizierten Klimawandel. Ihre Schnittverträglichkeit lässt sogar eine Verwendung als Heckenpflanze zu.

Zum ersten Mal besuchten wir die Andernacher Ölweide im Mai, zur Blütezeit. Der betörende süßliche Duft war schon wahrzunehmen, lange bevor wir den Baum sahen. Unzählige gelblich-silberne Blüten überziehen dann den Baum, und zahlreiche Bienen summen in ihm herum. In der Literatur wird der Duft als „lederartig" beschrieben, die Blüten können zur Parfumherstellung genutzt werden. Es entwickeln sich bis 2 cm lange hellgelbe Früchte, die sehr aromatisch schmecken. Als Dekoration für das persische Neujahrsfest Nouruz gehören sie als „Senjed" zu den sieben Bestandteilen der traditionellen Neujahrstafel Haft Sin. Man kann die Schmalblättrige Ölweide also durchaus auch als Wildobst pflanzen und verwenden.

Jahrelang wurde der Baum als Kletterparadies von Kindern genutzt. Seit einigen Jahren schützt ein Staketenzaun den Baum, die Baumscheibe wurde gemulcht und mit ansprechenden Stauden unterpflanzt. Die mächtige Ölweide ist Teil des Projekts „Junge Riesen" der Stiftung Natur und Umwelt Rheinland-Pfalz. Dieses Projekt dient dem nachhaltigen Erhalt besonders alter und prägnanter Bäume; sie werden vermehrt und Jungpflanzen zur Pflanzung abgegeben.

Am Rheinufer stehen viele weitere interessante, starke Bäume. In unmittelbarer Nähe zur Ölweide etwa ein Trompetenbaum (*Catalpa bignonioides*) und ein Silber-Ahorn (*Acer saccharinum*). Aber nicht nur die Uferpromenade ist einen Besuch wert: Am Rhein unterhielten die Römer fast 500 Jahre lang einen bedeutenden Hafen, von dem unter anderem Mühlsteine aus der Eifel bis weit ins römische Reich verschifft wurden. Diese Mühlsteine entwickelten sich zu einem regelrechten Verkaufsschlager. Zudem gab es hier wahrscheinlich einen römischen Flottenstützpunkt. Auch der größte Kaltwasser-Geysir der Welt mit bis zu 60 m Auswurfhöhe befindet sich in Andernach. Grund genug, die schöne alte Stadt am Rhein einmal zu besuchen.

Text- und Bildautor:
Eike Jablonski, Kruchten

M5

Königseiche

im Kammerwald

***Quercus petraea*, Trauben-Eiche**

Standort: ca. 2 km nördlich des Parkplatzes an der Johanniterstraße vor Schloss Roth in Roth an der Our (Abzweig von der B 50 unmittelbar vor der luxemburgischen Grenze, an einem Waldweg); Lkr. Eifelkreis Bitburg-Prüm, Rheinland-Pfalz

Alter: 360 Jahre (gemessen: Kernbohrung des Forstamtes)

Stammumfang: 4,92 m (in 1,30 m Stammhöhe, gemessen 08.2019)

Höhe: 38 m (gemessen)

GPS-Daten

N 49. 939017
O 6.229221

Nur wenige Meter von der luxemburgischen Grenze entfernt steht die stärkste Eiche der südwestlichen Eifel, die Königseiche. Königlich sieht sie tatsächlich aus, denn sie reckt sich einstämmig etwa 38 m in die Höhe. Sie überragt damit die benachbarten Bäume, starke Douglasien, Buchen und Eichen, um einige Meter. Um sie zu schützen, wurde vor vielen Jahren ein Blitzableiter an den Stamm montiert.

Die Königseiche wird im Moselfränkischen, der Sprache Luxemburgs und Teilen der Südwesteifel, „Moaderkoos" genannt – Moader bedeutet Mutter, Koos ist der alte keltische Name für Eiche, der auch heute noch hier und da gebräuchlich ist und sich in einigen Ortsnamen auf beiden Seiten der Grenze wiederfindet. Sie steht nur wenige Meter von luxemburgischem Gebiet entfernt im Staatsforst Kammerwald. Die Eiche hat eine wechselvolle Geschichte hinter sich – gekeimt um 1650, wuchs sie noch in den Spanischen Niederlanden auf. Bald wurde das Gebiet Frankreich zugeschlagen, um kurz darauf den Österreichischen Niederlanden anzugehören. Von 1795 bis 1814 schließlich herrschte Napoleon, der Kammerwald wurde Bestandteil des Département des Forêts. Erst der Wiener Kongress 1815 machte Luxemburg nominell zu einem selbstständigen Großherzogtum. Gleichzeitig wurden Teile der Eifel zu Preußen geschlagen; auch der Kammerwald gelangte unter preußische Herrschaft. Eine Sondersituation setze nach dem 2. Weltkrieg ein: Roth und der Kammerwald gelangten als Reparation wieder zu Luxemburg; erst 1959 wurde der Status aufgehoben, seitdem gehört das Gebiet zum Bundesland Rheinland-Pfalz. Diese wechselhafte Geschichte ist symptomatisch für die hiesigen Grenzgebiete – die Königseiche ist Zeugin dieser für uns kaum noch nachvollziehbaren Gebietswechsel.

Wer die Königseiche besuchen möchte, parkt sein Auto in der Nähe des „Schlosses" Roth auf der jenseitigen Straßenseite der B 50, unmittelbar vor der luxemburgischen Grenze. Das Schloss Roth war ab 1220 bis zur Auflösung des Ordens 1314 eine Komturei der Templer. Der Templerorden fungierte im Mittelalter als eine Art Sparkasse, in diesem Fall für die mächtigen Grafen von Vianden, deren Burg nur wenige Kilometer entfernt steht. Neben dem Gebäude steht die auf romanische Ursprünge zurückgehende kleine Kirche St. Peter, vor der eine wohl 700 Jahre alte Sommer-Linde steht; bemerkenswert ist zudem das sogenannte „Rother Männchen", eine naive Christusdarstellung an der Außenfassade der Kirche, die als eine der bedeutendsten romanischen Kirchenbauten der Eifel gilt.

Die Königseiche wird von den Forstleuten als stärkste Eiche der Westeifel bezeichnet; nach einer Tafel, die vor Jahren nahe der Eiche angebracht wurde, soll sie „30 Festmeter bestes Nutzholz" liefern können. Doch gefällt wird sie deshalb nicht, denn sie ist als Naturdenkmal ausgewiesen. Das zuständige Forstamt hat einen Holzzaun errichtet, mit dem die Umgebung der Eiche abgesperrt ist, um den Zugang zu unterbinden – zu groß wäre bei Sturm die Gefahr eines Astbruches. Starke Trauben-Eichen, die sich von der Stiel-Eiche (*Q. robur*) durch ungestielte Eicheln und gestielte Blätter unterscheidet, gibt es seltener als starke Stiel-Eichen. Auch deshalb ist die „Moaderkoos" von Roth an der Our ein bemerkenswerter Baum.

Text- und Bildautor:
Eike und Carmen Jablonski, Kruchten

M6

Sal-Weide

bei Bitburg

Salix caprea,
Sal-Weide

Standort: An der K 74 zwischen Erdorf und Fließem, Lkr. Eifelkreis Bitburg-Prüm, Rheinland-Pfalz

Alter: ca. 60 Jahre (geschätzt)

Stammumfang: etwa 3,44 m (gemessen 05.2019 in 1,3 m Stammhöhe)

Höhe: 15 m (geschätzt)

GPS-Daten
N 50.012315
O 6.552851

Sehr ungewöhnlich sind Sal-Weiden, die baumförmig wachsend einen Stammumfang von über zwei Metern erreichen. In Deutschland kennt man gerade eine Handvoll solcher Exemplare. Die stärkste davon steht in der Nähe von Bitburg an der Kreisstraße, die zu den Resten der Römervilla Otrang führt (und die zu den größten und am besten erhaltenen römischen Villenanlagen nördlich der Alpen zählt). Mit dem Auto vorbeifahrend übersieht man diesen bedeutenden Baum leicht, doch zur Blütezeit, als wir ihn zum ersten Male sahen, ist er sehr auffallend. Unzählige Blüten leuchten dann goldfarben in der sonst noch kahlen Umgebung auf, überall summt es – diese männliche Sal-Weide ist ein wahrer Bienenmagnet. Ihr Pollen ist hochwillkommen in dieser frühen Jahreszeit Anfang März. Er wird, wie auch der Nektar, von Imkern als wertvoll eingeschätzt. Wie die meisten Weiden ist sie zweihäusig (diözisch), d. h. es gibt nur weibliche und männliche Pflanzen. Die Blüten der weiblichen Weiden sind von grün-silberner Farbe, die der männlichen Pflanzen hingegen goldgelb. Im Englischen spricht man deshalb auch von „Golden Boys and Silver Girls".

Sal-Weiden werden nicht alt, sie erreichen wohl kaum hundert Lebensjahre. Gepflanzt wurde der Baum sicherlich nicht an dieser Stelle; vor Jahrzehnten muss er am Wegesrand gekeimt sein. Denn der Samen von Weiden ist nur wenige Tage keimfähig, und nur wenige Sämlinge entwickeln sich zu einem stattlichen Baum. Vor wenigen Jahren sind bei unserer Sal-Weide in einem Sturm Teile der Krone ausgebrochen. Die zuständige Straßenmeisterei hat den Baum glücklicherweise nicht gefällt, sondern trotz massiven Verlustes einiger Starkäste behutsam eingegriffen und sichergestellt, dass der Baum noch viele Jahre weiterleben kann.

Die Sal-Weide zählt zusammen mit den heimischen Eichen zu den bedeutendsten Schmetterlingspflanzen. Fast 100 Falterarten dient sie als Nahrung. Auch viele andere Kleinorganismen wie Käfer leben von der Sal-Weide; diese stellen also wichtige Biotope dar, was angesichts des dramatischen Rückgangs der Insekten von besonderer Bedeutung ist.

Blühende Salweiden-Zweige werden in vielen Gegenden am Palmsonntag als „Palmkätzchen" in die Vase gestellt und mit Ostereiern behängt; auch die Altäre werden zur Osterzeit mit blühenden Weidenzweigen geschmückt. In der christlichen Mythologie galten Weiden als Keuschheitssymbol und als unfruchtbar, denn man konnte sich nicht erklären, warum die rein männlichen Weiden keine Samen hervorbrachten. Die Rinde der Sal-Weide wurde zum Gerben genutzt. Weidenrinde hat zudem eine schmerzstillende und betäubende Wirkung: das als Salicin bezeichnete Glucosid aus der Weidenrinde wurde pharmazeutisch genutzt. Später wurde der Inhaltsstoff synthetisiert und unter dem Markennamen Aspirin in den Handel gegeben.

Der Name Sal-Weide soll sich vom althochdeutschen Salaha ableiten, was „dunkel" bedeutet; der Artname „*caprea*" bedeutet Ziege. Damit sollte wohl daran erinnert werden, dass das Laub der Sal-Weide gerne von Ziegen gefressen wird. Das wiederum passt zu Bitburg, das sich gerne als „Gäßestrepper-Stadt" bezeichnet. Während des Dreißigjährigen Krieges von schwedischen Söldnern belagert, sollen die Bitburger ihren Kindern Felle von geschlachteten Ziegen (Gäßen) übergestreift (gestreppt) und diese dann auf der Stadtmauer herumlaufen lassen haben. Die entmutigten Schweden, deren Strategie des Aushungerns scheinbar nicht half, zogen enttäuscht ab.

Text- und Bildautor:
Eike Jablonski, Kruchten

N1

Goldeiche

in Wittgenstein

***Quercus robur*,**
Stiel-Eiche

Standort: frei auf einer Wiese im unteren Kleinen Rüsselsbachtal (am Weg zum Hof Rüsselsbach, etwa 400 m nördlich der Straße von Wemlighausen nach Wunderthausen), Höhenlage 498 m über NN; Stadt Bad Berleburg, Kreis Siegen-Wittgenstein, Nordrhein-Westfalen

Alter: 250 bis 300 Jahre (geschätzt)

Stammumfang: 3,60 m (gemessen 06.2019 in 1,3 m Stammhöhe)

Höhe: 22 m (geschätzt), Kronenbreite 25 m (geschätzt)

GPS-Daten

N 51.085139
O 8.449056

Die Goldeiche in Wemlighausen ist ein von Geheimnissen umwobener „Starker Baum". Die einheimischen Wittgensteiner behaupten, ihr Baum sei einzigartig. Er beherrscht den Einstieg in das verwunschene Rüsselsbachtal, eines der langen Wiesentäler im Rothaargebirge.

Besonders ist der alte Riese allemal, eine Stiel-Eiche, die in jedem Frühjahr mit „goldenen" Blättern ausschlägt, Intensität und Dauer der Färbung ist dabei jedes Jahr anders. Er ist eine bekannte Landmarke, vertraut den Einheimischen und ein Zeichen am Wegesrand für den Wanderer. Der Grund der Verfärbung ist eine rezessive Mutation, für die Zeiten und Farbstufen könnten ein Mangel an Spurenelementen, Klimaschwankungen o.ä. verantwortlich sein, erste Untersuchungen blieben erfolglos.

Auch das Alter der Eiche ist ein Geheimnis. Seriöse Schätzungen nennen 250 bis 300 Jahre, der mit 3,60 m gemessene Stammumfang unterstützt diese Annahme. Der Baum ist vital und zeigt keine auffälligen Vergreisungs-Erscheinungen. Befragungen von Dorfbewohnern und das Studium kommunaler und herrschaftlicher Archive zu Alter und Herkunft waren ohne Ergebnis. Möglicherweise ist er der einzige Überlebende eines ehemaligen Eichenwaldes – nicht eines hier so typischen Haubergs –, der wegen seiner Eigenart nicht gerodet wurde. 1936 und 1965 wurde er als Naturdenkmal unter Schutz gestellt.

Weitere Geheimnisse birgt die Umgebung der Goldeiche. Aufmerksame Beobachtungen förderten frühgeschichtliche Hinweise und Keramik-Scherben vom 9. Jahrhundert bis zur Neuzeit und Grundmauern einer kleinen Siedlung im Talgrund zu Tage. Da in Wittgenstein durch die Pest und den Dreißigjährigen Krieg viele Dörfer und Höfe wüst fielen und dort noch keine systematischen Grabungen durchgeführt wurden, kann über Alter, Ausmaß und Bedeutung dieser Siedlungen nur spekuliert werden. Wenig entfernt führte auf einem Höhenrücken eine wichtige alte Heer- und Handelsstraße entlang. Haben hier fahrendes Volk, Reisende, Handelsleute oder Vagabunden zwischen Eichenwald und Dorf gelagert? Haben sie vielleicht in ihrem Gepäck Eicheln aus fremden Ländern mitgebracht und hier verloren? Nicht sehr wahrscheinlich, aber doch möglich.

Wegen der Besonderheit der Goldeiche haben sich Einwohner und Auswärtige seit langem bemüht, für deren Fortbestand und Vermehrung zu sorgen. Alle Anstrengungen, aus Eicheln oder Stecklingen gelblaubige Bäume zu ziehen, schlugen wegen der rezessiven Erbanlagen fehl. Ein Siegerländer Forstmann, der auch die Farbschwankungen aufgezeichnet und sich Gedanken über Klima und Spurenelemente gemacht hat, und der Autor haben weitere Methoden der Vermehrung ausprobiert. Mehrfache Versuche der Pfropfung mit älteren Reisern waren nicht ermutigend. Ein Experiment mit Knospenzüchtung aus einem veredelten Exemplar an der Berliner Humboldt-Universität läuft noch, und ein Versuch, durch Pfropfung von vitaleren Reisern neue Bäume zu erhalten, wurde kürzlich einem belgischen Eichen-Experten anvertraut.

Der vorläufig letzte Akt in der Lebensgeschichte der Goldeiche ist die Etablierung des Baumes und damit seiner Erbanlagen als international anerkannte Sorte unter dem Namen *Quercus robur* 'Wemlighausen'. Dafür wurde bei der International Oak Society Herbar-Material an drei Orten hinterlegt.

In Anbetracht der Schönheit und der Geheimnisse der Goldeiche aus Wemlighausen hoffen wir, dass dieser beeindruckende Baum noch lange als „leuchtendes" Symbol für das liebenswerte Wittgensteiner Land in die Welt hinaus scheinen kann.

Textautor: Frieder Kötz, Siegen;
Foto: Stefan Völkel, Bad Berleburg

N2 Dicke Eiche

bei Bellnhausen

***Quercus robur,* Stiel-Eiche**

Standort: am südlichen Waldrand des Geiersberges, ca. 1,3 km nördlich von Bellnhausen; Lkr. Marburg-Biedenkopf, Hessen

Alter: knapp 500 Jahre (geschätzt)

Stammumfang: 6,72 (gemessen 05.2018 in 1,3 m Stammhöhe)

Höhe: 21 m

GPS-Daten

N 50.716067
O 08.717569

Ganz in der Nähe eines reizvollen Altarms der Lahn, ein schöner, kurzer Abstecher vom Lahntal-Radweg, steht die als Naturdenkmal eingetragene, markante Eiche fast frei am Waldrand. Ihre knorrige, etwas unregelmäßige Krone ist ungefähr so breit wie hoch, was den Eindruck eines Altbaums verstärkt. Vom Stammumfang her gehört sie zwar nur zur „Zweiten Garde" der Alteichen, aber gerade solche Bäume sollten uns interessieren, denn sie bilden gewissermaßen die Zukunft für unseren Bestand an Baumveteranen. Einige Meter weiter steht eine zweite Eiche, die in etwa gleich alt sein mag, aber in deutlich schlechterem Zustand ist und sehr stark zurückgeschnitten wurde. Vielleicht ist ihr geringerer Stammumfang von 4,60 m durch frühere, stärkere Konkurrenz der umgebenden Waldbäume bedingt.

Die Dicke Eiche hat gute Chancen, deutlich älter zu werden, denn der Stamm ist im unteren Teil noch vollkommen geschlossen; größere Astausbrüche und Astungswunden gibt es nur vereinzelt und erst ab etwa 6 m Höhe. Auch hinsichtlich der Vitalität, zu sehen am Verzweigungszustand und kräftigen Überwallungsreaktionen im Bereich der Astungswunden, ist der Baum in einem altersgemäß guten Zustand. Insofern kann man, zumindest bei nicht allzu windigem Wetter, gefahrlos als Besucher an dem Tisch mit Bänken im Schatten ihrer Krone Rast machen.

Einen gewissen Schutz bietet dieser Eiche die Ausweisung als Naturdenkmal, wenn Pflegemaßnahmen fachgerecht erfolgen und das Baumumfeld nicht negativ beeinträchtigt wird. Ich kenne den Baum seit meiner Jugend und habe ihn seinerzeit meinem Großvater gezeigt, der als pensionierter Förster von ihm begeistert war. Mit Freunden habe ich so manche Stunde unter der Eiche verbracht, einschließlich Lagerfeuer in respektvollem Abstand vom Stamm. Wir haben uns damals nicht allzu viele Gedanken gemacht, ob das Feuer unterm Kronendach vielleicht der Eiche schadet, aber ich denke, es ist auch wichtig, dass solche Bäume von den Menschen angenommen werden – das erreicht man nicht, wenn man sie komplett absperrt. Natürlich kann aber auch eine solche Maßnahme bei manchen Baumveteranen erforderlich sein, je nach möglicher Beeinträchtigung durch uns Menschen.

Der Überlieferung zufolge sollen vor mehr als 100 Jahren noch die Burschen aus dem benachbarten Dorf Roth unter dem Baum einen Tanzplatz eingerichtet haben. Man darf davon ausgehen, dass die Brautschau im einen oder anderen Fall Erfolg hatte; das kann man dann ja auch der Eiche zugute schreiben. Auch heute noch wird der Baum offenkundig von den Menschen der beiden benachbarten Dörfer Bellnhausen und Roth geschätzt, denn sie wird gerne z.B. zum Picknick aufgesucht.

Text- und Bildautor:
Rolf Kehr, Göttingen

N3

Stechpalme

in Braunfels

***Ilex aquifolium*, Stechpalme, Hülse**

Standort: frei sichtbar in Vorgarten Am Kurpark 6 (direkt an der Straße); Braunfels, Lahn-Dill-Kreis, Hessen

Alter: 270 Jahre (nach www.championtrees.de)

Stammumfang: 2,90 m (gemessen 03.2019 in 1,30 m Stammhöhe)

Höhe: 8 m, Kronenbreite 6 m

GPS-Daten

N 50.514494
8.391514

Dies ist einer der ungewöhnlichsten Bäume, die ich kenne: die mit Abstand dickste Stechpalme Deutschlands, mit einem skurrilen Habitus – nicht unbedingt schön, aber stark, mit einer relativ kleinen Krone über dem monströsen Stamm. Wie das zustande kommt? Der Baum wurde wohl gekappt und hat wieder ausgetrieben. Die Kronenvitalität ist daher eingeschränkt, der Stamm hingegen wirkt erstaunlich intakt (es ist äußerlich keine Fäule sichtbar, was bei dem Durchmesser bemerkenswert ist – der Stamm soll aber weitgehend hohl sein), der ganze Baum sieht ganz anders aus als sonst alte Stechpalmen, deren dicke Äste bis unten aus dem Stamm kommen. Der Stamm ist zudem voller Beulen und Knollen und wirkt wie ein Kunstwerk mit der grauen glatten Rinde und kleinen Austrieben und Blättchen. Schwer zu beschreiben, wie die Lebensgeschichte dieses Baumes verlaufen sein könnte. Sicher gibt es im Ort Kundige, die zumindest die letzten 30–50 Jahre des Baumes kennen. Jedenfalls ist er Naturdenkmal und in vielen Beschreibungen z.B. für Rad- und Wandertouren und in Ortschroniken erwähnt.

Man könnte den Baum mehr inszenieren, aber er steht auf Privatgrund: etwas ungewöhnlich in einem kleinen erhöhten Vorgarten an einer etwa 1 m hohen Mauer zur Straße, 2 m vom Wohnhaus entfernt, und ist von 3 Seiten voll sichtbar. Fotografieren ist schwierig, besonders wenn wie bei meinem Besuch dort gerade Markttag ist und auf der Gasse Bäcker-, Fleischer, Handwerker- und andere Verkaufs-Wagen dicht an dicht stehen, überall Stromkabel frei verlegt sind und womöglich noch die Sonne von der „falschen" Seite scheint (Gegenlicht). Aber es kam eine Wolke und hat mich gerettet.

Zu erreichen ist der *Ilex* von Frankfurt/M.-Hbf in einer guten Stunde Autofahrt. Schön am Ort und drumherum ist der Kurpark (der Baum steht nahe dem nordöstlichen Eingang von der Straße Am Kurpark) und die riesige Burganlage oberhalb des Städtchens, und der Ortskern mit eindrucksvoll sanierten Fachwerkhäusern, die Stimmung machen. Das ist typisch für viele Orte Hessens.

Die Stechpalme kommt von Natur aus in Wäldern mit wintermildem Klima vor und kann in Nordwestdeutschland undurchdringliche Dickichte im Unterstand bilden, sie ist deshalb in der Forstwirtschaft nicht sonderlich beliebt. Etwas Bemerkenswertes ist ihre Verschiedenblättrigkeit (Heterophyllie): An demselben Zweig kommen sowohl glattrandige, ungezähnte als auch unterschiedlich gezähnte Blätter vor, die Blattgestalt ist also sehr variabel. Zudem konnte bei unseren eingehenden Untersuchungen dazu festgestellt werden, dass die Blätter in den unteren Kronenbereichen stärker gezähnt sind als die in höheren Kronenbereichen. Ursache dafür könnte sein, dass die Blätter nur in Verbisshöhe den Schutz durch Blattrandzähne benötigen und dieser in höheren Kronenbereichen überflüssig ist. Die Blattrandzähne stellen tatsächlich einen sehr wirksamen Verbissschutz dar – nur im Austriebsstadium nicht, wenn sie noch weich sind. So ist auch zu erklären, dass sich die Stechpalme zu Zeiten der Waldweide im 18. und 19. Jahrhundert ausgebreitet hat. Die Tiere fraßen fast alle Gehölze, nur die Stechpalme ließen sie stehen.

Ilex-Zweige sind wegen ihres immergrünen Laubes und ihrer leuchtendroten Früchte beliebt für die Kranzbinderei, als Gräberschmuck und zur Ausschmückung bei Festlichkeiten, besonders gerne zu Weihnachten. Das hat früher auch mit zum Rückgang der Art beigetragen, inzwischen werden dafür jedoch nur noch kultivierte Exemplare verwendet.

In Deutschland stehen Wildvorkommen der Art als eine von ganz wenigen Gehölzarten nach Bundesartenschutzverordnung unter strengem Naturschutz.

Text- und Bildautor:
Andreas Roloff, Tharandt

N4

Edel-Kastanie

in Neuwied-Rommersdorf

***Castanea sativa*, Europäische Edel-Kastanie**

Standort: an der „Zeil“ zwischen Wülfersberg und Rommersdorf, im Stadtteil Heimbach-Weis von Neuwied; Lkr. Neuwied, Rheinland-Pfalz

Alter: ca. 200 bis 250 Jahre (geschätzt)

Stammumfang: 5,54 m (gemessen 06.2018 in 1,30 m Stammhöhe)

Höhe: ca. 20 m (geschätzt)

GPS-Daten

N 50.460528
O 7.531889

Vom Westerwald aus geht es in Serpentinen bergab in das geschützt liegende Rheintal, und schon lässt sich aus der Ferne der Landschaftspark der ehemaligen Abtei Rommersdorf erkennen. Dort werden die beiden abseits stehenden Edel-Kastanien aufgesucht.

Die stärkere von beiden (5,54 m StU) befindet sich auf halbem Weg (im Volksmund „Zeil“) Richtung Wülfersberger Kapelle. Ihre leuchtend gelbe Blüte beginnt Anfang Juni und führt zu einem guten Dutzend weiterer Exemplare in den benachbarten Wald.

Das geübte Auge unterscheidet sie in der Vollblüte aus weiter Ferne von den zeitgleich blühenden Linden, und eines feinen Näschens bedarf es nicht, die Gerüche den Baumblüten zuzuordnen. Während die Linden bei der jetzt warmen Witterung einen süßen, honigartigen Duft verströmen, empfinden die meisten Menschen den „Duft“ der Edel-Kastanie als aufdringlich-penetrant und unangenehm. Zahlreiche Insekten zieht er jedoch magisch an, denn die Edel-Kastanie wird nicht nur durch den Wind bestäubt, sondern lockt auch Bienen, Hummeln, Käfer und Fliegen an.

Unter der weit ausladenden Krone dieser Edel-Kastanie hat man von einer hölzernen Sitzbank aus einen geruhsam-schönen Blick auf das Kloster bis zur Festung Ehrenbreitstein in Koblenz. Störend wirkt hier nur, dass ein Landwirt viel zu nah am Baum den Boden pflügt.

Weiter unten dann am Engeltor steht eine zweite Edel-Kastanie (3,94 m StU), ebenfalls als ND in der amtlichen Liste des Kreises aufgeführt. Die beiden Bäume sind Reste einer ehemaligen Baumreihe oder Allee aus Kastanien und Nussbäumen, die 1917 größtenteils gefällt wurden. Bei der Anlage von Alleen stand früher noch der ökonomische Nutzen stark im Vordergrund, und das gerbstoffreiche Holz der Edel-Kastanie war begehrt. Insbesondere in Nordrhein-Westfalen, aber auch in Rheinland-Pfalz gibt es auch heute noch Relikte, wie auch vollständig erhaltene Alleen, die bekanntesten im Park Edelhoff in Bad Honnef und am Niederrhein, z.B. am Schloss Dyck und Schloss Roland (bei Düsseldorf).

Der Baumbestand der Gärten von Rommersdorf ist ebenfalls einen Besuch wert. Eine besondere Rarität stellt der ca. 200-jährige Burgen-Ahorn (*Acer monspessulanum*) dar, der mit einem StU von 2,60 m (2011) als bundesweiter Rekordbaum in Deutschland gilt.

In Neuwied lohnt auch der Besuch des Schlossparks (nach Anmeldung), und in Koblenz sind die Rheinanlagen und die Festung Ehrenbreitstein nicht nur für Dendrologen besonders reizvoll.

An der von Linden beschirmten Grabstätte des Hauses Wied unterhalb von Neuwied-Monrepos beginnt eine Baumreihe aus ca. einem Dutzend Edel-Kastanien, die zum Hahnhof führt. Unterhalb des Gutes stehen weitere 37 Edel-Kastanien, deren stärkstes Exemplar einen StU von 5,68 m (2011) erreicht hat.

Text- und Bildautor:
Volker André Bouffier, Nistertal

N5

Speierling

in Kronberg im Taunus

***Sorbus domestica*, Speierling**

Standort: etwa 450 m südöstlich des S-Bahnhofs Kronberg Süd (auf einem Wiesenstreifen östlich des von der Straße Am Auernberg abzweigenden Feldwegs, am unteren Ende einer lückigen Obstbaumreihe); Stadt Kronberg im Taunus, Hochtaunuskreis, Hessen

Alter: ca. 200 Jahre (geschätzt)

Stammumfang: 4,44 m (gemessen 05.2018 in 1,30 m Stammhöhe, 4,20 m an Taille in 1,0 m Stammhöhe)

Höhe: 10 m (geschätzt)

GPS-Daten

N 50.172653
O 8.535926

Der Speierling verbindet mich mit meiner alten Heimat Frankfurt am Main, und mit einem für mich einzigartigen Getränk, dem Frankfurter Apfelwein, in der Region „Äbbelwoi“, „Äppler“ oder auch „Stöffche“ genannt. Er unterscheidet sich von anderen aus Äpfeln gekelterten Weinen in seinem typisch herben Geschmack. Dieser kommt daher, dass früher Speierlingsfrüchte dem Frankfurter Apfelwein zugegeben wurden, um ihn klarer und haltbarer zu machen. Durch die in den Früchten enthaltene Gerbsäure entwickelt der Frankfurter Apfelwein seinen typisch herben Geschmack. Die Gerbsäure ist wohl auch der Grund für den deutschen Namen der Baumart: wagt man von ihnen zu kosten, so „spuckt“ man sie auch gleich wieder aus.

Nördlich von Frankfurt, am Rande des Taunus stehen einige alte und als Naturdenkmale ausgewiesene Exemplare. Im Herbst protzen sie mit ihrer intensiv gelbroten Färbung, im Frühjahr blühen sie reichlich und hell weiß. Und doch haben sie mich im frischen, frühsommermaigrünen Laubkleid erst so richtig in ihren Bann geschlagen. Nichts lenkt ab im weichen Sonnenlicht des frühen Vormittags von den gemusterten Kontrasten ihrer leuchtend grünen Fiederblätter, die sich leicht im Wind wiegen, und der charakteristisch gegliederten Borke.

Dieser Speierling ist nicht nur von außerordentlich malerischer Gestalt mit seiner breit gewölbten Krone über einen kurzen Stamm, er steht auch in der für ihn typischen Kulturlandschaft an den Hängen oberhalb des Westerbachs zwischen Kronberg und Niederhöchstadt. Hier reihen sich schmale, streifenartige Grundstücke, die wechselweise als Wiesen, Acker, Obstflächen genutzt werden oder brachgefallen sind. Die (ehemalige) kleinbäuerliche Nutzung dieser Flächen ist noch gut erkennbar.

Speierlinge kommen zwar auch natürlicherweise in der Rhein-Main-Ebene vor, aber mein Baum ist mit Sicherheit von Menschenhand gepflanzt. Die geernteten Früchte konnten nicht nur dem Most zugesetzt werden, aus ihnen wurde zudem ein Brand gewonnen, zum direkten Verzehr wie Äpfel oder Birnen sind sie aus genannten Gründen nicht geeignet. Ein seltener Anblick sind diese Obstbäume leider geworden, und auch mein Baum wird nicht mehr beerntet. So fand ich bei einem weiteren Besuch im Herbst die birnenförmigen, rotbackigen Früchte in großer Zahl ungenutzt auf dem Boden liegend.

In der industriellen Herstellung von Apfelwein werden mittlerweile häufig künstliche Zusatzstoffe zur Konservierung verwendet. Für die Mostherstellung muss die Ernte exakt in dem kurzen Zeitraum erfolgen, wenn die reifen Früchte beginnen vom Baum zu fallen, da sie dann den höchsten Gerbsäure- und Zuckergehalt aufweisen. Daher werden Speierlinge heute nur noch selten kultiviert. Und das einst typische Obst ist aus dieser alten Kulturlandschaft weitgehend verschwunden.

Auch auf meinen Wanderungen waren mehrere, teils ebenfalls als Naturdenkmäler ausgewiesene Speierlinge nicht mehr auffindbar, das Umfeld anderer Exemplare verwildert im dichten Brombeergestrüpp am Rande der Streuobstbestände.

Bei all den etwas traurig stimmenden Fakten: dieser Speierling ist als Naturdenkmal geschützt und wird auch gepflegt. Möge er noch lange den Naturfreund erfreuen.

Text- und Bildautorin:
Marion Scheich, Berlin

N6

Feld-Ulme

in Oestrich-Winkel am Rhein

***Ulmus minor*,**
Feld-Ulme

Standort: in der Ortslage von Oestrich-Winkel, in einer Grünanlage gegenüber dem Hotel Schwan; Rheingau-Taunus-Kreis, Hessen

Alter: 200 bis 300 Jahre (geschätzt)

Stammumfang: 5,38 m (gemessen 07.2017 in 1,30 m Stammhöhe)

Höhe: 18 m (geschätzt)

GPS-Daten

N 50.004292
O 8.031548

Diese Ulme steht in einer kleinen Grünanlage im dörflichen Oestrich-Winkel. In unmittelbarer Nähe rauscht der Verkehr auf der B 42, auf der anderen Seite verläuft die Rheinallee, der Grünstreifen ist nicht breiter als 25 m. Alles in allem ein unglücklicher Standort für einen mächtigen Baum wie diese Feld-Ulme. Dass sie sich an so exponierter Stelle behaupten konnte, grenzt an ein Wunder. Dass jedoch eine Feld-Ulme an genau dieser Stelle steht, ist weniger verwunderlich als es zunächst den Anschein haben mag.

Es gibt eine enge Beziehung zwischen den Ulmen und dem Weinbau. In den „Schriften zur Weingeschichte" ist dazu ein schmales Buch von Gerd Hagenow erschienen (Wiesbaden 1972).

Eines der literarischen und philosophischen Leitmotive der römischen Antike ist: *Die Rebe mit der Ulme vermählen*. Die Weinrebe, die natürlicherweise wie eine Liane wächst, kriecht zunächst horizontal über den Boden bis sie eine aufrechte Struktur findet, an der sie nach oben ranken kann, dem Licht entgegen. Am natürlichen Standort sind das fast immer Bäume, oftmals Ulmen. Diese biologischen Vorgänge hat der Mensch für seine Zwecke genutzt und beide, Weinrebe wie Ulme, wurden zu Kulturpflanzen.

Dieses eingängige Bild hat seinen Weg in die Literatur gefunden: Starker Baum stützt schwache Rebe. Vergil (70 bis 19 v. Chr.) hat es zu einer Metapher für die Ehe verklärt: Der aufrechte und starke Mann kann für sich allein kein neues Leben hervorbringen. Das schwache und hinfällige Weib kriecht am Boden, ihre Früchte verfaulen. Erst in dem sie sich *vermählen*, können sie gemeinsam die schönsten Früchte tragen, wie es bei Plinius dem Älteren (23 bis 79 n. Chr.) heißt.

Das Bild der *Vermählung* von Ulme und Wein blieb geläufig. So taucht es in der Comedy of Errors, deutsch: Die Irrungen oder Die doppelten Zwillinge von William Shakespeare (1564 bis 1616) auf. Adriana, Ehefrau des Antipholus von Ephesus, sagt über ihn und sich: „Du bist eine Ulme, mein lieber Mann, und ich eine schwache Rebe …".

Übrigens sind die alten Überlieferungen nicht völlig vergessen. Bekannt ist ein Weingut namens «Bosco degli Olmi» in der Toskana; das «Château l'Ancien Orme» und andere Weingüter im Bordeaux führen die Ulme im Namen.

So gibt es einen engen historischen und literarischen Zusammenhang zwischen Ulme und Weinbau. Das Doppel-Städtchen Oestrich-Winkel liegt im Rheingau, einem der besten Weinbaugebiete Deutschlands, anspruchsvoller und eleganter Riesling kommt aus der Region. Die Hänge auf der rechten Seite des Rheins sind nach Süden exponiert und genießen die maximal mögliche Sonneneinstrahlung. Und in der Ortsmitte, unweit der Kirche St. Martin, steht diese Ulme.

Warum gerade Ulme und keine andere Baumart? Zum einen vertragen Ulmen auch schwierige Standortbedingungen sehr gut, wie dieser Baum beweist, zum anderen können sie länger anhaltende Trockenperioden aushalten.

Die Feld-Ulme in Oestrich-Winkel ist das stärkste uns bekannte Exemplar dieser Art in Deutschland. Ein Baum mit 3,77 m Stammumfang steht in Quedlinburg in Sachsen-Anhalt. Die gelegentlich genannte Feld-Ulme in Ladeburg, Brandenburg mit 8,50 m Stammumfang ist aber tatsächlich eine Flatter-Ulme.

Text- und Bildautor:
Gordon Mackenthun, Leipzig

N7

Schwarz-Pappel

in Rüdesheim am Rhein

***Populus nigra*,**
Schwarz-Pappel

Standort: Rheinufer gegenüber dem Asbach-Bad; Stadt Rüdesheim, Rheingau-Taunus-Kreis, Hessen

Alter: 132 Jahre

Stammumfang: 8,25 m (gemessen 06.2019 in 1,30 m Stammhöhe)

Höhe: 27 m

GPS-Daten

N 49.976972
O 7.935917

Diese Schwarz-Pappel wurde im Jahr 1890 als zweijähriger Steckling gepflanzt. Sie ist das stattliche Relikt einer ehemaligen Pappelallee, die Einheimischen wie Gästen der Weinstadt Rüdesheim im Hessischen Rheingau die Möglichkeit zum Flanieren entlang des Rheins bieten sollte. Doch bereits 1893 erwiesen sich alle Bemühungen um die Promenade als vergeblich: Nach einem strengen Frost und danach einsetzendem Eisgang wurden die jungen Pappeln von über die Ufer tretenden Eisblöcken zerstört – bis auf eben diesen verbliebenen Baum.

Auffällig und arttypisch bei der Rüdesheimer Schwarz-Pappel ist vor allem der bis in das fortgeschrittene Alter anhaltend starke Zuwachs mit breit ausladender, unregelmäßig beasteter Krone. Die kräftigen, vielfach waagerecht gestellten oder zur Peripherie hin bogenförmig übergeneigten Äste verfügen über zahlreiche Seitenzweige und Kurztriebe. Arttypisch sind auch die Stammeigenschaften, insbesondere die tief und x-förmig gefurchte, dunkelgraue Netzborke. Bisher ist die Rüdesheimer Pappel völlig frei von Maserknollen und Wasserreisern, die bei dieser Art oft zu beobachten sind und fälschlicherweise vielfach als ein Erkennungsmerkmal für artreine *Populus nigra* beschrieben werden. Auffällig gesund sind zudem ihre Blätter, die im Gegensatz zu vielen anderen Vorkommen dieses Rheinabschnitts kaum von Rostpilzen befallen werden. Wer die Pflanzen damals geliefert hat und woher das Ausgangsmaterial stammt, ist leider nicht bekannt.

Alle Pappelarten sind getrennt geschlechtlich zweihäusig und werden vom Wind bestäubt. Der Rüdesheimer Baum ist männlich. Seine auffälligen purpurroten, bis zu 12 cm langen Kätzchen sind fingerdick mit jeweils 10 bis 30 Staubbeuteln pro Blüte. Von ihnen lassen sich die gelbgrünen schlankeren weiblichen Blüten bei anderen Schwarz-Pappel-Damen leicht unterscheiden. Die Blütenbildung hat bei dem Rüdesheimer Baum vermutlich etwa mit 10 Jahren eingesetzt und hält bis heute ununterbrochen an.

Die baumspezifischen Merkmale bzw. Auffälligkeiten spiegeln die historische Entwicklung: Statt der Allee entstand ein „ortsbildprägender dicker Baum mit eindrucksvollem Habitus" als idealer Treffpunkt für mancherlei Verabredungen, direkt am Anleger der Touristenboote. Im Jahr 1966 wurde die Rüdesheimer Schwarz-Pappel als Naturdenkmal ausgewiesen; der Weg dahin war allerdings schwierig. Nach dem Eisgang von 1893 war die einzig verbliebene Pappel zunächst auch nicht ganz von der Katastrophe verschont geblieben, konnte schließlich aber trotz eines deutlich erkennbaren Schadens überleben. Später traten dann weitere Schäden auf: eine durch Blitzschlag verursachte Rinne sowie mehrere Faulstellen. Im Jahr 2005 wurde der Baum durch einen Schwelbrand erheblich beschädigt; man hatte vermutlich bei einem Fest im angrenzenden Asbach-Bad noch glühende Kohle im Bereich des Wurzelwerkes entsorgt.

Die aufgetretenen Schäden sowie natürliche Alterungsprozesse erforderten frühzeitig Pflege- und später auch eingehende Baumerhaltungs- und Baumsicherungsmaßnahmen. Neben baumchirurgischer Behandlung erfolgte unter anderem im Jahr 1978 eine Kroneneinkürzung um 30 % sowie die Anbringung von 12 Seilankern zur Sicherung der schweren Kronenteile.

Dennoch: Die mächtige Rüdesheimer Schwarz-Pappel in ihrer majestätischen Schönheit zählt nicht nur nach Meinung der Autoren zu den eindrucksvollsten Sehenswürdigkeiten weit über das Mittelrheintal hinaus.

Textautoren: Hans Jürgen Arndt, Horst Weisgerber, Hann. Münden; Bildautor: Hans Jürgen Arndt

01 Feld-Ulme

auf Schloss Spangenberg

***Ulmus minor*,**
Feld-Ulme

Standort: Spangenberg, auf dem Wall des Schlossbergs, seitlich vor dem Gebäude des ehemaligen Zeughauses (heute Jagd- und Schlossmuseum); Lkr. Schwalm-Eder, Hessen

Alter: ca. 100 Jahre (geschätzt)

Stammumfang: 2,26 m (gemessen 03. 2018 in 1,3 m Stammhöhe)

Höhe: ca. 16 m

GPS-Daten
N 51.119800
O 9.662519

Dieser Baum auf dem Schlossberg in Spangenberg gehört in Deutschland zu den letzten starken Bäumen ihrer Art, und sie hat einen wunderschönen Standort! Laut Champion-Tree-Verzeichnis gibt es deutschlandweit nur etwa ein Dutzend noch stärkere Feld-Ulmen. Grund ist die Holländische Ulmenwelke. Der Verursacherpilz *Ophiostoma ulmi* wurde zu Beginn des vorigen Jahrhunderts aus Asien eingeschleppt und hat, von Holland ausgehend, zusammen mit dem später eingeschleppten, noch aggressiveren *O. novo-ulmi* in zwei Wellen einen Großteil der Berg-, Flatter- und Feld-Ulmen in Europa vernichtet. Unterstützung bekommt der Erreger dabei von mehreren Splintkäferarten, die ihn sehr effektiv von kranken auf gesunde Bäume übertragen. Aufgrund ihrer frühen und starken Vermehrung ist die Feld-Ulme als Baumart zwar trotz der Krankheit nicht in ihrem Bestand gefährdet, aber starke, ältere und von der Krankheit verschonte Bäume sind äußerst selten und umso schützenswerter.

Mit nur selten mehr als 20 m Höhe ist die Feld-Ulme die kleinste der drei heimischen Ulmen-Arten. Wie die Flatter-Ulme ist sie in Mittel- und Südeuropa eher eine fluss- und bachbegleitende Baumart, aber weiter ostwärts gedeiht sie durchaus auf sehr sommertrockenen Böden. Dabei ist sie lichtbedürftig, recht schnellwüchsig und bildet aufgrund ihrer zahlreichen Wurzelbrut oft auch kleinere Bestände. Auch die Ulme auf Schloss Spangenberg hat viel Wurzelbrut in ihrem Umfeld. Wie die anderen heimischen Ulmen blüht die Feld-Ulme vor Laubausbruch, und die Samenproduktion ist im späten Frühjahr bereits abgeschlossen. Dadurch sehen stark fruktifizierende Bäume im Frühsommer, bevor sich das Laub stark entwickelt hat, gelblich-bräunlich und damit für Laien „krank“ aus, wie im Bild unten zu sehen. Im Laufe des Sommers jedoch ergrünt die Krone vollständig, und so ist es auch bei dieser Ulme. Man merkt ihr allerdings seit mehr als 10 Jahren leider an, dass sie nicht frei vom Erregerpilz der Ulmenwelke ist, denn in der oberen Krone entstehen immer wieder einzelne tote Triebe. Dennoch widersteht sie, seit 2008 auch durch die Unterstützung einer auf biologischen Mechanismen beruhenden, vorbeugenden Impfung, bislang erfolgreich der Krankheit.

Das nach dem Zweiten Weltkrieg wieder aufgebaute Schloss Spangenberg, heute ein Hotelbetrieb, war zunächst eine Burg- und Festungsanlage, später Jagdschloss und dann ab 1763 für gut hundert Jahre ein Kurhessisches Staatsgefängnis. Ab 1907 fungierten die Gebäude als preußische Forstschule, in der bis 1939 mehr als 1000 junge Forstbeamte ausgebildet wurden. Das Gründungsjahr der Forstschule oder die Feier zum 30-jährigen Bestehen der Forstschule bieten sich also als Pflanzjahr der Ulme an. Die Dimensionen des Baumes und der schwierige Standort auf einem von Gängen durchzogenen Berg sprechen aus meiner Sicht eher für eine Pflanzung im Jahr 1907/1908. Anbohren, um das mit einer Bohrkernanalyse herauszufinden, sollte man den Baum aber nicht; brauchen wir diesen Erkenntnisgewinn?

Text- und Bildautor:
Rolf Kehr, Göttingen

02 Betteleiche
im Nationalpark Hainich

***Quercus robur*, Stiel-Eiche**

Standort: Am Rennsteig, Mülverstedt; Gemeinde Unstrut-Hainich, Unstrut-Hainich-Kreis, Thüringen

Alter: 350 bis 800 Jahre (verschiedene Schätzungen)

Stammumfang: 5,75 m (gemessen 05.2018 in 1,3 m Stammhöhe)

Höhe: etwa 14 m (geschätzt)

GPS-Daten

N 51.085999
O 10.403621

Wandert man im Nationalpark Hainich den Rennsteig entlang, so stößt man auf einen Baum, der aus vielen Gründen zum Verweilen und Nachdenken anregt. Da ich mich seit meiner Kindheit mit Bäumen und Wäldern beschäftige, lädt ein Baum, durch den mitten hindurch ein Weg in den Wald hinein (oder aus dem Wald hinaus?) führt, zu vielen Gedanken ein.

Allerdings war es nach einer Legende ursprünglich gar kein Weg, sondern ein Bettelstock, den Mönche eines nahegelegenen und heute längst verschwundenen Klosters wohl im 15. Jahrhundert in den Baum geschlagen haben sollen. Dann müsste der Baum deutlich über 600 Jahre alt sein.

Die verwitterten knorrigen Strukturen laden zum Rätselraten ein: warum ist das Holz hier wohl gerade so gewachsen?

Fast ein Vierteljahrhundert wissenschaftliche Arbeit in der Baumpflege haben bei mir Spuren hinterlassen, so wie die Besucher am und um den Baum. So kann ich nicht anders, als mich zu fragen, wie lange dieser Baum unser Interesse und die daraus ganz offensichtlich folgende Verdichtung des Bodens noch überstehen wird. Wie ältere Bilder zeigen, war die Fläche unter dem Baum noch vor wenigen Jahren dicht bewachsen, heute ist sie wegen der vielen Besucher kahl (Bild unten). Wird der Boden durch Fahrzeuge oder Tritt derart verdichtet, dann können die Wurzeln der Bäume weder an Sauerstoff noch an Wasser gelangen und drohen an Kohlendioxid zu ersticken – ein häufiges Problem besonders in Städten.

Text- und Bildautor: Steffen Rust, Göttingen

03 Kandelaberstrobe

am Schlosspark in Behringen

***Pinus strobus*, Weymouth-Kiefer, Ostamerikanische Strobe**

Standort: zwischen Hauptstraße (B 84) und Sportplatz im ehem. Schlosspark in Behringen, Ortsteil der Gemeinde Hörselberg-Hainich; Wartburgkreis, Thüringen

Alter: ca. 250 Jahre (gepflanzt 2. Hälfte 18. Jh.)

Stammumfang: 4,68 m (gemessen 05.2018 in 0,7 m Stammhöhe)

Höhe: ca. 25 m (geschätzt)

GPS-Daten

N 51.122638
O 10.3058504

Die Weymouth-Kiefer, eine Strobe aus dem östlichen Nordamerika, ist normalerweise durch auffällig gerade, ebenmäßige Stämme, eine recht symmetrische kegelförmige Krone und waagerecht abstehende Äste charakterisiert. Von diesem Idealbild der Art weicht der Baum in Behringen, eine der Sehenswürdigkeiten des Ortes und seit 1939 Naturdenkmal (Nr. 21 der Naturdenkmale des Wartburgkreises), völlig ab.

Die Weymouth-Kiefer von Behringen ist in mehrfacher Hinsicht höchst ungewöhnlich, sowohl durch die eigenwillige Wuchsform als auch wegen deren Abwandlung durch den Menschen. Nach Verlust des Terminaltriebes richteten sich an der Jungpflanze ursprünglich mehr als 50 Seitentriebe auf. Nachdem über 30 Äste zu Teilstämmen erstarkten, löste sich der Hauptstamm auf. Die Stämmlinge recken sich, in 1–4 m Höhe vom Hauptstamm abgehend, bogenförmig oder in spitzem Winkel fast gerade oder gewunden bis verschlungen gen Himmel. Der vielstrahlige Kandelaber wurde aber in den 1990er Jahren mehrfach durch Kappung stark reduziert, wovon 20 Schnittstellen zeugen. Heute ragen nur noch 12 Stämmlinge nach oben, jeder im oberen Teil eine eigene kleine Krone bildend. Die Maßnahmen sollten durch Entlastung der Gesamtkrone der Verkehrssicherung dienen, denn an der Stammbasis ist der Hauptstamm durch Braunfäule teilweise bereits ausgehöhlt (Gemeinde Hörselberg-Hainich 2019).

Trotz dieser Eingriffe sowie dem Zünden von Feuerwerkskörpern in der Stammhöhle 1996 durch Kinder ist die „Kandelaber-Strobe“ immer noch eine eindrucksvolle Baumgestalt, die ihresgleichen sucht und, so lange es verantwortbar ist, unbedingt erhalten werden sollte. Von einer geplanten Fällung des Baumes, mit der sich der Gemeinderat befasste, und gegen die sich Proteste der Bevölkerung richteten, blieb das Wahrzeichen von Behringen verschont. Die Gemeinde hat sogar 2006 wieder eine Bank um den Stamm, wie sie bis 1970 vorhanden war, aufgestellt. In einem Kurzgeschichtenbuch „Rund um den Geschichtenbaum“ spielt die Behringer Weymouth-Kiefer die Hauptrolle (M. Baum 2019).

Interessant erscheint, dass sich in dem nicht weit entfernten Gotha im Schlosspark ebenfalls eine alte ungewöhnliche Weymouth-Kiefer mit ausladend geschwungenen Starkästen steht, die teils weit unten am Hauptstamm ansetzen, im Volksmund als Lyrakiefer bezeichnet. Von diesem Baum ist bekannt, dass er von J. Haverfield, einem der ersten Gestalter des Schlossparks Gotha, aus England geholt und wohl in der Zeit von 1775–77 gepflanzt wurde (Wenzel 2005). Er stammt aus dem berühmten, im 17. Jahrhundert begründeten und im 18. Jahrhundert durch die Prinzessin Augusta von Sachsen-Gotha-Altenburg (Witwe des Prinzen von Wales) erweiterten Kew Garden bei London, der ab 1759 als Botanischer Garten dient. Bedenkt man, dass der Behringer Schlosspark von E. W. von Wangenheim, der 1743–92 im Schloss Behringen lebte, begründet wurde, ist nicht auszuschließen, dass die Behringer „Kandelaber-Strobe“ wie die Gothaer „Lyra-Strobe“ ebenfalls aus Kew Garden stammt, zumal beide Bäume als etwa gleichaltrig einzuschätzen sind.

Text- und Bildautor:
Peter A. Schmidt, Coswig bei Dresden

04

Rot-Eiche

im Schlosspark Friedenstein in Gotha

***Quercus rubra*, Rot-Eiche**

Standort: in der südlichen Wiese neben bzw. zwischen dem Fußweg parallel zur Parkstraße und der Abzweigung des Fußweges zum Großen Parkteich im Südpark des Schlossparkes Friedenstein; Gotha, Lkr. Gotha, Thüringen

Alter: 250 Jahre (geschätzt)

Stammumfang: 4,20 m (gemessen 10.2018 in 1,3 m Stammhöhe)

Höhe: 26 m (geschätzt)

GPS-Daten

N 50.940618
O 10.706118

Die mächtige Rot-Eiche beeindruckt jeden Besucher des Schlossparks Friedenstein in Gotha durch ihre enorme Kronenausdehnung von 24 m und ihre Höhe von 26 m. Ihre Pflanzung in Gotha vor etwa 250 Jahren spiegelt sowohl Garten- und Adelsgeschichte wie auch Kolonialgeschichte wider. Rot-Eichen sind keine heimischen Gehölze, sondern stammen aus dem östlichen Nordamerika. Von Neuschottland bis Georgia sind die schnellwüchsigen und frostharten Bäume weit verbreitet. Nach Europa wurden sie zu Beginn des 18. Jahrhunderts eingeführt – als Datum werden sowohl 1691 als auch 1724 genannt. Das Sammeln von exotischen Bäumen und Anlegen von imposanten Parkanlagen wurde damals vom Adel und der höheren Gesellschaft mit Ehrgeiz und Hingabe betrieben. So auch von Augusta von Wales, der Mutter von König Georg III. Ihr gehörten damals die Kew Gardens im Süden von London. Sie erweiterte die gehölzkundliche Sammlung eifrig durch Pflanzen aus den damaligen englischen Kronkolonien. Dabei bediente sie sich der Hilfe des englischen Gartenarchitekten John Haverfield.

Der englische Kronadel hatte Verwandtschaft in Deutschland: Augusta war die Tante von Prinz Ernst II. von Sachsen-Gotha-Altenburg, der spätere Herzog Ernst II. Der adelige Neffe aus Deutschland war bei seinen Besuchen in London wohl nachhaltig von den Parkanlagen seiner Tante beeindruckt, so dass er auch bei sich zu Hause einen landschaftlichen Garten nach englischem Vorbild anlegen wollte. Bei seinen Aufenthalten in London lernte der gehölzbegeisterte Prinz John Haverfield kennen und schätzen, so dass er ihn mit nach Gotha nahm. So entstand mit Hilfe von John Haverfield ab 1769 in Gotha einer der ersten englischen Landschaftsgärten auf dem europäischen Festland. Dabei stützte sich Haverfield auf die Ideen des berühmten Gartenkünstlers Lancelot Capability Browns.

Die Rot-Eiche ließ Prinz Ernst II. wie alle nordamerikanischen Pflanzen von Tante Augusta aus London kommen – und Haverfield wählte ihren jetzigen Standort aus. Dort steht sie nun und erfreut die Besucher, zumindest die nächsten 100 Jahre noch. Rot-Eichen werden nur 300 bis 400 Jahre alt, während unsere heimischen Stiel-Eichen über 600 bis 800 Jahre erreichen können. Im Farbenspiel jedoch übertreffen die Rot-Eichen die heimischen Stiel-Eichen: Sie wirken durch die andersartige Blatt- und Fruchtform und besonders durch die gänzlich unterschiedliche Blattfärbung im Jahresverlauf. Ihre Blätter ändern die Farbe von dunkelgrün, unterseits hellgrün zu einem prachtvollen orangerot bis glühend scharlachrot im Herbst und bilden zu jeder Jahreszeit einen Kontrast zu den sattgrünen, unterseits hellgrün bis gelblich Blättern der Stiel-Eiche mit ihrem gelben bis gelbbraunen Herbstflor. Der Kontrast wird sogar im Winter aufrechterhalten, da die Rot-Eiche im Gegensatz zur Stieleiche ihr Blattwerk nicht bis zum Frühjahr behält.

Text- und Bildautor:
Rainer Gerber, Haßfurt OT Sailershausen

05 Tanzlinde

am Kirchberg in Effelder

***Tilia cordata*,**
Winter-Linde.

Standort: am Kirchberg im Ort Effelder neben dem alten Pfarrhaus; Gemeinde Frankenblick, Lkr. Sonneberg, Thüringen

Alter: 312 Jahre (1707 gepflanzt)

Stammumfang: 3,54 m (gemessen 04. 2019 in 1,3 m Stammhöhe)

Höhe: 20 m (geschätzt)

GPS-Daten
N 50.376801
O 11.077212

Die wohl bekannteste Tanzlinde Thüringens ist eine Winter-Linde mit einem Stammumfang von 3,54 m und einer Höhe von ca. 20 m. Die Tanzfläche von etwa 8 m Durchmesser wird von 18 Eichensäulen, die auf Sandsteinsockeln sitzen, gestützt und befindet sich 2,80 m über dem Erdboden. Hinauf gelangt man über eine bequeme Treppe.

Gepflanzt wurde die Linde 1707 vom damaligen Pfarrer der evangelischen Gemeinde. Die Äste der Linde wurden bereits in jungen Jahren so gezogen und angepflockt, dass sich in etwa 2,80 und in 5,20 m Höhe gleichmäßige Astgabelungen bilden konnten („geleitete Linde"). Äste, die darüber und darunter lagen, wurden in jungen Jahren abgeschnitten, so dass die gewünschten Äste sich so kraftvoll entwickeln konnten, dass sie später die Plattformen tragen. Das Ziehen und Leiten der Äste, bis diese kräftig genug zum Tragen der Plattform waren, dauerte mehrere Jahrzehnte. Bei der Effelder Tanzlinde verstrichen vom Pflanzen der Linde bis zum Einziehen des Tanzbodens nachweislich 44 Jahre (Effelder Kirchweih- und Lindentanzverein e.V. – http://www.lindentanz.de).

Zunächst wurden auf den geleiteten Ästen zwei Etagen errichtet: Die untere für die Tänzer, die obere für die Musikanten. Die zweistufige Ausführung lässt sich noch am gestuften Kronenaufbau erkennen, auch wenn heute nur noch eine Etage besteht und die Musik unter dem Baum gespielt werden muss.

Der erste Kirmestanz fand 1751 statt. Die rege Nutzung für Tanzveranstaltungen aller Art beschreibt eine zeitgenössische Quelle so: „ .... in deren mächtigen Aesten ein Tanzboden gezimmert war und dem jungen Bauervolk zum Ballsaal diente. Auf der Linde hatte einst auch der Pfarrherr, als er seine junge Frau heimführte, mit ihr den Ehrenreigen getanzt; auf der Linde schwangen zur Kirchweih am heiligen Kilianstag sich die Pfarrtöchter mit dem Dorfburschen im Tanz, und eine nach der anderen tanzte, wenn sie Hochzeit hatte, auf den Brettern ihren Brauttanz" (Kühner 1869 nach Zehnsdorf 2010). Die Effelder Bevölkerung führt die Tanztradition bis heute fort, denn in jeder zweiten Juliwoche wird zur Kirchweih im Baum getanzt.

Im Vorfeld des großen Dorffestes zum 280. Geburtstag der Tanzlinde im Jahr 1987 wurde das gesamte Gebälk der Tanzlinde von Grund auf erneuert. Eine komplette Rekonstruktion des Stütz- und Tanzgerüstes wurde nochmals 2001 durchgeführt (Zehnsdorf 2010). Im Jahr 1810 war der Aufbau offensichtlich nicht so stabil, denn damals stürzten mehr als 60 Personen samt Gebälk in die Tiefe. Dabei verlor glücklicherweise niemand das Leben, „aber sieben Personen wurden bedeutend geschädigt und weitere kamen mit blauen Mälern davon" (Heim 1814 nach Zehnsdorf 2010).

Text- und Bildautor:
Rainer Gerber, Haßfurt OT Sailershausen

06 Birnbaum

in der Feldflur am Lerchenberg

***Pyrus communis*, Kultur-Birne**

Standort: auf Acker der Gemarkung Greßtal knapp 1 km NNW von Schwemmelsbach und etwa 0,5 km vom Autobahn-Parkplatz (A7) Lerchenberg; Gemeinde Wasserlosen, Lkr. Schweinfurt, Unterfranken, Bayern

Alter: etwa 180 Jahre (geschätzt)

Stammumfang: 4,81 m (gemessen 04.2018 in 1,3 m Stammhöhe)

Höhe: etwa 18 m (geschätzt)

GPS-Daten

N 50.069063
O 10.024069

Dieser Birnbaum, ein eindrucksvoller, weithin in der Feldflur sichtbarer Altbaum der Kultur-Birne (*Pyrus communis*), steht zwar nahe am Feldrain, aber auf dem Acker, dessen Bewirtschafter ihm jedoch ausreichend Raum ließen, so dass er erhalten blieb und sich sogar prächtig entfalten konnte. Der Baum steht seit 1989 als Naturdenkmal unter Schutz, gelistet als „Birnbaum am Lerchenberg“ (678-N/79) bei der Unteren Naturschutzbehörde des Landkreises Schweinfurt. In der Literatur (z.B. Ullrich et al. 2012) oder im Internet (z.B. www.baumkunde.de) oft als „Birne bei Schwemmelsbach“ bezeichnet, steht der Baum auf der Gemarkung Greßthal (Gemeinde Wasserlosen 2019), wenn auch Schwemmelsbach näher liegt.

Quellen zur Historie konnten nicht ausfindig gemacht werden. Man könnte an einen „Wildling“, einen Abkömmling eines Obstbaumes, der sich spontan ansiedelte, denken. Relikt einer Streuobstwiese wird der Baum kaum sein, da diese meist siedlungsnah angelegt wurden. Da der Birnbaum fast direkt an der Gemarkungsgrenze steht und ihn heute noch die „Siebener von Schwemmelsbach und Wasserlosen“ bei ihren Grenzgängen aufsuchen (Mainpost 2011, 2012, 2017), bietet sich eine andere Erklärung an: die Pflanzung als Grenzbaum. In Franken erhielt sich die Tradition der Feldgeschworenen, hier Siebener (früher meist 7 Personen) genannt. Sie setzten Grenzsteine und pflanzten Grenzbäume, hielten Ordnung in der Flur. Auch heute noch unterstützen sie ehrenamtlich Vermessungsarbeiten und Grenzregelungen.

Als wir den Birnbaum aufsuchten, konnte gleich der erste Einwohner von Schwemmelsbach, den wir nach dem Weg fragten, Auskunft geben. Leider war der Baum bereits fast verblüht. Welche Pracht in voller Blüte er bietet, zeigen Bilder von R. Lippert (www.monumentale-eichen.de). Nicht weniger beeindruckend ist der allseits freistehende Baum im Herbstschmuck, wenn die Blätter sich orange- bis purpurrot färben.

Der Standort, ein nährstoffreicher Ackerboden, hat sicher das Wachstum des Baumes begünstigt, wodurch Stammstärke und Baumhöhe größere Dimensionen als üblich erreichen und eine Altersansprache erschwert wird. Meist erreicht die Kultur-Birne nur ein Alter bis 100, höchstens 150 Jahre und wird nur 10 m, selten 15–20 m hoch. Der Birnbaum am Lerchenberg ist in den Bereich der Höchstwerte gewachsen. Er gehört in Deutschland zu den Birnen mit dem stärksten Stamm, denn Kultur-Birne wie auch die einheimische Wild-Birne (*Pyrus pyraster*), eine der Ursprungssippen, erreichen nur selten einen Stammumfang von über 4 m. Der Stamm ist etwas spannrückig und weist Längsfurchen und Maserknollen auf. In etwa 3 m Höhe löst er sich in drei Teilstämme auf. Die ± kugelige Krone ist aber regelmäßig und trotz des Alters und allseitiger Exposition gegenüber Wind und Wetter recht kompakt.

Text- und Bildautor: Peter A. Schmidt, Zeichnung: Elvi Schmidt, Coswig

P1

Schwarz-Kiefer

im Pogwischgarten Weimar

***Pinus nigra*, Österreichische Schwarz-Kiefer**

Standort: Straße Am Horn (gegenüber Nr. 23), nahe dem Goethe-Gartenhaus im Park an der Ilm; Weimar, Lkr. Weimar, Thüringen

Alter: 250 Jahre (geschätzt)

Stammumfang: 4,10 m (gemessen 11.2018 in 1,3 m Stammhöhe)

Höhe: 17 m (geschätzt)

GPS-Daten

N 50.976753
O 11.337385

Wer auf Goethes Spuren wandelnd den Ilmpark in Weimar besucht und um Goethes Vorliebe für Italien weiß, mag beim ersten Anschein die abgeflachte schirmartige Kiefer für eine Pinie (*Pinus pinea*) halten und sich wundern, wie sie im winterkalten Thüringen so gut gedeihen kann. Bei näherer Betrachtung stellt sich der Baum mit seinen vielen ausladenden und bogenförmig aufgerichteten Starkästen jedoch schnell als Schwarz-Kiefer (*Pinus nigra*) heraus. Diese frostharte Schwesterart der Pinie kommt in Niederösterreich und Westungarn, auf dem Balkan, in Griechenland und in Teilen Italiens (Umbrien bis Abruzzen) vor.

In der Regel sind Schwarz-Kiefern sehr hoch aufragend (bis 50 m) und bilden anfangs breit ei- oder kegelförmige, später auch oben abgeflachte, ausladende und aufgelockerte Kronen aus. Sie sind sehr langlebig; die Lebenserwartung liegt zwischen 400 und 600 Jahren. Die eiförmigen Zapfen sind 4–8 (–12) cm lang und 2–4 cm breit mit gekielten Schuppen und meist bedorntem Nabel. Die Pinie bildet dagegen 8–15 cm lange und 8–10 cm breite, also annähend kugelförmige Zapfen mit 5–6 eckigen bis rhombischen Schuppen mit stumpfem Nabel.

Den gedrungenen schirmartigen Wuchs der 17 m hohen und 22 m ausladenden Schwarz-Kiefer, der stark an die Pinien Italiens erinnert, verdankt dieser Baum dem Verlust der Kronenspitze in seiner Jugendzeit. Verliert ein Baum seinen Leittrieb (z.B. durch Kappung, Schneebruch oder sonstige Schädigung), kommt es zu einer Änderung des Hormonhaushaltes des Baumes. Die sog. Apikalkontrolle, d.h. die bevorzugte Wuchsrichtung nach oben und die Unterdrückung der Seitenäste ist gestört, weshalb sich zum Ausgleich die unteren Äste bogenförmig aufrichten und eine neue Krone aufbauen.

Goethe als Italien-Liebhaber hatte sicher seine Freude an der Gestalt des Baumes, wenngleich die ca. 250 Jahre alte Schwarzkiefer zu Zeiten seiner Aufenthalte im Gartenhaus im Park an der Ilm von 1776 bis 1832 noch nicht ihre derzeitige imposante Größe erreicht hatte. Mutmaßung bleibt, ob Goethe, der die Gestaltung des Ilmparkes maßgeblich beeinflusst hat, vielleicht selbst den Schnitt des Leittriebes veranlasst hat, um möglichst viel italienisches Flair nach Weimar zu bringen. Johann Wolfgang Goethe schuf zusammen mit Herzog Carl August mit dem 48 ha großen Landschaftspark ein begehbares Kunstwerk mit abwechslungsreichen Landschaftsbildern, Parkarchitekturen und Sitzgelegenheiten, das bis heute der Erholung, der Bildung und dem ästhetischen Naturgenuss dient.

Text- und Bildautor:
Rainer Gerber, Haßfurt OT Sailershausen

P2

Grabeiche

in Nöbdenitz

***Quercus robur*,**
Stiel-Eiche

Standort: im südlichen Teil des Dorfs an der K 504, schräg gegenüber der Kirche; Nöbdenitz Lkr. Altenburger Land, Thüringen

Alter: 700 bis 800 Jahre (geschätzt)

Stammumfang: 10,33 m (gemessen 08.2011 in 1,30 m Stammhöhe)

Höhe: 14 m (geschätzt)

GPS-Daten

N 50.873702
O 12.281456

Die Nöbdenitzer Eiche gehört zu den vielen „tausendjährigen“ Eichen in Deutschland. Immerhin gibt es ein Kirchenbuch aus dem Jahr 1598, in dem es zu diesem markanten Baum heißt, er stamme aus heidnischer Zeit. Er war damals bereits hohl, muss also schon ein recht hohes Alter gehabt haben. 700 bis 800 Jahre dürften eine realistische Schätzung sein.

Einmalig ist die Nöbdenitzer Eiche aus einem anderen Grund: Sie enthält tatsächlich ein Grab.

Hans Wilhelm von Thümmel (1744 bis 1824) war zunächst Page am Hof des Herzogs von Sachsen-Gotha-Altenburg. Er stieg schnell auf, wurde einer der leitenden Steuerbeamten des Herzogtums, kümmerte sich um den Bau von Landstraßen und gründete eine Bank. Auch die Errichtung von Armenhäusern und eines Krankenhauses ist auf ihn zurückzuführen.

Zum Grab in der Eiche gibt es zwei Geschichten. Geheimrat von Thümmel war ein Mensch der Romantik. Ihn muss der Gedanke verlockt haben, im Wurzelwerk eines Baumes bestattet zu sein und so in den ewigen Kreislauf der Natur eingebettet zu werden. Ein tröstlicher Gedanke, auf diese Weise eine Art von Unsterblichkeit zu erlangen. Die andere Geschichte ist weniger romantisch: Verheiratet war von Thümmel mit Charlotte von Rothkirch-Trach (1756 bis 1839). Sie hatte ein Vermögen in die Ehe mitgebracht, ihr Mann gab es für Parks und Gärten aus. Das führte zu einem Ehekrach, in dessen Verlauf sie ihm an den Kopf warf, er habe noch nicht einmal so viel Geld, dass er sich eine Grabstätte kaufen könne. Also kaufte er die Eiche. Und wurde tatsächlich im Jahr 1824 zwischen ihren Wurzeln beigesetzt.

Der Wahrheitsgehalt dieser Überlieferungen könnte als zweifelhaft angesehen werden. Aber es gab einen Dorflehrer namens Bräunlich, dem das Grab keine Ruhe ließ. In Begleitung einiger Schüler drang er im April 1959 zum Grab vor. Sie fanden eine Schicht aus Löschkalk, die steinernen Abdeckplatten und schließlich die Grabkammer selbst. Darin lag das Skelett des Geheimrats ausgestreckt auf einem Moosbett. Und so liegt es dort noch heute.

Die Nöbdenitzer Eiche befindet sich schon lange in der Zerfallsphase. Pech für sie, dass die Dorfstraße, gleichzeitig die Kreisstraße 504, unmittelbar am Baum entlang führt. Wenig überraschend kam ein Baumgutachten im April 2014 zu dem Schluss, der Baum müsse aus Gründen der Verkehrssicherheit gefällt werden. Die Bürgerinnen und Bürger waren entsetzt. Sie gründeten ein Aktionsbündnis zur Erhaltung der Eiche und hatten Erfolg. Noch im gleichen Jahr gab es ein zweites Gutachten, das den Baum faktisch rettete. Mit Hilfe verschiedener Maßnahmen der Kronensicherung, dem Bau eines Zauns und durch eine Besucherlenkung wurden dem Baum ein paar weitere Jahrzehnte Leben geschenkt. Die Menschen in Nöbdenitz sind zu Recht stolz auf ihren Erfolg.

Das alles ist auf einer Webseite der Gemeinde dargestellt: https://1000jaehrigeeiche.de.

Aber ist die Stiel-Eiche tatsächlich die älteste ihrer Art, wie das Guinness Book of Records behauptet? Unwahrscheinlich. Aus Spanien, Litauen, Bulgarien und Norwegen sind Bäume bekannt, die teilweise deutlich älter als 1000 Jahre sind. Die berühmten Ivenacker Eichen in Mecklenburg-Vorpommern haben etwa das gleiche Alter wie der Baum in Nöbdenitz.

Text- und Bildautor:
Gordon Mackenthun, Leipzig

P3

Schneeglöckchenbaum

im Forstbotanischen Garten Tharandt

Halesia carolina,
Carolina-Schneeglöckchenbaum

Standort: Haupteingang zum Forstbotanischen Garten von der Heinrich-Cotta-Straße (30 m hinter diesem: vom Pressler-Platz etwa 100 m links am Goebelweg gegenüber Judeich-Büste); Forststadt Tharandt, Lkr. Sächsische Schweiz-Osterzgebirge, Sachsen

Alter: 177 Jahre (Pflanzjahr 1843)

Stammumfang: 1,85 m (gemessen 08.2019 in 1,3 m Stammhöhe)

Höhe: 8–10 m (geschätzt), Kronenbreite 13 m

GPS-Daten
N 50.983283
O 13.578692

Dieser Schneeglöckchenbaum ist etwas ganz Besonderes: nicht nur die Baumart an sich, sondern auch speziell dieses Exemplar. Denn er ist das dickste seiner Art in Deutschland (der „Champion Tree", www.championtrees.de) und fast vollständig hohl, mit einer Restwandstärke von etwa 5–10 % (Anteil des intakten Holzmantels am Stammquerschnitt). Nach einer heute nicht mehr gültigen 30 %-Regel als Mindestanforderung der Bruchsicherheit von Bäumen müsste er längst abgesägt worden sein – aufgrund seines kurzen Stammes und seiner geringen Höhe schätzen wir ihn aber schon lange als sicher ein.

Dieser Baum wirft zudem die Frage auf, ob er bzw. die Baumart nicht eigentlich „nur" eine Strauchart ist. Als Baum gilt, welches Gehölz einen 1–2 m astfreien Stamm entwickelt. Dies ist hier gegeben, aber viele Exemplare dieser Art wachsen strauchförmig ohne einen solchen deutlichen Stamm, so dass es ein Grenzfall ist. Seinen Namen hat er wegen seiner spektakulären Blüten erhalten, die wie 2–3 cm große Schneeglöckchen aussehen und im Mai blühen. Dann ist bei diesem Baum die gesamte mehr als 10 m breite Krone über und über von „Schneeglöckchen" weiß, nach wenigen Tagen fallen sie ab und liegen längere Zeit auf dem Boden darunter. Dann traut man sich kaum, auf dem Weg weiterzugehen, weil es so schön, einmalig und vergänglich aussieht.

Der Baum ist ein, wenn nicht das Highlight des Forstbotanischen Gartens, welcher Sächsisches Landesarboretum ist, 1811 gegründet wurde und heute zur TU Dresden gehört.

Mit etwa 3.000 Gehölzarten, 35 ha Fläche und einem Alter von über 200 Jahren ist dieses Arboretum eines der ältesten und größten Europas und spielt in der Weltliga solcher wissenschaftlicher Gehölzsammlungen ganz vorne mit. Als Baumliebhaber'in sollten Sie sich dafür einen Tag Auszeit gönnen: es gibt über 20 km Wanderwege durch den Garten, über „Berg und Tal" zu den Rocky Mountains (ein idealer Ort für ein Picknick mit grandioser Aussicht in die Tharandter Canyons) und Appalachen, vorbei an den Großen Seen im Nordamerika-Teil, über eine 120 m lange und 13 m hohe, von TU-Architekturstudenten entworfene Holzbrücke. Hier können Sie im Oktober auf großer Fläche echten Indian Summer mit nordamerikanischen Baumarten erleben!

Auch der Schneeglöckchenbaum stammt aus Nordamerika. Seine Blüte um den 15. Mai herum ist ein Geheimtipp und dann den nächsten Besuch wert. In der Forststadt kann man anschließend rustikal essen oder Kaffee trinken oder auf dem Campus zwischen Studierenden und Professor'innen flanieren, die sich immer mehrmals täglich auch außerhalb der Vorlesungen oder Prüfungen begegnen.

Text- und Bildautor:
Andreas Roloff, Tharandt

P4

Sumpfzypresse

am Binsenteich in Greiz

***Taxodium distichum*, Zweizeilige Sumpfzypresse**

Standort: am östlichen Seerandweg (nach etwa 400 m aus der Stadt kommend) zwischen Weg und Ufer, kurz vor der ufernahen Insel mit Fachwerkhaus; Stadt und Landkreis Greiz, Thüringen

Alter: 145 Jahre

Stammumfang: 4,75 m (gemessen 08.2018 in 1,3 m Stammhöhe)

Höhe: 28 m (geschätzt)

GPS-Daten

N 50.665367
O 12.195387

Die Sumpfzypresse am Binsenteich in Greiz ist ein Hingucker, da sie besonders schöne Wurzelknie in der Wiese ausgebildet hat und durch die unmittelbare Nähe zum See das Ambiente ähnlich wie in Florida/USA ist, wo sie herstammt. Diese Wurzelausstülpungen über der Erdoberfläche werden auch als Atemknie bezeichnet, allerdings ist nicht sicher, ob sie tatsächlich zur Luftversorgung der Wurzeln auf nassen Standorten beitragen. Die Sumpfzypresse ist der Charakterbaum der *Swamps* (Everglades-Flachwassergebiete im Südosten der USA). Diese Nassflächen sind über lange Zeit des Jahres überflutet, was für fast alle Baumarten ein Problem darstellt, da die Sauerstoffversorgung der Wurzeln behindert wird. Von unserer Schwarz-Erle und Silber-Weide ist bekannt, dass sie dieses Problem über Rindenporen und Luftkanäle im Holz lösen. Oft entwickeln die Bäume auch Brettwurzeln am Stammfuß.

Bei Überflutung am Naturstandort schauen dann bei der Sumpfzypresse nur noch die Spitzen der Atemknie aus dem Wasser, was ebenso kurios aussieht wie bei dem Baum in Greiz auf der Wiese. Hier sind es immerhin etwa 50 Atemknie – lästig beim Wiesemähen. Der Standort des zum See geneigten Baumes ist sehr malerisch, vor allem mit der Insel und dem Fachwerkhaus im Hintergrund. Der Rundweg um den See ist bei vielen Greizern sehr beliebt für das tägliche Walking zur Erholung und sportlichen Betätigung. Einige Läufer sind mir beim letzten Besuch des Baumes 5-mal begegnet, da sie mehrmals um den See gelaufen sind.

Dieser Baum ist noch aus Zeiten der sog. Baumchirurgie (1970–1990) etwa 2 m hoch mit Beton ausgegossen: damals hat man hohle Baumstämme so behandelt in dem guten Glauben, dass auf diese Weise eine Fäule verhindert werden kann. Danach hat sich jedoch herausgestellt, dass man diese dadurch sogar eher fördert, da zwischen Holz und Beton ideale Feuchtigkeitsbedingungen für Pilze herrschen. Nun kann man den Beton aber auch nicht wieder einfach entfernen, da sich der Baum auf den Beton als Stütze inzwischen angepasst hat und beim Entfernen weitere Verletzungen des Stammes zu erwarten wären.

Die Sumpfzypresse ist unter den Nadelbäumen etwas Besonderes, da sie als eine von wenigen sommergrün ist (wie unsere Lärchen) und im Herbst ihre Nadeln rötlich verfärbt und abwirft. Diese sitzen an Kurztrieben, die dann ebenfalls mit den Nadeln abfallen. So steht der Baum im Winter kahl da und sieht dann mit seiner spitzen Krone sehr exotisch aus.

Der Park ist einer der besonders schönen, die ich kenne – durch den See, die großen Wiesenflächen und den alten, wertvollen, artenreichen Baumbestand. Viele Bäume sind sehr gut beschildert mit Artnamen und weiteren Angaben. Um den Park fließt die Weiße Elster, ein Flüsschen das ab und zu sehr gefährliche Hochwasser entwickeln kann, zuletzt 2013. Auch die Stadt ist sehens- und liebenswert, da überschaubar mit vielen alten restaurierten Häusern und Geschäften, netten Cafés in der Fußgängerzone und dem Schlossberg nah bei.

Text- und Bildautor:
Andreas Roloff, Tharandt

P5

Lärche

in Seiffen/Erzgebirge

***Larix decidua*, Europäische Lärche**

Standort: im Kurort Seiffen/ Erzgebirge an der Hauptstraße, kurz vor dem Spielzeugmuseum, gegenüber Haus Nr. 75; 650 m ü. NN; Erzgebirgskreis, Sachsen

Alter: 220 Jahre (geschätzt)

Stammumfang: 2,40 m (gemessen 12.2018 in 1,30 m Höhe)

Höhe: 17 m (geschätzt), Kronenbreite 15 m

GPS-Daten

N 50.648250
O 13.448917

Diese Lärche ist zwar kein besonders dicker Baum, aber ein besonders schöner in beeindruckendem Ambiente, mit sehr starker Wirkung. Er steht an der Hauptstraße des Kurortes Seiffen, der Inbegriff der Erzgebirgischen Volkskunst ist: dort arbeiten besonders viele Drechsler und andere Holzkünstler sowie Spielzeugmacher und stellen die bekannten Erzgebirgs-Engel, -Pyramiden und -Räuchermänner u.ä. her. Rundherum um den Baum – fast die gesamte Hauptstraße rauf und runter – befinden sich daher unzählige interessante Werkstätten und Geschäfte, Cafés und Gaststätten und zur Adventszeit Buden des Weihnachtsmarktes.

Zudem ist der Ort aufgrund seiner Höhenlage von 650 m ü. NN relativ schnee- oder zumindest frostsicher, so dass man dort in richtige Weihnachtsstimmung kommen kann. Allerdings wird es an Wochenenden und Feiertagen vor Weihnachten dann ab mittags sehr voll mit kauflustigen Touristen aus nah und fern, aus Lautsprechern dudeln mehr oder minder stilvolle Lieder über die Straße, und in den Geschäften wird man zeitweise geschoben. Aber für den Ort und die Handwerker ist es natürlich erfreulich, dass die Holzkunst trotz ihrer stattlichen, aber angemessenen Preise so begehrt ist. Und wer einmal angefangen hat, Engel oder Räuchermänner und -frauen zu sammeln, kommt davon schwer wieder los – man möchte dann jedes Jahr im Advent eine neue Figur erwerben. Vorsicht, das kann zur Sucht werden!

Diese Lärche bezeichne ich in der Vorlesung als Feng Shui-Baum, da er einen einmalig schönen „Schwung" im Stamm hat, dazu im November die goldgelbe Herbstfärbung oder später der Schnee auf den Zweigen mit tausenden Zapfen, die Hauptäste fast waagerecht stehend oder etwas hängend, mit filigran herabhängenden Feinzweigen daran.

Am Habitus der Lärche fällt zunächst der (wie bei den meisten Nadelbaumarten) bis in den Wipfel durchgehende Stamm auf, dessen Spitze im Alter dann aber oft markant in die Waagerechte umbiegt. Dies kann auch schon früher im Leben auftreten, wenn die Wurzeln auf Probleme stoßen, z.B. auf Felsen oder auf andere Weise ungünstige Bodenverhältnisse. Als Kandelaberlärchen werden mehrwipfelige Lärchen bezeichnet, die wie Kerzenleuchter aussehen, wenn nach mehrfachem Wipfelbruch (z.B. im Hochgebirge infolge Schnee- und Eislasten) mehrere Seitenäste zu Wipfeltrieben werden.

Durch das Abwerfen der Nadeln im Herbst sehen Lärchen im Winter einmalig aus: die Kronen voller kleiner Zapfen, wobei sie viel Licht durch die Krone durchlassen, und dies auch im Sommer. Das macht sie als Gartenbaum so beliebt, neben ihrem frühen Austrieb und der phantastischen goldgelben und späten Herbstfärbung, die oft erst im November erfolgt (im Gebirge früher).

Die Lärche ist ein Baum der Mittel- und Hochgebirge, tritt aber auch im Hügelland auf und kann ebenso problemlos im Flachland gepflanzt werden. In den höheren Lagen der Alpen wird sie teilweise zur dominierenden Baumart und bildet dort auch Reinbestände, die dann die Landschaft prägen. Das sieht besonders im Herbst mit ihrer gelben Nadelfärbung traumhaft vor der Kulisse von hohen Felswänden aus. Sie kommt bis in Höhenlagen von über 2.500 m vor, kann dort die Waldgrenze bilden und wichtige Lawinenschutzfunktion übernehmen. Kaum eine andere einheimische Baumart ist so frosthart: bis –40°C.

Die dicksten und vermutlich auch ältesten Exemplare der Europäischen Lärche Europas wachsen im Südwesten der Schweiz in etwa 2.000 m Höhe (im Wallis bei Nendaz, einem Skiort nahe Sion im Rhonetal), mit sagenhaften Stammumfängen von über 9 m und über 1000 Lebensjahren.

Text- und Bildautor:
Andreas Roloff, Tharandt

Erzgeb.
30
Spielzeug-
museum
Gebäck
Getränke

Q1

Stiel-Eiche

im Schlosspark Graupa

***Quercus robur*, Stiel-Eiche**

Standort: Schlosspark Graupa, 25 m südöstlich des ehemaligen Jagdschlosses auf der Festwiese; Pirna (Ortsteil Graupa), Lkr. Sächsische Schweiz-Osterzgebirge, Sachsen

Alter: 400 Jahre (geschätzt)

Stammumfang: 7,20 m (gemessen 2018 in 1,3 m Stammhöhe)

Höhe: 26,5 m

GPS-Daten

50.999057
13.922630

Die „Schöne Eiche“ von Graupa ist eine gewaltige Parkeiche mit weit ausladender Krone und hat das Prädikat „schönste Eiche von Sachsen“ durchaus verdient. Das heutige Naturdenkmal konnte sich durch den freien Stand auf der Festwiese neben dem alten Jagdschloss zu einem wundervollen Baum entwickeln. Diese Stiel-Eiche *(Quercus robur)* besticht durch einen eindrucksvollen walzenförmigen Stamm mit sehr schöner Borkenstruktur und durch eine harmonisch aufgebaute Krone. Bemerkenswert ist zudem die Schleppenbildung einiger Äste, d.h. untere, weit ausladende Äste senkten sich bis zum Boden und konnten sich dort z.T. bewurzeln. Diese sog. „Absenkerbewurzelung“ ist nur möglich, wenn die unteren Äste nicht durch zu dichten Stand oder Beweidung beeinträchtigt werden und der Oberboden feucht genug ist bzw. eine vorhandene Laub- oder Moosschicht den Vorgang begünstigt. Während dieses Phänomen im maritimen Klima Englands sehr oft anzutreffen ist, sieht man es im kontinentaleren Sachsen äußerst selten.

Die Eiche steht im ehemaligen Schlosspark. Das Jagdschloss ist Ursprung und Zentrum von Graupa. Das erstmals 1547 erwähnte Rittergut wurde 1579 von Christoph v. Loss erworben und 1602 mit einem Wildgehege ergänzt. In dieser Zeit keimte wahrscheinlich auch die Eiche. 1755 geht das Gut in kurfürstlichen Besitz über, und es wird das barocke Jagdschloss gebaut. Die höfische Pracht, die von der Raupenburg – wie das Jagdschloss Graupa auch genannt wurde – ausging, lässt sich heute nur erahnen. Von hier beherrschte man das große Waldgebiet der Graupaer Heide, das auch als Pillnitzer Tännicht bezeichnet wurde. In den ausgedehnten, abwechslungsreichen Wäldern wurde gejagt und in dem prächtigen Schloss und dem mit Eichen reich besetzten Park gefeiert, bis das Schloss 1831 Amtssitz des königlichen Forstmeisters wurde. Heute ist es das Gemeindeamt. Vom Jagdschloss mit dem kleinen Schlossteich hat man eine traumhafte Fernsicht in die Sächsischen Schweiz im Osten, ins Osterzgebirge im Süden, auf Dresdens Vororte und den Borsberg im Westen.

Graupa ist eng mit dem Komponisten Richard Wagner verbunden. Im Jagdschloss befindet sich eine Wagner-Dauerausstellung, und im Park gibt ein Richard-Wagner-Kulturpfad Auskunft zu den Lebensstationen Wagners. Nicht weit vom Schloss entfernt, in der Richard-Wagner-Straße, steht das Lohengrin-Haus, eine Wagner-Gedenkstätte. Hierher hatte er sich im Sommer 1846 für einige Wochen zurückgezogen, um seine Oper Lohengrin zu komponieren. Offenbar fand Wagner hier alles, was er benötigte, um innerlich zur Ruhe zu kommen, zu entspannen und um sich für sein musikalisches Schaffen inspirieren zu lassen in so wunderbarer Einheit, dass er begeisterte Briefe an Freunde schrieb und den gesamten Kompositionsentwurf der Oper Lohengrin in einer Art Schaffensrausch in kurzer Zeit niederschrieb. Die nötige Ruhe oder den mentalen Ausgleich für seine Arbeit fand Wagner vielleicht auch unter der damals schon alten Eiche auf der Festwiese.

Der Baum befindet sich altersphysiologisch in der sog. Stagnationsphase (Altersstufe 300 bis 600 Jahre). Wachstum und Regeneration sind bereits eingeschränkt. Bei schonendem Umgang bleiben noch ca. 150 Jahre bis zur Verfallsphase, die weitere 300 Jahre dauern kann. Vor einigen Jahren gab es einen kleinen baumpflegerischen Eingriff, bei dem im oberen Kronenbereich etwas Totholz entnommen wurde. Ansonsten macht der Baum einen vitalen Eindruck, so dass er noch für viele Generationen monumentales Naturdenkmal sein kann.

Text- und Bildautor:
Hans-Roland Müller, Laußnitz

Q2

Berg-Ulme

im Rittergut Althörnitz am Schloss

Ulmus glabra,
Berg-Ulme

Standort: ca. 2 km nordwestlich des Olbersdorfer Sees; Althörnitz, Gemarkung Hörnitz, Lkr. Görlitz, Sachsen

Alter: 165 Jahre (geschätzt)

Stammumfang: 5,45 m (gemessen 08. 2014 in 1,3 m Stammhöhe)

Höhe: ca. 25 m (geschätzt)

GPS-Daten

N 50.899379
O 14.754300

Die imposante Berg-Ulme steht nahe dem Eingangsportal des Schlosses in Althörnitz, welches seit Mitte der 1990er Jahre als Hotel genutzt wird. Um das Schloss befindet sich eine kleine Parkanlage, die um 1865 im Stil eines Landschaftspark gestaltet wurde. Die Pläne der Umgestaltung stammten dabei vom damaligen Garteninspektor im Fürst-Pückler-Park Muskau Carl Eduard Petzold. Heute sind jedoch nur noch kleine Teile der Anlage vorhanden.

Bemerkenswert sind die Wuchskraft und die Vitalität der Berg-Ulme, die durchschnittliche jährliche Stammumfangzunahme beträgt beim geschätzten Alter von 165 Jahren – in einer Zeichnung von 1860 ist der Baum als Jungbaum erkennbar – ca. 3,4 cm. Das ist jedoch für eine Ulme nicht ungewöhnlich, da diese vor allem in der Jugend sogar noch deutlich größere jährliche Stammdurchmesser-Zunahmen haben können. Möglicherweise trugen auch die vermutlich günstigen Standortverhältnisse mit zum schnellen Wachstum bei. In alten Chroniken lobt man die geschützte Lage des Gutes, weshalb es sich gut für Gemüseanbau eignete.

Berg-Ulmen können älter als 400 Jahre werden, so dass die Berg-Ulme in Althörnitz durchaus noch Jahrhunderte ihre malerische Funktion im Ensemble mit dem Schloss erfüllen kann. Bereits heute wird der Baum als zweitstärkste Berg-Ulme Deutschlands in der Champion-Trees-Liste der Deutschen Dendrologischen Gesellschaft geführt.

Die Berg-Ulme tritt natürlich als Mischbaumart in edellaubholzreichen Buchenwäldern mittlerer bis nährstoffreicher Standorte und in den Edellaubbaum-Schlucht-, Schatthang- und Hangschuttwäldern auf. Typisch für Berg-Ulmen sind die zweifarbigen Knospenschuppen (dunkel mit hellerem Rand), die kahlen Früchte und die oberseits rauen, im Schatten oft dreizipfligen Blätter mit wenig schiefem Blattgrund. Bei der häufig verwendeten Hybride aus Berg- und Feld-Ulme, der Holländischen Ulme *Ulmus × hollandica* tritt die dreizipflige Form kaum auf. Die Hybriden sind ebenfalls sehr wüchsig und in manchen Gebieten vermutlich häufiger als die Exemplare der Elternarten. Die Hybridulme wird intensiv seit Jahrhunderten kultiviert und war auch Ausgangspunkt für zahlreiche Züchtungen und Sorten. Am Anfang der Ausbreitung der für Ulmen extrem gefährlichen Gefäßkrankheit durch pilzliche Erreger (*Ophostomia sp.*) im 20. Jahrhundert zählten Züchtungen der Holländischen Ulme und auf Berg-Ulme veredelte zunächst scheinbar wenig anfällige Sorten zu den Hoffnungsträgern für den Ulmenerhalt in Europa. Leider wurden die Hoffnungen zur Resistenz der heimischen Arten und ihrer Hybriden aber spätestens mit Beginn der zweiten Welle der Krankheitsausbreitung seit Ende der 1960er Jahre sehr gedämpft. Ulmen, die in Europa die erste Welle des Ulmensterbens überstanden hatten, erkrankten in der zweiten Hälfte des 20. Jahrhunderts durch die zusätzliche Beteiligung des deutlich aggressiveren verwandten Erregers *Ophostomia novo-ulmi* (2 verschiedene Varietäten). Anfällige Ulmenarten (im Prinzip alle europäischen Arten, Feld-Ulmen extrem anfällig, Flatter-Ulmen weniger anfällig, aber auch amerikanische Ulmen) sterben bei Befall in sehr kurzer Zeit ab, meist in einem bis wenigen Jahren. In der Literatur werden dramatische Zahlen genannt. Schätzte man den Verlust in Großbritannien zwischen dem ersten Auftreten der Krankheit 1927 bis 1960 auf „nur" 10–20 %, so starben einer Erhebung zufolge in Südengland zwischen 1974 und 1978 (also innerhalb von 4 Jahren) 70 % aller Ulmen, in Amerika schätzte man den Verlust seit dem ersten Auftreten der Krankheit um 1930 bis Mitte der 1970er Jahre auf 40 Millionen Bäume.

Es bleibt deshalb zu hoffen, dass die Berg-Ulme am Schloss in Althörnitz noch lange von der Holländischen Ulmenkrankheit verschont bleibt und noch lange zu den imposantesten Ulmen Deutschland zu zählen ist.

Text- und Bildautor:
Henrik Weiß, Dresden

Q3

Eberesche

bei Frauenstein im Erzgebirge

***Sorbus aucuparia*, Gewöhnliche Eberesche, Vogelbeere**

Standort: auf einer großen Bergwiese in offener Landschaft nahe dem Gimmlitzbach ca.4 km südlich von Frauenstein (Parkplatz an der L 171 bei GPS: N 50.771642, O 13.553640, von dort etwa 1 km südöstlich auf Weg und über Wiesen); 650 m ü. NN; Lkr. Sächsische Schweiz-Osterzgebirge, Sachsen

Alter: 55 Jahre (geschätzt)

Stammumfang: 1,15 m (stärkster Stamm, gemessen 08.2019 in 1,3 m Stammhöhe, Baum 3-stämmig, Gabelung in 0,5 und 1,0 m Stammhöhe)

Höhe: 8 m (geschätzt)

GPS-Daten

N 50.766246
O 13.562807

Die Eberesche ist der Charakterbaum des Erzgebirges. Sie fühlt sich dort in größeren Höhenlagen über 500 m sichtlich wohl und findet in der offenen Landschaft des Erzgebirges mit Steinrücken und -haufen sowie Waldrändern und Wildwiesen ideale Bedingungen. Dieser Baum bei Frauenstein ist eine der wenigen Ebereschen mit etwa 40 cm Stammdurchmesser. Typisch bei vielen anderen älteren Exemplaren sind die teilweise zurückgestorbenen Wipfeläste und der Austrieb von jüngeren Zweigen am Stammfuß, welche bei möglichen Krisen des Hauptstammes durch Witterungsereignisse infolge Schnee- oder Windbruch sofort einen neuen Kronenaufbau fortsetzen. Das kleine Foto eines anderen Baumes macht die extreme Klimatoleranz dieser Baumart im Winter deutlich. In den Höhenlagen des Erzgebirges treten regelmäßig Raureifpanzer, Eisanhang und bei Sturm Schneegebläse auf und führen zu häufigen Ast- und Kronenbrüchen.

Typisch ist bei diesem Baum auch die trichterförmige Kronenform durch die Mehrstämmigkeit und das Überhängen der Zweige, insbesondere mit Fruchtbehang im Spätsommer. Dann sehen die Ebereschen am schönsten aus, durch den Farbkontrast mit den orangeroten „Beeren“ (Apfelfrüchten). Aber auch zur Blütezeit im April/Mai sind die fast weißen doldenartigen Blütenstände sehr attraktiv, ebenso die matt glänzende, glatte Rinde. So spielt diese Baumart ästhetisch ganz vorne mit, zudem durch ihren filigranen Habitus, die gefiederten Blätter und ihre geringe Größe. Die Herbstfärbung der Blätter ist orange bis leuchtend rot.

Der 2. Name Vogelbeere sagt schon, wie wichtig die Früchte für die Vogelwelt sind – sie sind der Lieblingsfraß vieler Gebirgsvögel. Diese tragen damit auch zur intensiven Ausbreitung auf Freiflächen bei und können dann z.T. zu größeren Reinbeständen führen. Aus Ebereschen mit größeren und süßeren Früchten lassen sich Marmelade, Most, Likör und Brand herstellen, im Erzgebirgsort Lauterbach gibt es heute noch eine „Vuglbeer“-Brennerei. Relativ bekannt ist das Lied vom „Vuglbeerbaam“ in der typischen Erzgebirge-Mundart (von August Max Schreyer 1887):

„Kann schinnern Baam gibt’s wie ann Vugelbeerbaam, Vugelbeerbaam, Vugelbeerbaam...“

In geschlossenen Fichten- und Buchenbeständen hat die Vogelbeere keine wirkliche Chance, da sie nicht den Anschluss an die höheren Kronen dieser Bäume schafft. So gibt es im oberen Erzgebirge eindrucksvolle Waldbilder mit flächendeckender Ebereschenverjüngung im Unterstand, aber kaum älteren und höheren Bäumen. Man muss daher lange suchen, um Bäume mit über 30 cm Stammdurchmesser zu finden.

Text- und Bildautor:
Andreas Roloff, Tharandt

R1

Ginkgo
im Abteipark von Mettlach

***Ginkgo biloba,*
Ginkgo**

Standort: Abteipark am Saarufer, Mettlach, Lkr. Merzig-Wadern, Saarland

Alter: ca. 175 Jahre (geschätzt)

Stammumfang: etwa 4,22 m (gemessen 10.2018 in 1,30 m Stammhöhe)

Höhe: 18 m (geschätzt)

GPS-Daten

N 49.493396
O 6.593914

Der alte Ginkgo im Mettlacher Abteipark zählt mit über vier Metern Stammumfang zu den starken Ginkgos in Deutschland. Mit gut 18 Metern Höhe ist er eine bedeutende Baumgestalt des alten Parks. Eine tiefe Einkerbung am Stammfuß zeugt von einer vor langer Zeit zugefügten Verletzung, aber die ist verheilt und beeinträchtigt die Vitalität des Baumes nur unwesentlich. Wundervoll zur Geltung kommt der Ginkgo durch das in unmittelbarer Nachbarschaft befindliche Bauwerk. Seit knapp 180 Jahren breitet er seine Krone neben dem ältesten mittelalterlichen Gebäude des Saarlandes aus, dem „Alten Turm". Dieser stellt den letzten noch sichtbaren Rest der alten Abteikirche dar. Der Oktagonalbau wurde um 990 als ottonische Grabkapelle des Heiligen Liutwinus gebaut. Nach der Säkularisation des benachbarten Benediktinerklosters kaufte der Keramikfabrikant Boch 1809 die Abteigebäude und das Gelände um den Alten Turm; später wurden die Gebäude Hauptsitz der Firma Villeroy & Boch und sind es bis heute.

Eugen von Boch legte um 1850 im Garten der Abtei einen Park an, der nach dem Vorbild eines Englischen Landschaftsgartens gestaltet wurde. Neben heimischen Nadel- und Laubbäumen pflanzte er über 30 fremdländische Baumarten an. Noch heute befindet sich der Park im Privatbesitz der Familie, ist aber großzügig der Öffentlichkeit zugänglich gemacht. Im Abteipark stehen weitere exotische Gehölze, so ein Götterbaum (*Ailanthus altissima*), eine riesige Strauch-Rosskastanie (*Aesculus parviflora*), eine Goldlärche (*Pseudolarix amabilis*) und mehrere große Sumpfzypressen (*Taxodium distichum*). Sie alle sind wohl so alt wie der Ginkgo, in dessen Nähe auch ein sehenswerter Brunnen steht. Karl-Friedrich Schinkel hat ihn 1838 im Auftrag des preußischen Kronprinzen und späteren Königs Friedrich Wilhelm IV geschaffen. Jean-Francois Boch erhielt den Brunnen als Geschenk zum Dank für erwiesene Dienste. Ein 14 m hoher, von André Heller geschaffener Erdgeist wacht von der anderen Seite über den Park.

Wer einen Ginkgo in seinen Park pflanzte, musste um die Mitte des 19. Jahrhunderts tief in die Tasche greifen. Nur wenige Baumschulen kultivierten ihn, denn Saatgut war schwer zu beschaffen: der zweihäusige (diözische) Baum trägt nur keimfähige Samen, wenn sowohl weibliche wie männliche Pflanzen zusammen stehen. Zudem müssen die Bäume erst um die 30 Jahre alt werden, bevor sie blühen. Noch heute wird im Französischen vom „L'Arbre aux quarante écus" (Baum für 40 Goldtaler) gesprochen. Ein Ginkgo war Prestigeobjekt, das man gerne seinen Gästen zeigte. Beliebt wurde der Ginkgo auch durch Johann Wolfgang von Goethes 1815 entstandenes Gedicht „Ginkgo biloba", der das zweigelappte, aber doch zusammen stehende Blatt als Sinnbild der Freundschaft zweier Menschen sah. Er widmete es seiner Geliebten Marianne von Willemer und veröffentlichte es im „West-östlichen Diwan". Es war die hohe Zeit der Romantik.

Besucht man heute den Abteipark, vielleicht an einem Oktobermorgen, wenn die Herbstnebel von der vorbeifließenden Saar aufsteigen, kann man diese romantischen Gefühle geradezu spüren. Vor allem dann, wenn die Sonne durchbricht und der alte Ginkgo in seinem goldenen Herbstkleid wunderbar zu leuchten anfängt.

Text- und Bildautor:
Eike Jablonski, Kruchten

R2 Hainbuche

in Hoof (St. Wendel)

***Carpinus betulus*, Gewöhnliche Hainbuche**

Standort: ca. 300 m nordöstlich des Friedhofparkplatzes an der Bruchwiesenstraße in Hoof, einem Stadtteil von St. Wendel; Lkr. St. Wendel, Saarland

Alter: ca. 220 Jahre (geschätzt)

Stammumfang: etwa 4,50 m (gemessen 11.2018 in 1,30 m Stammhöhe)

Höhe: 7 m (geschätzt)

GPS-Daten

N 49.496957
O 7.245307

Hainbuchen können knorrige Wesen sein. Wenn sie alt sind, weisen ihre Stämme tiefe Wülste und Einkerbungen auf, der Stammquerschnitt wird unregelmäßig. Man nennt dies spannrückig. Einen solchen spannrückigen Stamm weist auch die alte Hainbuche bei Hoof auf. Dort steht sie wohl seit über 200 Jahren an einem Feldweg. Ihre Krone wurde vor wenigen Jahren stark beschnitten, wie dies von alters her in vielen Gegenden Deutschlands praktiziert wurde. Der Umfang der Taille ist wegen der starken Hanglage, der Wülste am Stamm und herumliegender Äste nur ungefähr zu bestimmen. Ein starker Seitenast streckt sich weitausladend ab.

Äußerlich an die Rot-Buche, *Fagus sylvatica*, erinnernd, wird die Hainbuche jedoch nur etwa 20 m hoch. Die deutschen Namen Hainbuche oder Weißbuche (wegen des weißen Holzes im Gegensatz zum rötlichen Holz der Buche) nehmen Bezug auf die äußere Ähnlichkeit beider Arten. Sie gehören jedoch zwei verschiedenen Pflanzenfamilien an.

Das Holz ist schwer und zählt waldbaulich zu den Splinthölzern. Als Bauholz ungeeignet, dient es heute vorwiegend als gutes, aber schwer spaltbares Brennholz. Früher wurde es auch wegen seiner Dichte und Härte für die Herstellung von Parkett, von Werkzeugstielen, als Klavierhämmer, für Hackblöcke, aber auch für Webstühle, Zahnräder oder im Wagenradbau verwendet. Genutzt wurde auch das Laub: zur Fütterung des Viehs, in Zeiten, wenn kaum Futterbau betrieben wurde. Das Laub wurde von den Ästen abgestreift bzw. gerupft. Der römische Begriff für „rupfen“ ist „*capere*“, woraus sich der wissenschaftliche Name *Carpinus* für die Hainbuche herleitet. Der zweite Teil des Namens, *betulus*, bezieht sich auf das birkenähnliche Blatt, denn die Birke wird wissenschaftlich mit *Betula* bezeichnet. Gut möglich, dass es sich auch bei der alten Hainbuche in Hoof um einen solchen Baum handelt, dessen Laub früher derart genutzt wurde.

Durch das hohe Ausschlagvermögen ist die Hainbuche auch als gut schnittverträgliche Hecke geeignet. In früherer Zeit wurden 30–50 Meter breite, mit Dornensträuchern versehene Hainbuchenhecken als sogenannte „Landwehren“ oder „Wehrhecken“ angelegt, die sogar strategische Bedeutung erlangten, wie das fast 600 Jahre bestehende „Rheingauer Gebück“, welches fast das gesamte Rheingau umfasste.

Der Stamm der Hoofer Hainbuche wurde auf einer Seite vor längerer Zeit mit Beton ausgebessert. Vor einigen Jahrzehnten war dies eine gängige Maßnahme in der Baumchirurgie, um den Stamm zu stabilisieren. Es bildeten sich aber häufig nasse Stellen hinter diesen Abschottungen, die dem Baum eher geschadet als genutzt haben. Heute lässt man solche Stellen eher offen und abtrocknen.

Wer den Feldweg entlangwandert, an dem die alte Hainbuche steht, der kann unter ihr Rast machen – eine Bank wurde hier aufgestellt, die zum Verschnaufen einlädt. Wer hier wohl in den letzten zweihundert Jahren schon alles gerastet hat?

Text- und Bildautor:
Eike Jablonski, Kruchten

S1

Bergmammutbaum

in Bensheim-Auerbach

***Sequoiadendron giganteum,* Bergmammutbaum**

Standort: am Fuße des Nordhangs an der „Herrenwiese“ im Fürstenlager; OT Auerbach der Stadt Bensheim, Lkr. Bergstraße, Hessen

Alter: ca. 150 Jahre (geschätzt)

Stammumfang: 5,63 m (gemessen 08.2016 in 1,30 m Stammhöhe)

Höhe: ca. 45 m (geschätzt)

GPS-Daten

N 49.6991667
O 8.636111

Die Parks und Gärten an der klimatisch begünstigten Bergstraße sind mir seit vielen Jahren ans Herz gewachsen. Nicht nur den Freunden der Mammutbäume gelten die Arboreten in Heidelberg oder der Exotenwald und Hermannshof in Weinheim als sehr lohnende dendrologische Exkursionsziele.

Geht die Reise Richtung Süden, so ist auch stets ein Aufenthalt im Fürstenlager in Bensheim-Auerbach geplant, da dieser alte Park wunderschön in die Landschaft eingebettet und zudem in nur wenigen Minuten von der Autobahn zu erreichen ist. Ich bevorzuge dann meist den steilen Rundweg, der an der Zedernwiese vorbei zum Monopteros bzw. Freundschaftstempel führt. Um die Mittagszeit hat man dort die Sonne im Rücken und kann den Blick über die Herrenwiese hinunter zum Herrenhaus genießen.

Die Wiese ist von prächtigem Baumbestand flankiert, der Blick von oben streift an einer Dreiergruppe von Tulpenbäumen auf den mächtigen Mammutbaum (benachbart von einer Gurken-Magnolie mit 2,38 m StU), der hier besonders gut vor Stürmen geschützt eine Höhe von fast 45 m erreichen konnte, da er dort auch als Solitär von Hangwasser profitiert.

Sein Stammumfang (StU) ist im Vergleich zu anderen Mammutbäumen (z.B. im Hermannshof in Weinheim, 8,40 m StU in 04.2017, ca. 35 m Höhe) relativ gering, aber seine Höhe für Deutschland gigantisch. Die Orkanstürme von 1989/90, die dem Park viele Altbäume nahmen, überlebte er ebenso wie den heißen „Jahrhundert-Sommer“ 2003 (und 2018).

Die anhaltende Trockenheit zeigte 2003 im aus 16 Bäumen bestehenden Mammutbaum-Bestand des Fürstenlagers deutliche Spuren. Einige der am flachgründigen Nordhang befindlichen, teils unterständigen Bäume wirkten im Frühjahr 2004 wie abgestorben. Die am unteren Hang in der Nähe des Bachlaufes stehenden Exemplare waren sichtlich besser mit Wasser versorgt, so dass sie keine großflächigen Verbräunungen der Nadeln zeigten (ein Exemplar mit 4,65 m StU in 09/2010 vermessen). Die scheinbar abgestorbenen, „verdorrt“ wirkenden Bäume haben sich in den letzten Jahren jedoch wieder erholt, was interessante Rückschlüsse bezüglich der Trockenheitsresistenz des Mammutbaumes auf einem eher flachgründigen Boden zulässt. Im Exotenwald in Weinheim musste durch die örtliche Feuerwehr gewässert werden, um den Bestand aus der Gründerzeit zu erhalten. Während meist nur drei- und selten zweijährige Nadeljahrgänge abgestoßen werden, trockneten selbst die einjährigen Triebe im Sommer 2003 ein.

Text- und Bildautor:
Volker André Bouffier, Nistertal

S2

Zelkove

in Schwetzingen

Zelkova serrata, Japanische Zelkove

Standort: Zeyher'sches Arboretum im Schlossgarten Schwetzingen; Rhein-Neckar-Kreis, Baden-Württemberg

Alter: ca. 150 bis 200 Jahre (geschätzt)

Stammumfang: 4,42 m (gemessen 04.2015 in 1,30 m Stammhöhe)

Höhe: ca. 21 m (geschätzt)

GPS-Daten

N 49.386111
O 8.565278

Zum bundesweiten Rekordbaum des Jahres 2015 kürten die Gesellschaft Dt. Arboretum (GDA), Dt. Dendrologische Gesellschaft (DDG) und die Staatlichen Schlösser und Gärten Baden-Württemberg (SSG) eine *Zelkova serrata* im Zeyher'schen Arboretum des Schlossgartens in Schwetzingen.

Der äußerst seltene Baum ist nach der Liste der Rekordbäume (www.championtrees.de), in welcher nur noch 12 weitere, über 2 m StU messende Japanische Zelkoven aufgelistet sind, das stärkste und wahrscheinlich auch älteste Exemplar in Deutschland.

Es befindet sich zudem in einem der ältesten Arboreten Deutschlands, das ab 1804 von Johann Michael Zeyher (1770–1843), Hofgärtner und Gartendirektor in Schwetzingen von 1804–1843 unter Großherzog Carl Friedrich (1728–1811), angelegt und von seinem Nachfolger Theodor Hartweg, Hofgärtner von 1850–1871, weiter entwickelt und gepflegt wurde.

Es liegt in direkter Nachbarschaft zu dem etwas früher, ab 1777 als Erstlingswerk von Friedrich Ludwig von Sckell (1750–1823) angelegten „Arborium Theodoricum", das er nach seiner Englandreise (1775/76) im Auftrag des namensgebenden Kurfürsten Carl Theodor (1724–1799) im Stil eines englischen Landschaftsparks gestaltete.

Eine im Botanischen Garten Leiden/NL 1830 gepflanzte, im Jahre 2013 mit einem StU von 2,80 m (in 0,90 m Höhe) vermessene *Zelkova serrata* gilt mit 185 Jahren (2015) als älteste bekannte Japanische Zelkove in Europa. Sie geht auf die Sammelleidenschaft von Philipp Franz von Siebold (1796–1866) zurück, der 1823–29 und 1859–62 in Japan forschte, das sich zu dieser Zeit noch vollständig von anderen Ländern abschottete. Von dort führte er viele Gehölze und Pflanzen erstmalig nach Europa ein.

Der Sammelleidenschaft der Großherzöge von Baden ist es zu verdanken, dass ab Mitte des 19. Jahrhunderts auch in ihren Hofgärten, zu denen neben Karlsruhe (Botanischer Garten und Schlossgarten) die Insel Mainau, Baden-Baden, Badenweiler, aber auch Schwetzingen gehörten, die damals unter dem Namen *„Planera keakii"* bekannte Japanische Zelkove eingeführt wurde.

Ein Ende der 1850er Jahre im Botanischen Garten Karlsruhe gepflanzter, historischer Rekordbaum existiert nicht mehr, aber „unser" Baum im Schlossgarten in Schwetzingen hat sich zu einem Prachtexemplar entwickelt und kündet von der frühen Vielfalt großherzoglicher Baumschätze.

Der „schiefe", nach Südwesten gerichtete Wuchs „unserer" Zelkove ist konkurrenzbedingt. Eine umgestürzte Zerr-Eiche (*Quercus cerris*) hatte ihre Krone in der Vergangenheit abgedrängt.

Auffallend sind die abblätternde orange-braun gefleckte Rinde und die sich im Herbst rot färbenden, kleinen und gezähnten Blätter, die im frisch ausgetriebenen Grün den Blick auf die unscheinbaren, winzigen gelben Blüten freigeben.

In Japan „Keyaki" genannt, gilt sie als wertvolles Laubholz und findet als Straßenbaum häufig Verwendung. Sie sollte auch vermehrt Einzug in unsere Gärten halten.

Text- und Bildautor:
Volker André Bouffier, Nistertal

S3

Ess-Kastanie

im Schlossgarten Karlsruhe

***Castanea sativa*, Ess- oder Edel-Kastanie**

Standort: am Schlossgartensee im Nordosten des Schlossparkes, unmittelbar am südwestlichen Ufer; Karlsruhe, Lkr. Karlsruhe, Baden-Württemberg

Alter: 290 Jahre (geschätzt)

Stammumfang: 9,70 m (gemessen 07.2017 in 1,3 m Stammhöhe)

Höhe: 12–14 m (geschätzt)

GPS-Daten

N 49.016240
O 8.404201

Diese Ess-Kastanie ist der dickste Baum Baden-Württembergs und die stärkste Edel-Kastanie Deutschlands. Für ihr Alter ist sie somit erstaunlich dick, was an ihrem Doppelstamm und dem Anschluss an den See-Wasserspiegel liegt: in Trockenperioden geht es ihr besonders gut, da sie sich unbegrenzt mit dem nötigen Wasser versorgen kann. Es gibt eindrucksvolle Fotos dieses Baumes von 1900 mit damals noch über 25 m Höhe, er wurde zwischenzeitlich mehrmals, zuletzt 1966 und 1981 aus Verkehrssicherheitsgründen stärker eingekürzt. Einer der beiden Stämme wird mit zwei Stützen gegen Umbrechen gesichert.

Das Ambiente am Baum ist sehr schön: mit dem See im Hintergrund und einem größeren Wiesenbereich rundherum, der sehr intensiv von Parkbesuchern genutzt wird. Der Stammanlauf ist beeindruckend, der Stamm weitgehend hohl, und in etwa 3 m Höhe hängt ein Schild mit der Aufschrift: „du Gott, siehest mich." Der Doppelstamm teilt sich in etwa 2,50 m Höhe – ob es sich um ursprünglich 2 Bäume oder einen Tiefzwiesel handelt, ist nicht bekannt – vermutlich letzteres.

Der dickste Baum Europas dürfte eine Ess-Kastanie am Ätna auf Sizilien sein, mit sagenhaften 22 m Stammumfang. Und dies ist nur einer von 3 starken Stämmen dieser Baumart, die direkt beieinander stehen. Wenn diese Stämme zu einem Baum gehören, der zerfallen ist (was untersucht und bestätigt worden ist), hätte dieser sogar einen Umfang von 58 m gehabt und wäre damit womöglich der dickste Baum der Welt gewesen. Er ist auch unter dem Namen „Kastanie der 100 Pferde" bekannt, da 100 Pferde unter seiner Krone Platz finden konnten.

In England gibt es Exemplare mit 17 m Stammumfang, die mich ungeheuer beeindruckt haben, denn alte Edel-Kastanien entwickeln breite Kronen. Das Höchstalter beträgt meist 400–500 Jahre, selten aber auch über 1.000 Jahre, die maximale Baumhöhe ist 25 m (selten auch über 30 m). In höherem Alter treiben die Bäume dann vermehrt aus dem Stammfuß wieder aus – wie auch bei diesem Baum hier im Schlossgarten zu erkennen – und können so zu eindrucksvollen Baumskulpturen werden (wenn man sie lässt), deren Alter dann schwierig anzugeben ist. Es kann durch diesen Wiederaustrieb theoretisch deutlich über 1.000 Jahre erreichen, wie auch bei dem Baum am Ätna.

Der Stamm der Ess-Kastanien ist eigentlich immer drehwüchsig, d.h. er ist entlang der Längsachse verdreht, was man im Rindenbild seiner z.T. tief gefurchten Netzborke erkennt. Dabei handelt es sich um Linksdrehwuchs, d.h. eine Drehung mit der Sonnenwanderung („mitsonnig": von rechts unten nach links oben). Möglicherweise liegt darin auch ein Teil der Erklärung, sicher spielt dabei aber auch Genetik mit eine Rolle.

Ess-Kastanien sind nicht mit den Rosskastanien verwandt. Der so ähnliche deutsche Name kommt von den ähnlich aussehenden Früchten. Dabei handelt es sich um ganz verschiedene Fruchttypen und Familien: die Marone gehört wegen ihres Fruchtbechers zusammen mit Eichen und Buchen zu den Buchengewächsen (Fagaceae), die Rosskastanie hingegen mit Kapselfrüchten zu den Seifenbaumgewächsen (Sapindaceae). Letztere wird daher ohne Trennstrich geschrieben, da dies der Gattungsname ist (*Aesculus*), während der Name Ess-Kastanie einen Trennstrich enthält, was ihren Gattungsnamen Kastanie verdeutlicht (*Castanea*).

Text- und Bildautor:
Andreas Roloff, Tharandt

Du,
Gott,
siehest
mich.
VLADB
459

S4

Ruinenkiefer

in Bad Herrenalb

***Pinus sylvestris*, Gemeine oder Wald-Kiefer**

Standort: auf dem östlichen Torbogen der Klosterruine, Im Kloster 11; Bad Herrenalb, Lkr. Calw/Nordschwarzwald, Baden-Württemberg

Alter: 200 Jahre (entstanden 1820)

Stammumfang: 1,80 m (geschätzt 02.2019 in 1,30 m Stammhöhe, entspr. 4,80 m über dem Boden), Kronenbreite 16 m (geschätzt)

Höhe: 17 m (geschätzt)

GPS-Daten

N 48.796383
O 8.436596

Das dürfte ziemlich einmalig in Deutschland sein: eine ausgewachsene Kiefer auf einem Torbogen einer Sandsteinmauer in 3,50 m Höhe, vermutlich ohne Kontakt zum gewachsenen Boden. Der Baum ist berühmt wegen dieser Besonderheiten, und man staunt intensiv, wie das möglich ist. Aber die Wald-Kiefer ist bekannt als Überlebenskünstler, wächst auch auf hohen Felsen in Mikroritzen mit ein paar Krümeln Humus und wenigen Wassermolekülen. Dabei kommt ihr zugute, dass sie die Wasseraufnahme über die Nadeln perfektioniert hat: wenn in Trockenperioden nachts Tau fällt, bilden sich auf den Nadelpaaren Wassertröpfchen, die an den Nadeln zur Basis herunterlaufen, dort in den Trieb eindringen und rückwärts in den Zweigen transportiert werden können. Das haben wir bei Fichten über 30–50 cm Zweiglänge gemessen. In Israel hat man in der Wüste mit Kiefern sogar den Boden bewässert: wenn man die Bäumchen unter Trockenstress eingesprüht hat, dann kam das Wasser einige Zeit später im Boden an. Dies ist ein schöner Beweis, wie das Wasser in Bäumen ohne Energieaufwand einfach aufgrund des Wassersättigungsdefizits transportiert wird. Normalerweise aus dem Boden über Stamm, Äste und Zweige zu den Nadeln und aus den Spaltöffnungen hinaus in die trockenere Luft. Aber bei ungewöhnlichen Situationen ist es eben auch umgekehrt möglich, obwohl es in keinem Lehrbuch steht (außer einem).

Zurück zu diesem Baum: er wird seine Wurzeln beidseitig in der Mauer einige Meter ausgebreitete haben, dabei ist günstig, dass es Sandstein ist, der durch niedrige pH-Werte etwas angelöst werden kann. So hat sich der Baum ein paar kleinere Wasservorräte in der Mauer erschlossen. Damit er nicht bei Windböen wie ein Scharnier von der Mauer herunterklappt, ist er an 2 Nachbarbäumen mit Drahtseilen angebunden, eine schöne Idee. Die Nachbarbäume bewirken allerdings, dass man von der Kiefer nur noch wenig sehen kann, wenn sie belaubt sind, also von April bis Ende Oktober – daher sollten Sie möglichst im Winterhalbjahr zum Besuch nach Bad Herrenalb kommen, ich war zuletzt im Februar 2019 dort.

Am schönsten ist das ganze Spektakel in der Abendsonne oder zumindest bei Abendlicht, dann wird die Kiefer vollständig angeleuchtet, und im Hintergrund steht der Kirchturm.

Die Stadt ist hervorragend von Karlsruhe-Hauptbahnhof mit der Straßenbahn S1 zu erreichen, die außerorts mit Tempo 80 durch die Schwarzwaldtäler flitzt und aus Karlsruhe ab Bahnhofs-Vorplatz nach 37 Minuten an ihrer Endstation in Bad Herrenalb ankommt. Dann sind es noch 20 Minuten Fußweg in Richtung Kurhaus bis zur Klosterruine. Der Ort ist beschaulich, ein sehr vornehmes und gepflegtes Kur- und Urlaubsresort, wo man gerne mal ein paar Tage am Fuße des Schwarzwalds ausspannen möchte. Ein Highlight der letzten Jahre war die Landesgartenschau 2017, damals war ich zuletzt vorher dort (zum 3. Mal).

Text- und Bildautor: Andreas Roloff, Tharandt

S5

Eschensolitär

am Schloss Solitude Stuttgart

***Fraxinus excelsior*, Gewöhnliche Esche**

Standort: auf der Wiese 40 m nordwestlich des Schlosses neben einem stattlichen Berg-Ahorn, knapp 10 km westlich vom Hauptbahnhof Stuttgart, Solitude 1; kreisfreie Stadt Stuttgart, Baden-Württemberg

Alter: 250 Jahre (geschätzt)

Stammumfang: 6,50 m (gemessen 04.2019 an Taille in 0,9 m, Stammaufteilung in etwa 2,20 m Höhe)

Höhe: 18 m (geschätzt), Kronenbreite 26 m (geschätzt)

GPS-Daten

N 48.787421
O 9.083744

Selten gibt es ein so schönes Ensemble eines starken Baumes neben einem Schloss. In diesem Fall ist es ein Prachtexemplar der Esche, mit wulstigen breiten Wurzelanläufen und einer gewaltigen ausladenden Krone. Ich habe auch kaum anderswo eine so schöne alte Esche mit solch einem ausdrucksstarken Charakter gesehen. Ihren Wuchsort auf der Wiese am Schloss kann man als magischen Ort bezeichnen.

Viele Eschen erreichen heute kein hohes Alter mehr aufgrund des Triebsterbens, das seit etwa 10 Jahren in Nord- und Mitteleuropa wütet und in einigen Regionen den Bestand der Eschen zu großen Anteilen beseitigt hat. Dies ist derzeit ein Problem der Forstwirtschaft und auch des Stadtbaum-Managements, weil somit eine der besonders robusten einheimischen Baumarten, die sogar Straßenstandorte toleriert, nicht mehr wie bisher einsatzfähig und verwendbar ist. Die Hoffnungen ruhen nun auf den überlebenden resistenten Bäumen, die immer zu einigen in absterbenden Beständen und Alleen auftreten. Vielleicht verliert in Zukunft auch der Erreger (ein Pilz) an Schadpotenzial. Es wird aber länger dauern, bis man die Esche wieder ohne Bedenken pflanzen kann.

Diese interessante Baumart wird bisweilen übersehen (oder zumindest nicht beachtet). Denn sie hat keine spektakulären Blüten, Früchte oder Rinde, und zeigt wenig Farbe im Jahreslauf, dafür aber eine Reihe von spannenden Besonderheiten. Kaum eine andere einheimische Baumart hat eine derart grobe Verzweigung und sparrige, kugelförmige Krone. Zusammen mit ihrer je nach Alter silbrigen Glattrinde oder aschgrauen Netzborke kann sie im Freistand ihre besondere Wirkung entfalten.

Normalerweise stehen die Blätter zu zweit exakt gegenständig am Spross. An besonders wüchsigen Trieben, z.B. an freistehendem Stockausschlag, kommen aber auch häufiger dreizählige Blattquirle vor, oder die Blätter sind am Spross sogar versetzt und stehen spiralig. Sie sind gefiedert, bestehen also aus einem Stiel (der Spindel) und den Fiederblättchen. Ökologisch interpretiert man dies als „Wegwerftriebe", da sich der Baum im Herbst mit den Blattspindeln im Grunde der feinsten Verzweigungsordnung entledigt – die Blattspindel kann in der Vegetationsperiode Photosynthese betreiben, muss aber nicht frosthart gemacht werden.

Eschenblüten erscheinen bereits lange vor den Laubblättern im März/April und sind zweigeschlechtig, aber – eine weitere Besonderheit – auf einem Baum kann auch das eine oder andere Geschlecht mehr oder weniger reduziert sein bis hin zu rein männlichen oder weiblichen Blüten, ja sogar rein männlichen oder weiblichen Bäumen. Letztere wachsen etwas langsamer als männliche, da sie einen Teil der Ressourcen für die alljährliche reichliche Fruchtproduktion aufwenden.

Text- und Bildautor:
Andreas Roloff, Tharandt

T1 „1000-jähriger Weißdorn“

in Wohnsgehaig

Crataegus × *macrocarpa*, Großfrüchtiger Weißdorn

Standort: kurz nach Abzweig eines Feldweges vom Wege, der im Ortsinneren von Wohnsgehaig von der Kreisstraße BT2 gegenüber der Bushaltestelle den Hang hinauf zu einem Gehöft führt; Gemeinde Mistelgau, Lkr. Bayreuth, Oberfranken, Bayern

Alter: ca. 250 Jahre (geschätzt)

Stammumfang: Gesamtumfang einschließlich Hohlräumen etwa 2,30 m, stärkster Teilstamm 1,19 m (gemessen 04.2018 in 1,3 m Stammhöhe)

Höhe: ca. 9 m (geschätzt)

GPS-Daten

N 49.890250
O 11.39496

Da Weißdorne (Gattung *Crataegus*) mein besonderes Interesse finden, lag es nahe, dem „Tausendjährigen Weißdorn“ von Wohnsgehaig, der seit 1949 als Naturdenkmal geschützt ist (Landratsamt Bayreuth 2019), einen Besuch abzustatten. Ich suchte ihn zur Blüte- und Fruchtzeit auf, nicht nur wegen des weißen Blütenflors und roten Fruchtschmucks. Denn ohne Blüten und Früchte ist eine sichere Bestimmung der Weißdorne kaum möglich. In Interneteinträgen oder in Publikationen fehlt eine Angabe, zu welcher Sippe der Weißdorn gehört (z.B. Ullrich et al. 2012), oder sie ist zu hinterfragen. Es handelt sich um den Großfrüchtigen Weißdorn (*Crataegus ×macrocarpa*), eine häufiger vorkommende Hybride zwischen dem allbekannten Zweigriffligen Weißdorn (*C. laevigata*) und dem weniger bekannten Krummkelch-Weißdorn (*C. rhipidophylla*). Diese Frage wurde geklärt, aber wie sieht es mit den 1000 Jahren (im Internet ist gar von 1200 Jahren die Rede) aus? Ein solches Alter hat der Baum sicher nicht erreicht. Wenn auch Weißdorne einige Hundert Jahre alt werden können, so lässt der außerordentlich eigenwillig gewachsene Stamm des Wohnsgehaiger Weißdorns eine Altersschätzung kaum zu. Die Stämme alter Weißdorne sind oft spannrückig, weisen Längswülste und Furchen auf, aber hier hat sich der Stamm streckenweise in verdrehte, sich trennende und wieder verwachsende, zerfurchte und knorrige Teilstämme aufgelöst. Sind es Fragmente eines ehemaligen Einzelstammes oder war der Baum mehrstämmig? Ein Alter von etwa 250 Jahren wäre denkbar.

Meine Frau, die mich nach Wohnsgehaig wieder begleitete, als ich den Weißdorn erneut aufsuchte, auch um nochmals seine Eignung als Kandidat für das Buch „Starke Bäume“ zu prüfen, war anfangs zurückhaltend. Ihre Erinnerung war offensichtlich verblasst, denn die Skepsis wich, je näher wir dem Baum kamen. Es stiegen Begeisterung und Ehrfurcht. Sofort wurde der Skizzenblock herausgeholt, um die faszinierenden Strukturen des einmalig gewachsenen Stammes festzuhalten.

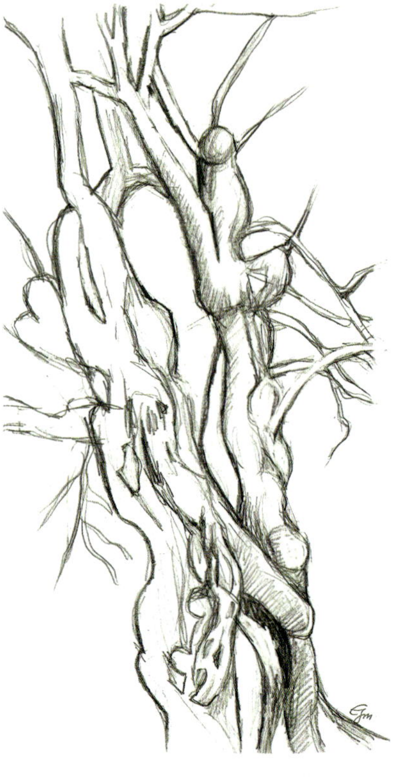

Betrachtet man den Weißdorn in Wohnsgehaig, ist gut nachvollziehbar, dass Weißdorne in Märchen, Sagen und Mythen eine große Rolle spielen, nicht nur als undurchdringliche Dornenhecken. So glaubte man früher, in einzeln stehenden alten Weißdornen würden Elfen wohnen. An dem Stamm eines in „Deutschlands merkwürdigen Bäumen“ (Anonymus 1899) vorgestellten Weißdorns in Soest soll Karl der Große seinen Wanderstab gelehnt haben.

Text- und Bildautor: Peter A. Schmidt,
Zeichnung: Elvi Schmidt, Coswig bei Dresden

T2

Feldelsbeere

östlich von Herpersdorf

***Sorbus torminalis*, Elsbeere**

Standort: Hecke an dem von Herpersdorf nach Zeisenbronn führenden, den Banggraben querenden Teerweg etwa 0,5 km östlich Herpersdorf; Marktgemeinde Oberscheinfeld, Lkr. Neustadt a. d. Aisch-Bad Windsheim, Mittelfranken, Bayern

Alter: etwa 200 Jahre (geschätzt)

Stammumfang: 3,22 m (gemessen 04.2018 in 1,3 m Stammhöhe)

Höhe: 16 m (gemessen L. Albrecht)

GPS-Daten

N 49.695733
O 10.450851

Die in der Feldflur stehende Herpersdorfer Elsbeere ist eine der gewaltigsten und schönsten Elsbeeren in Deutschland, vom Stammumfang her der Rekordbaum Bayerns. Diese „Feld-Elsbeere" ist ein Solitär, stand also nicht unter Konkurrenzdruck im Wald, sondern konnte ihr Wuchspotenzial ausschöpfen, einen starken Stamm bilden und eine große ausladende Krone entfalten, die etwa so breit wie der Baum hoch ist.

Diese Elsbeere brachte mich wieder mit einem „alten" Bekannten, FD Dr. L. Albrecht, in Kontakt. Er ist seit langer Zeit im Förderkreis Speierlinge, der sich auch den Elsbeeren widmet, aktiv und schrieb begeistert zu der ihm bestens bekannten, seit 1994 als Naturdenkmal (Nr. 27 der Naturdenkmäler im Landkreis Neustadt an der Aisch-Bad Windsheim) geschützten Herpersdorfer Elsbeere: „einer unserer Lieblingsbäume im Amtsgebiet" (Amt für Ernährung, Landwirtschaft und Forsten Uffenheim; Albrecht 2019). Sein Sohn beobachtete den Baum 2011 das ganze Jahr über und fotografierte ihn monatlich für einen Kalender.

Die Elsbeere wächst in einer Hecke zwischen dem Weg und angrenzenden Feldern mit ebenfalls bevorzugt auf Kalkböden wachsenden Sträuchern (z.B. Wolliger Schneeball, *Viburnum lantana*) und einzelnen, diese überragenden Bäumen. Der Kronenansatz befindet sich etwa in 2,5 m Höhe. Einige aus Wurzelbrut am Stammfuß hervorgegangene Schösslinge erstarkten und haben bereits armdicke Stämmchen gebildet. Der Baum erscheint trotz einiger Astabbrüche vital, ist aber inzwischen vom Stammfäule erregenden Lackporling befallen.

Als ich die Elsbeere aufsuchte, erkundigte ich mich in Herpersdorf nach dem günstigsten Weg zu dem Naturdenkmal. Zunächst fragte ich eine junge Frau, die aber keine Auskunft geben konnte. Sie verwies auf eine ältere Nachbarin, aber es ließ es ihr keine Ruhe, dass sie den Baum, zu dem Ortsfremde von weither anreisen, nicht kennt. Als meine Frau dann die Elsbeere zeichnete, ich sie vermaß und fotografierte, hielt ein Auto und die junge Frau kam mit ihrer Mutter, um den so berühmten Baum selbst in Augenschein zu nehmen. Kundige Herpersdorfer nennen ihn auch „Speierlesbaum", was man als irreführend ansehen oder als unbewusste Einordnung in die Verwandtschaft mit dem Speierling deuten kann (Albrecht 2019). Allerdings wird andernorts die Elsbeere auch Wilder Sperberbaum und der Speierling Sperberbaum genannt.

Die Elsbeere ist ohnehin reich an deutschen Namen. Beispielsweise genannt seien Volksnamen wie Schöne Else (Schönheit besonders im Herbst durch prächtige orangerote Laubfärbung ins Auge fallend), Grimmbeere und Ruhrbirne (heilende Wirkung der Früchte bei „Bauchgrimmen" und Durchfall von Mensch und Vieh) oder der Handelsname Schweizer Birnbaum für das wertvolle Holz, das 1900 zur Weltausstellung in Paris als schönstes Holz der Welt ausgezeichnet wurde. Nicht nur das Holz, auch die Borke erinnert an den Birnbaum. Neu ist der Name Lutherin-Baum. Martin Luther bestellte bei seinem Freund Agricola Früchte, da sie bei seiner Frau beliebt waren. Nachdem 1999 in der Lutherstadt Wittenberg erstmals eine Elsbeere als „Lutherin-Baum" gepflanzt wurde, folgten andernorts weitere Pflanzungen unter diesem Namen. Die Früchte sind erst nach Frosteinwirkung oder Lagerung zur Nachreife essbar. Der daraus gewonnene Brand ist besonders edel („Königin der Obstbrände").

Text- und Bildautor:
Peter A. Schmidt, Coswig bei Dresden

T3

Gerichtslinde

in Hundszell

***Tilia platyphyllos*, Sommer-Linde**

Standort: unmittelbar vor dem kleinen Weiler Hundszell an der Straße, Ortsteil des Marktes Thalmässing; Lkr. Roth, Bayern

Alter: über 500 Jahre (geschätzt)

Stammumfang: 9,31 m (gemessen 04.2019 in 1,3 m Stammhöhe)

Höhe: 20 m (geschätzt)

GPS-Daten

N 49.059674
O 11.257336

Wo sie stehen, da herrscht Gerechtigkeit. Aus dem Mittelalter stammt die Gerichtslinde vor dem kleinen Weiler mit dem merkwürdigen Namen.

Auf fast 550 m ü. NN erhebt sich die Jura-Hochfläche in der südlichen Frankenalb bei dem kleinen Weiler Hundszell, südöstlich von Thalmässing. Aus Westen auf den Ort zukommend, fällt schon von weitem ein einzelner Baum auf, der mit jedem weiteren Meter bald einen mächtigen, kurzen Stamm erkennen lässt, über welchem eine kleine kugelige Krone ruht. Einem Wächter des Ortes gleich, ein Behüter seiner wenigen Bewohner. Der beulige Stamm ist völlig hohl und misst über 9 m Umfang. Aus dem Stamm entspringen die Äste der Krone, ähnlich dem Schopf eines Kobolds. Eine Krone, die, über die vergangenen Jahrhunderte immer wieder ab- und ausgebrochen, schon seine dritte oder vierte sein mag. Die als Naturdenkmal ausgewiesene Linde zeigt eine ungebrochene Vitalität, mit der sie den Widrigkeiten und Naturgewalten trotzt, genauso wie dem Zerfall durch Fäulnis und Käfer und nun schon über Jahrhunderte hinweg ihre „triebhafte" Lebenslust entgegensetzt.

Hat man den Weiler Hundszell, an der Linde vorbei, erreicht und blickt zurück, so scheint sie eher einsam und entfernt in der sonst baumlosen Ebene zu stehen. Aber diese Linde ist ein Kulturdenkmal mit einer uralten Geschichte, die eng mit der Gemeinschaft der Menschen und, wenn es auf den ersten Blick auch nicht so scheint, mit dem Namen des Ortes, Hundszell, verbunden ist. Dieser Ortsname weist einerseits auf eine klösterliche Gründung hin („Zell"), der „Huno" oder „Hunt" war im Mittelalter der Herr über eine Verwaltungsgemeinschaft, bezeichnet also einen Ort, an dem seinerzeit Gericht gesprochen wurde. Damals oft unter einer Linde, deren Äste zudem häufig geleitet waren, um ein Dach zu bilden und den Ort der Gerichtsbarkeit abzugrenzen, und als Schutz vor Sonne und Regen. Ab dem 14. Jahrhundert zog die Rechtsprechung in feste Häuser, wurde stärker zentralisiert, seine bisherige Funktion verließ den Baum.

Über 1000 Jahre alt, so sagt man, soll die Linde bei Hundszell sein. Ob die heutige Linde tatsächlich noch der im Mittelalter bereits vorhandene Baum ist, unter dem einst Gericht gehalten wurde, ist nicht belegbar, Größe und Gestalt sprechen aber dafür. Oft war die alte historische Linde nach Jahrhunderten bereits am Vergehen und die Tradition sorgte für eine Nachpflanzung. Aber mag sie 1000 Jahre oder auch nur 500 Jahre alt sein, von Angesicht zu Angesicht sollte der Wanderer sich ehrfürchtig dieser Herkunft erinnern und ihr damit einen Teil ihrer Geschichte wiedergeben. Das sind wir diesem uralten Baumveteran schuldig.

Dass sie heute noch steht, ist dem Münchner Bahnbeamten Friedrich Stützer zu verdanken, der um 1900 alte Baumriesen in Süddeutschland besuchte und in Bildern und Texten dokumentierte. Als er aus einem Zeitungsartikel erfuhr, dass die Linde bei Hundszell verkauft und zu Holz gemacht werden sollte, damals mit 11,50 m Umfang immerhin die stärkste Linde Mittelfrankens, reiste er mit banger Erwartung mit dem Zug und dann zu Fuß an, fand die Linde glücklich noch vor, nicht aber den Besitzer. Diesem erzählten die Anwohner tags darauf von dem denkwürdigen Besuch aus der großen Stadt, und beeindruckt von dem Interesse an der Linde überdachte dieser seine Absichten und verschonte den Baum.

Text- und Bildautor:
Andreas Gomolka, Berlin

U1

Kampffichten

auf dem Großen Arber bei Bayerisch Eisenstein

Picea abies,
Gemeine Fichte

Standort: ca. 200 Höhenmeter über der Gondelbahn-Bergstation am Nordhang des Großen Aber bei Bayerisch Eisenstein, kurz unter dem Gipfel; Bayerischer Wald, Lkr. Regen, Bayern

Alter: 20–50 Jahre (geschätzt)

Stammumfang: 0,50–1,10 m (geschätzt 02.2018 aus 3 m Stammhöhe auf Schneedecke)

Höhe: 6–9 m (geschätzt)

GPS-Daten

N 49.112868
O 13.134698

Die Fichte zählt eher zu den gewöhnlichen Baumarten. Diese Baumgruppe der Fichten hat sich einen sehr spektakulären Standort direkt auf dem Großen Arber im Bayrischen Wald ausgesucht. Sie müssen in über 1.400 m Höhe ü. NN verschiedene Wettereinflüsse aushalten. Im Winter sind sie zudem immer schneeverhangen. Mit entsprechendem Einfluss von Wind und Sturm erhalten sie solch einzigartiges fast märchenhaftes Aussehen. Entdeckt haben wir diese Fichten im Winter 2018 beim Skifahren. Auf Abwegen durch unliebsames Gelände und Schnee wurden wir auf der Suche für dieses Buch fündig.

Die geschossenen Fotos führten zum gewünschten Erfolg und im Nachgang zu dem Urlaub war schnell klar, dass wir 2019 erneut am Großen Arber Skifahren werden, um die Bäume vermessen zu können. Nach einem sehr ereignisreichen Jahr freuten wir uns auf den nächsten Winterurlaub 2019 umso mehr. Bereits am zweiten Tag des Urlaubs machten wir uns erneut auf zu dieser Baumgruppe von Fichten. Sie waren wieder sehr schneeverhangen und kaum als Fichten zu erkennen, jedoch schienen die Fotos aus 2018 einzigartig gewesen zu sein. Wir beschlossen also den Stammumfang zu messen. Dies stellte uns jedoch vor eine sehr große Herausforderung und wir konnten diese nicht meistern. Die Schneehöhe betrug zu diesem Zeitpunkt 2,40 m am Gipfel und weder mit Skiern noch ohne sind wir überhaupt an den Baum gelangt. Wie wir es auch anstellen wollten, wir versanken im Schnee. Den Stamm bzw. dessen Ende am Boden zu finden, war unmöglich. So scheiterten wir leider bei dieser Aufgabe.

Der Große Arber ist mit seiner Höhe von 1456 Metern der höchste Berg im Bayrischen Wald und sowohl im Sommer als auch im Winter bei allen Besuchern ein beliebtes Ausflugsziel.

In vielen Regionen bildet die Baumart im Gebirge die Wald- oder Baumgrenze. In den Hochlagen sind die Fichten dann in der „Kampfzone“ beeindruckend vom Überlebensringen gezeichnet, was eindrucksvoll zu erleben ist auf dem Großen Arber: immer wieder sterben oder brechen Teile der Krone in Extremsituationen ab, und Wiederaustriebe aus schlafenden Knospen ermöglichen das Überleben. Ältere Bäume können dann zu 100 % aus solchen „Ersatztrieben“ bestehen – dafür wurden die schlafenden Knospen angelegt und können ggf. schnell aktiviert werden.

Solche „Kampffichten“ sind ungemein faszinierende Bäume: oft von hohem Alter, das man ihnen nicht ansieht (2 m hohe Fichten können schon über 100 Jahre alt sein), immer wieder sind Teile ihrer Krone abgestorben, heruntergedrückt oder abgebrochen, Seitenäste richten sich auf oder kriechen auf dem Boden dahin, der Habitus verändert sich grundlegend und kann schließlich strauchförmig werden.

Die Fichte hat es verdient, sich mehr mit ihr zu befassen und ihre Stärken und attraktiven Eigenschaften zu beachten. In jüngerer Zeit hat sie mit warmen trockenen Sommern auf nicht geeigneten Standorten Probleme. Insofern muss man mit ihr eigentlich Mitleid haben und sollte unbedingt anstreben, ihre Verwendung zu optimieren.

Text- und Bildautorin:
Mandy Gläßer, Bannewitz

V1

Douglasie

im Freiburger Stadtwald

***Pseudotsuga menziesii,* Douglasie**

Standort: Günterstal (Freiburger Stadtwald) in 390 m ü. NN; ca. 3 km von der Ortschaft ostseitig am Mühlwaldweg (Wegweiser „Höchster Baum Deutschlands"); kreisfreie Stadt Freiburg im Breisgau, Baden-Württemberg

Alter: ca. 110 J. (Pflanzjahr: 1913)

Stammumfang: 3,49 m (gemessen 06.2019 in 1,3 m Stammhöhe von der hangabwärtigen Stammbasis)

Höhe: 67,7 m (Ultraschallmessung)

GPS-Daten
N 47.953378
O 7.861280

„Waldtraut vom Mühlwald" wird sie genannt, die „gigantische" Douglasie im Stadtwald von Freiburg (Breisgau) nahe dem Stadtteil Günterstal. Mit ihrer für mitteleuropäische Verhältnisse außergewöhnlichen Höhe von beinahe 68 Metern ist sie der höchste Baum Deutschlands.

Gut zu erreichen ist die „Baumkönigin" von Günterstal aus, wohin man mit der Tram von Freiburgs Stadtmitte in nur 13 min. gelangen kann. Ausgehend von der langgestreckten Tallage führen westseitig mehrere Pfade auf kurzem Anstieg an den Wanderweg heran, der an den dicht bewaldeten Hängen vom „Waldhaus" bis zur Ortschaft Horben entlangführt. Ein Teil des befestigten Waldweges ist als dendrologischer Lehrpfad mit einer Vielzahl an exotischen Besonderheiten ausgewiesen, wodurch die Wanderung zusätzlich lohnenswert ist. Auf dem 600 m langen Abschnitt zwischen dem nördlichen Ortsrand und dem „Marxenbrunnen" findet man beispielsweise die Ess-Kastanie, die Japanische Sicheltanne, die Amerikanische Gleditschie, die Chinesische Flügelnuss, den Blauglockenbaum, die Mandschurische Esche oder den Urwelt- und den Riesenmammutbaum.

An der nächsten Wegegabelung verlässt man den Lehrpfad und wandert bei mäßiger Steigung den „Illenbergweg" weiter. Ab hier taucht man noch tiefer in den feucht-dunklen Mischwald ein, der zunehmend von mächtigen Douglasien, Weiß-Tannen und Buchen dominiert wird. Die Rinde der Bäume ist auffällig mit Flechten und Moosen bewachsen und entlang des Weges plätschern immer wieder kleine Quellwasser aus dem Fels. Nach weiteren 1,5 km biegt man in den „Mühlwaldweg" ein und erreicht in 500 m an der linken Wegseite das Ziel. Die Größe und Stattlichkeit des Baumes lassen den Betrachter für einen Moment ehrfürchtig innehalten. Beachtlich ist auch der Umfang des säulenartigen Stammes, der in Brusthöhe 3,50 m beträgt.

Ich erinnere mich noch genau daran, als ich zum ersten Mal hier war: Unser damals kleiner Sohn lernte gerade das freihändige Laufen und ich musste ihn dann ermüdet den größten Teil des Rückweges auf den Schultern tragen. Inzwischen bin ich den Weg etliche Male gegangen, entweder von meiner langjährigen Forschungsstätte in der „Wonnhalde" oder von unserer Günterstaler Wohnung aus.

Bei meinen Wanderungen unter den hohen Baumkronen denke ich viel über die Baumart nach. Zu dem im 19. Jahrhundert „eingebürgerten Nordamerikaner" gibt es bekanntlich unterschiedliche Sichtweisen. In der Forst- und Holzwirtschaft schätzt man die Douglasie vor allem wegen ihrer enormen Wuchsleistung und vielseitigen Verwendbarkeit. Als vorteilhaft im Vergleich zur heimischen Fichte könnte sich auch ihre höhere Toleranz gegenüber Trockenheit erweisen. Zudem sind mit Ausnahme von zwei weit verbreiteten Nadelpilzen („Douglasienschütte") bisher kaum schädigende Organismen an der Baumart bekannt.

Naturschutzfachlich wird jedoch befürchtet, dass sich ein zunehmender Flächenanteil der Douglasie negativ auf die heimische Artenvielfalt auswirken könnte. Dabei stellt sich mir die Frage, ob das begrenzte Anpassungsvermögen unser heimischen Baumarten ausreichen kann, die gewaltigen Effekte des rasanten Klimawandels zu kompensieren? Vor diesem Hintergrund könnte sich die Douglasie vielleicht sogar als eine dankbare Baumart herausstellen, mit der die Herausforderungen der Zukunft zuversichtlicher angenommen werden können.

Text und Bildautor:
Jörg Schumacher, Eberswalde

DURCHMESSER
UMFANG
VOLUMEN
WALDTRAUT
VOM
MÜHLWALD
HÖCHSTER BAUM
DEUTSCHLANDS
HÖHE
ALTER

V2

Wetterbuchen

am Schauinsland bei Freiburg

***Fagus sylvatica*, Rot-Buche**

Standort: Schindelmatt-Hochfläche, 1175 m ü. NN, ca. 2 km südwestlich des Schauinsland-Gipfels (Parkplatz in unmittelbarer Nähe auf der anderen Straßenseite an der Kreuzung L124 – K4958); Gemeinde Oberried, Lkr. Breisgau-Hochschwarzwald, Baden-Württemberg

Alter: ca. 250 Jahre (geschätzt)

Stammumfang: 4,35 m (gemessen 01.2019 in 1,3 m Stammhöhe)

Höhe: 11 m (geschätzt)

GPS-Daten

N 47.899619
O 7.886112

Diese protzige Wetterbuche am Schauinsland bei Freiburg/Breisgau gehört zu einem eindrucksvollen Ensemble von windzerzausten Rot-Buchen auf dem Bergrücken Schindelmatt in 1175 m ü. NN im Schwarzwald, der stark dem Wetter, insbesondere den Westwinden ausgesetzt ist. Häufige Wetterwechsel gehören „zur Tagesordnung", insbesondere im Herbst und Winter. Und so hatte ich mir vor meinem Abstecher auf den Schauinsland im Januar 2019 gewünscht, es möge bitte etwas Schnee liegen und Raureif an den Bäumen hängen. Diese Wunsche wurden mir mehr als erfüllt: 1 m Schnee (barfuß laufen über die Schneeflächen wäre besser gewesen, denn die Stiefel waren erst am nächsten Tag wieder trocken) und ganz dicker Eisanhang an sämtlichen Zweigen und Stämmen. Mal gab es schwarze Wolken, dann schien zeitweise die Sonne und ging schließlich um 17:15 Uhr unter, was ein Spektakel des Lichts und etwa 200 Fotos zur Folge hatte. Das werde ich nicht vergessen.

Der Habitus dieser Buchen ist ziemlich einmalig: einseitige Windflüchter, schiefe Stämme, Aussehen wie Apfelbäume, mit Ästen bis zum Boden herunterhängend, die glatte graue Rinde im Winter mit Eisgebläse-Strukturen, und dies jeden Tag und zu jeder Tageszeit anders. Ich stelle mir vor: dort eine Woche Urlaub machen und jeden Morgen und Abend eine Runde zu den Wetterbuchen laufen – aber das würden zu viele Fotos werden. Dies geht anderen wohl genauso: man findet Bücher über die Wetterbuchen, umfangreiche Fotoserien im Internet, ein Puzzle mit 1000 Teilen und große Leinwandbilder. Im Internet sieht man: es gibt eine riesige Wetterbuchen-Fangemeinde, sowohl Einheimische vor Ort als auch Baumliebhaber von überall her. Wahrscheinlich haben einige Bäume schon Namen wie: Goliath, Windflüchter, Weiße Fee o.ä. In Internetforen gibt es eine Diskussion, ob die Bäume Wind- oder Wetterbuchen heißen sollen, beides ist verbreitet. Ich plädiere für letzteres, da mehr als Wind dazugehört, die Bäume so zu formen wie es hier geschieht. Dies ist nur möglich in Verbindung mit Schnee- und Eisanhang sowie Raureif, durch deren Gewicht die Äste heruntergebogen werden und auch ständig welche abbrechen.

Und auch das kann man dort erleben: als ich am Gipfel des Schauinsland mit dem schicken Aussichtsturm aus Holz angekommen war, kam ein Mountainbiker über die Schneedecke gefahren (das ging zum Glück nur auf den Wegen, wo der Schnee plattgetreten war) und bat mich um ein Gipfelfoto – leider wäre sein Handy-Akku leer, ob ich bitte meins nehmen und ihm 3 Bilder schicken könnte. Naja, hab ich natürlich gemacht, da war er glücklich.

Eigentlich ist die Buche ja die „Schattenkönigin" unter den häufigeren Waldbaumarten: sie kommt mit fast jeder Schattensituation zurecht und dominiert so überall, wo ihr die Standortsverhältnisse zusagen, die Naturwälder. Hier auf dem Schauinsland wächst sie aber frei auf den Wiesen und muss mit ganztägiger Sonnenstrahlung zurechtkommen. Dies wird ihr durch die Höhenlage von 1200 m ü. NN erleichtert, über 30°C kommen hier oben nur selten vor. Besonders eindrucksvoll sind die Baumgestalten bei Nebel, der dort regelmäßig auftritt.

Der Schauinsland ist mit seinen 1284 m ü. NN der Hausberg von Freiburg im Breisgau, 10 km Luftlinie südöstlich der Stadtmitte. Er trägt diesen passenden Namen, da sich vom Aussichtsturm auf dem Gipfel bei schönem Wetter in alle Richtungen grandiose Ausblicke bieten, übers Rheintal bis in die Vogesen und bis in die Schweizer Alpen. Die Talstation der Schauinslandbahn befindet sich in Horben.

Autor von Bildern und Text:
Andreas Roloff, Tharandt

W1 Silber-Pappel

in Bad Boll

***Populus alba*, Silber-Pappel**

Standort: in Bad Boll ca. 1 km südlich vom Ortszentrum an der Gruibinger Straße, gegenüber Haus Nr. 49 und der Seitenstraße Waldeck, nahe dem kleinen Parkplatz „Silberpappel"; Lkr. Göppingen, Baden-Württemberg

Alter: 200 Jahre (Angabe im Netz, man glaubt es kaum – sieht aus wie 90 Jahre)

Stammumfang: 6,12 m (gemessen 05.2019 an Taille in 1,7 m Stammhöhe)

Höhe: 16 m (geschätzt), Kronenbreite 11 m (geschätzt)

GPS-Daten

N 48.631878
O 9.611222

Was für ein Prachtbaum: Wie schön er auf diesem Platz auf der Höhe steht, mit Blick weit in die Landschaft – wahrlich ein Koloss von Baum. Es dürfte wohl nicht nochmal einen Parkplatz in Deutschland geben, der Silberpappel heißt – der ist gleich gegenüber 50 m die Straße weiter. Genial gelöst, denn so stören die Autos die Wirkung dieses starken Baumes nicht. Zudem macht sich hier jemand sowieso viele Gedanken um und für den Baum. Die dezente Absperrung durch einen Holzzaun mit einer Latte zeigt jedem (auch Analphabeten), dass man das Umfeld des Baumes respektieren soll und im Übrigen selbst schuld ist, wenn man dort hineingeht und ein Ast herunterfällt. Denn das kann bei älteren Bäumen mit solchen Ausmaßen nun mal passieren, und ihn sicher zu machen würde zu seiner Verstümmelung führen. Hochachtung, dass hier diese Lösung realisiert worden ist.

Ich wusste bis zu diesem Baum gar nicht, dass es so starke Silber-Pappeln gibt. Er soll 200 Jahre alt sein, für Pappeln ein ziemlich hohes Alter, heißt es doch oft, dass Pappeln an Straßen nach 30 Jahren abgesägt werden müssen (wegen der Verkehrssicherungspflicht), weil sie „ihr Alter" erreicht haben. Das bezieht sich zwar ursprünglich nur auf Hybrid-Pappeln, wird aber verbreitet auf jede Pappel übertragen, obwohl bekannt ist, dass Schwarz- und Silber-Pappeln 200 Jahre alt werden können.

Die Silber-Pappel hat ihren Namen von den silbrigen Blattunterseiten, welche durch tote Haare als Verdunstungsschutz über den Spaltöffnungen entstehen und einen schicken Farbkontrast zur grünen Oberseite der Blätter darstellen. Deshalb ist die Silber-Pappel ausgesprochen attraktiv, zudem zeigt sie damit ihr hohes Luftreinigungspotenzial: Feinstaub sammelt sich im Haarfilz der Blattunterseite, wird aber bei Regen wieder abgewaschen, so dass sich die Blätter nicht selbst vergiften und der Feinstaub „ordnungsgemäß" entsorgt wird.

Diese Baumart kommt sonst vor allem in Flussauen vor, aber Auenwaldbaumarten müssen neben Überflutungstoleranz auch sehr trockenstresstolerant sein, da es immer wieder (und zunehmend) Trockenphasen gibt, in denen der Flusspegel sehr stark absinkt und die nah stehenden Bäume Probleme mit der Wasserversorgung bekommen.

Silber-Pappeln breiten sich (wie Zitter-Pappeln) intensiv durch Wurzelbrut aus, d.h. Sprosse die aus oberflächennnahen Wurzeln treiben und so junge Bäume ohne Früchte zustande bringen, was einen Klon zur Folge hat. So können sie sich pro Jahr durchaus bis zu 2 m um den Mutterbaum herum ausbreiten und ein größeres Areal schnell flächig erobern. Da es auch einen Hybrid zwischen Silber- und Zitter-Pappel (*Populus* × *canescens*, Grau-Pappel) gibt, welcher diese Eigenschaft ebenfalls hat, kann man diese Erscheinung relativ häufig beobachten. Sie ist natürlich in vielen Situationen nicht erwünscht, da diese Wurzelbrut lästig werden kann. Man kann sie aber auch gezielt ausnutzen, z.B. zur schnellen Kippenaufforstung oder Deponie-Begrünung sowie zur Böschungsbefestigung: Man braucht dort nur 50 Exemplare solcher Baumarten zu pflanzen, und nach 10 Jahren sind 500.

Text- und Bildautor: Andreas Roloff, Tharandt

W2 Kanadische Pappel

auf der Insel Reichenau im Bodensee

***Populus × canadensis*, Kanadische Hybrid-Pappel**

Standort: Schiffslände Reichenau; Reichenau, Lkr. Konstanz, Baden-Württemberg

Alter: ca. 120 Jahre (geschätzt)

Stammumfang: etwa 7,80 m (gemessen 04.2019 in 1,30 m Stammhöhe)

Höhe: 15 m (geschätzt)

GPS-Daten

N 47.690372
O 9.0537739

Wer mit dem Fährschiff die größte Insel des Bodensees ansteuert, aus der Schweiz oder von deutschen Häfen kommend, wird sie schon vor der Ankunft an der Schiffslände der Reichenau sehen – die vier großen Kanadischen Pappeln am Ufer. Riesige knorrige Baumgestalten, scheinbar aus einer anderen Zeit entsprungen. Ihre Silhouette erinnert an alte Eichen, wettergegerbt, die Borke mit Flechten bewachsen.

Der Stamm der stärksten der vier Pappeln misst um die 7,80 m Umfang. Es ist schwierig, dies genauer zu ermitteln wegen der vielen Wülste und Knollen, die sich am Stamm befinden. Die Pappeln sind als Naturdenkmal ausgewiesen und wurden laut Liste der Naturschutzbehörde bereits um das Jahr 1800 gepflanzt. Ob dies stimmt? Pappeln sind schnellwüchsig und können in 100 Jahren beachtliche Dimensionen erreichen; wir schätzen sie auf nicht viel älter als 120 Jahre, aber wer kann das genau sagen? Gewiss ist, dass sie schon sehr viele Schiffe und Boote an den Hafen-Pier haben anlanden sehen. Von Land aus sieht man sie erst, wenn man am Ende der kleinen Straße zum Schiffsanleger gelangt.

Die Kanadische Pappel ist eine Hybride aus der heimischen Schwarz-Pappel (*P. nigra*) und der kanadischen Schwarz-Pappel (*P. deltoides*). Schon am Ende des 17. Jahrhunderts wurde die leicht vermehrbare Kanadische Pappel angepflanzt – sie wächst schneller und gradschäftiger als die heimische Schwarz-Pappel. Der Querschnitt der jungen Triebe ist meist leicht kantig, im Gegensatz zu den rundlichen Trieben der heimischen Schwarz-Pappel. Auch ist der Blattaustrieb rötlich statt grün. Pappeln sind zweihäusig, es gibt also weibliche und männliche Pflanzen. Die vier Pappeln an der Schiffslände sind Brüder.

Das weiche Holz der Pappeln wird auch heute noch für Spanplatten und sonstige Industriehölzer genutzt – auch fast alle Zündhölzer sind aus Pappelholz gefertigt. Die frühere beliebte Nutzung, aus dem leicht zu bearbeitenden Holz Schuhe zu fertigen, ist dagegen fast in Vergessenheit geraten – oder tragen Sie noch Holzschuhe? Diese isolieren hervorragend, sind wasserabweisend, spitze oder dornige Gegenstände können nicht durchdringen, auch ein Hammer darf mal auf den Fuß fallen, in Gießereien und im Hüttenwesen zählten sie zur Berufskleidung. Holzschuhe waren bis vor wenigen Jahrzehnten die Sicherheitsschuhe schlechthin.

Die Reichenau ist eine Gärtnerinsel. Auf fast 160 ha wirtschaften vor allem Gemüsegärtner. Dass sie auch Bäume pflegen und erhalten können, sieht man unter anderem an den Pappeln, die seit Generationen das Ufer bewachen. Bekannt ist die Reichenau aber vor allem durch das ehemalige Benediktiner-Kloster und die Filialkirchen; das 724 gegründete Kloster zählte im frühen Mittelalter zu den bedeutendsten Gelehrtenschulen und Skriptorien des damaligen Reiches; bedeutende Buchmalereien sind noch erhalten. Ein Fresko, in der kleinen Kirche St. Georg erhalten, zeigt vier Teufel, die eine Kuhhaut halten und den Redefluss der umstehenden Frauen darauf mitzustenographieren versuchen – aber vergeblich, denn das Gerede „geht auf keine Kuhhaut“. Die Klosterinsel Reichenau wurde 2000 in das Weltkulturerbe aufgenommen.

Text- und Bildautor:
Eike Jablonski, Kruchten

W3

Weiß-Tanne

bei Steibis in Oberstaufen

***Abies alba*,**
Weiß-Tanne

Standort: Wanderweg von der Talstation der Hochgratbahn zum Berggasthof Oberstiegalpe, bei Steibis; Ortsteil in der Gemarkung Aach im Allgäu des Marktes Oberstaufen, Lkr. Oberallgäu, Bayern

Alter: 300 – 500 Jahre (geschätzt)

Stammumfang: etwa 6,50 m (gemessen 07.2018 in 1,3 m Stammhöhe)

Höhe: 30 m (geschätzt)

GPS-Daten
N 47.500040
O 10.044225

In den Allgäuer Alpen westlich der Iller befindet sich der Hochgrat, ein 1.834 m hoher Berg, der Hausberg von Oberstaufen. Es ist der markanteste Gipfel im 2008 gegründeten Naturpark „Nagelfluhkette". Mit einer 1972 eröffneten Gondelbahn kann man bequem von der Talstation in ca. einer viertel Stunde auf den Gipfel gelangen und von dort bei gutem Wetter auf über 300 Gipfel der Alpen, den Bodensee und das westliche Allgäu schauen. Und in dieser Talstation fanden wir während eines Urlaubs den Flyer „Auf den Spuren alter Bäume – Die Baumveteranen von Steibis", der vom Naturpark Nagelfluhkette und Oberstaufen Tourismus herausgebracht wurde. Er beinhaltet die Beschreibungen der acht besonders beachtenswerten Bäume und eine Wanderkarte, die man wunderbar nutzen kann. Immerfort muss man während der Wanderung stehen bleiben: um sich die Bäume anzuschauen, den herrlichen Ausblick zu genießen, um Fotos zu machen oder weil man einfach außer Puste ist.

Vorbei an einer stattlichen Vogel-Kirsche, alten Fichten und einer 300–400 Jahre alten Berg-Ulme sahen wir sie schon von weitem, die stattliche Weiß-Tanne. Gut zu erkennen an der im Alter abgeflachten sogenannten Storchennestkrone. Sie steht direkt am Weg zur Oberstiegalpe und ist mit ihren fast 6,50 m Umfang eine der mächtigsten Tannen Deutschlands. Ihre Höhe wird mit 30 m geschätzt, der Kronendurchmesser soll etwa 14 m betragen und sie steht in einer Höhe von etwa 1130 m. Selbst der Wurzelbereich ist sehenswert, beim Anblick der offenliegenden Horizontalwurzeln kann man seiner Fantasie freien Lauf lassen und allerlei Fabelwesen erkennen (kleines Bild unten).

In den Nordalpen kommen Weiß-Tannen bis ca. 1500 m Höhe vor. Meist stehen sie in Tannen/Buchen-Mischwäldern oder in Tannen/Fichtenwäldern. Aber dieses Prachtexemplar hier in Steibis ist wunderbar freistehend und spendet mit seiner mächtigen Krone reichlich Schatten. Auch die anderen Bäume auf den Weiden, besonders die Baumveteranen, bieten mit ihren weit ausladenden Kronen dem Alpvieh Schutz vor Kälte und Schnee, aber auch der Schutz vor der Hitze wird von den Rindern geschätzt. Damit erfüllen sie für die Bergbauern (Älpler) und ihr Vieh sehr wichtige Funktionen. Ohne das Alpvieh wäre die Landschaft um die Berggipfel noch weiter hinauf bewaldet oder wenigstens mit vielen Büschen besiedelt. Stattdessen können die Menschen dank der Bergbauern und ihrem Vieh nicht nur durch dichten Wald wandern, sondern auch über aussichtsreiche Wiesen. Das wurde schon vor Jahrhunderten erkannt und bis heute weiter geführt. Früher wurde das Laub der Bäume oft als Winterfutter oder Einstreu im Stall verwendet, denn Stroh war oft Mangelware, da es auch zu vielen anderen Zwecken genutzt wurde.

Viele Bäume wachsen auf Nagelfluhfelsen (unterschiedlich große, aber immer mehr oder weniger runde Steine, die zu einem Konglomerat, dem sog. Nagelfluh, zusammengepresst wurden), denn dort waren die Keimlinge und später die jungen Bäume vor Verbiss geschützt und konnten in die Höhe wachsen. Einige Bäume wurden auch gepflanzt, und rund um Steibis entstand eine herrliche Landschaft mit teilweise parkartigem Charakter.

Text- und Bildautorin:
Katrin Schaeffer, Freital

X1

Urweltmammutbaum

im Park Fronhof Augsburg

Metasequoia glyptostroboides, Urweltmammutbaum

Standort: in der kleinen Parkanlage Fronhof an der Peutingerstraße, 50 m westlich vom Dom in Augsburg; kreisfreie Stadt Augsburg, Bayern

Alter: 54 Jahre

Stammumfang: 3,36 m (gemessen 05.2019 in 1,3 m Stammhöhe)

Höhe: 25 m (geschätzt)

GPS-Daten

N 48.372390
O 10.895245

Augsburg ist mit über 2000 Jahren eine der ältesten Städte Deutschlands. Dazu gehören viele alte Bauwerke wie z.B. der Dom und eine Reihe schöner Parkanlagen mit interessanten Bäumen und Baumarten. So steht auch dieser Urweltmammutbaum in einer Grünanlage in Sichtweite des Doms und wirkt durch seinen nadelbaumtypischen sehr geraden Wuchs mit einer rotbraunen Streifenborke beeindruckend. Das Pflanzjahr 1966 ist durch eine Tafel am Baum dokumentiert, sonst würde man das „jugendliche" Alter von 54 Jahren kaum für möglich halten. Es handelt sich also um eine sehr schnell wachsende Baumart, wenn der Standort dies hergibt. Meistens fallen ältere Urweltmammutbäume durch ihren angeschwollenen wulstigen Stammfuß auf und zeigen damit, dass es nur diese Baumart sein kann. Aber das Kennzeichen „Flaschenbauch" fehlt diesem Baum hier und verdeutlicht die Variabilität von Eigenschaften in der Natur, weshalb es manchmal nicht auf den ersten Blick sicher ist, worum es sich handelt. Das erkennt man allerdings bei dieser Art auch an den Zweigen und Nadeln, denn letztere sitzen zu vielen an Kurztrieben, und beide zusammen verfärben sich im Herbst und fallen ab, es ist also eine sommergrüne Nadelbaumart wie unsere Lärchen.

Verwechseln kann man den Urweltmammutbaum eigentlich nur mit der Sumpfzypresse, die vom Habitus sehr ähnlich aussieht und ebenfalls sommergrün ist, aber nicht solche Stammfußwülste entwickelt, dafür oft Brettwurzeln und Wurzelknie. Vor allem aber sind die Kurztriebe bei ihr wechselständig am Spross versetzt, stehen hingegen hier beim Urweltmammutbaum gegenständig immer zu zweit annähernd gegenüber (Bild unten). Kurztriebe sind an Nadelbäumen selten zu finden, kommen aber z.B. auch an Lärchen vor – es scheint einen Zusammenhang zwischen sommergrüner Benadelung und ihrem Auftreten zu geben, denn immergrüne Nadelbäume brauchen keine Kurztriebe, da die Nadeln mit einer Lebensdauer von bis zu 10 Jahren sie überflüssig machen.

Der Name Urweltmammutbaum macht etwas Interessantes bei dieser Baumart deutlich: sie wurde erst 1941 fast gleichzeitig fossil in Japan und lebend in China entdeckt, wobei man zunächst beides gar nicht zusammenbrachte, sondern sie für 2 verschiedene Baumarten hielt. Als dann die Übereinstimmung bemerkt wurde, war es natürlich eine botanische Sensation. Und der Urweltmammutbaum, seitdem als lebendes Fossil bezeichnet, wurde in der Folge seit 1947 umgehend auf der ganzen Welt verbreitet durch Saatgut und Jungpflanzen. So kehrt diese urtümliche Baumart an ihre ursprünglichen Verbreitungsorte mit Hilfe des Menschen zurück, denn vor den Eiszeiten wuchs sie auch bei uns.

Die Kurzbezeichnung Mammutbaum ist also vorsichtig zu verwenden, da es neben dem hier vorgestellten noch einen Küstenmammutbaum (*Sequoia*) und einen Riesenmammutbaum (*Sequoiadendron*) gibt, die beide in Nordamerika heimisch und vor allem durch ihre Ausmaße berühmt sind, wogegen der Urweltmammutbaum nur „normale" Größen erreicht.

Text- und Bildautor:
Andreas Roloff, Tharandt

X2

Haindlfinger Ahorn

bei Freising

Acer campestre, Feld-Ahorn

Standort: Verbindungsstraße zwischen den Freisinger Ortsteilen Erlau und Haindlfing; Große Kreisstadt Freising, Lkr. Freising, Bayern

Alter: 150–200 Jahre (geschätzt)

Stammumfang: 3,50 m (gemessen 09.2017 an Taille in 1,0 m Stammhöhe)

Höhe: 17 m (geschätzt)

GPS-Daten

N 48.440288
O 11.734996

Als mir vor ein paar Jahren bekannt wurde, dass der Feld-Ahorn Baum des Jahres 2015 wird, machte ich mich in verschiedener Literatur und im Internet auf die Suche nach bedeutenden Exemplaren dieser Art. Ein besonders großer Baum sollte sich bei Freising befinden. Die große Kreisstadt Freising ist die älteste Stadt Oberbayerns und liegt zwischen Landshut und München.

Eine entsprechende Route wurde herausgesucht und auf ging es. In Freisings Ortsteil Erlau gibt es eine kleine Verbindungsstraße nach Haindlfing, einem 6 km nördlich liegenden Stadtteil von Freising. Die Einmündung ist schlecht zu erkennen, die Straße ziemlich eng, aber der Baum ist dann doch ganz leicht auf der linken Straßenseite zu entdecken.

Der Baum steht ziemlich nahe an einem Wäldchen und fast genau an der Straße. Einige Male habe ich um dieses Prachtexemplar von einem Feld-Ahorn einen großen Bogen gemacht und dabei versucht, ein paar gute Fotos zu machen. Obwohl die nächsten einsehbaren Häuser ziemlich weit entfernt stehen, scheint man doch die Umgebung genau zu beobachten. Und wenn dann da noch ein Auto mit fremden Kennzeichen steht und ein Baum umrundet und auch noch vermessen wird, da musste doch mal nachgeschaut werden. In mir stieg die Hoffnung auf, von den „zufällig" vorbei kommenden Leuten ein wenig mehr über den Baum zu erfahren, aber mehr als „Baam, da stand scho oiwei do" habe ich nicht gehört. Übersetzt heißt das übrigens: „Baum, der stand schon immer da". In der Literatur findet man leider auch kaum etwas zu diesem tollen Exemplar.

Wie bei den meisten seiner Art teilt sich der Stamm schon sehr zeitig, hier speziell schon bei etwa 90–100 cm Höhe. Dort hat der Baum einen Durchmesser von etwa 3,50 m. Mehrere dicke, mit Flechten und Moos bewachsene Stämmlinge, die sich sparrig verzweigen, bilden eine breite rundliche Krone. Ein dicker Stämmling, der sich dann im Verlauf nochmal teilt, hat in 1,30 m Höhe einen Umfang von etwa 2,45 m.

Da es eher eine zierliche Baumart ist, wird er oft als Straßenbaum, besonders an kleineren Straßen genutzt. Er wächst ansonsten meist mehrstämmig bis strauchförmig und ist auch als Heckenpflanze sehr beliebt. Der Feld-Ahorn wird bis 200 Jahre alt.

Bedauerlicherweise werden oft Ahorne am Feldrand aufgrund ihres Standortes ebenfalls Feldahorn genannt, obwohl es sich um Spitz- oder Berg-Ahorne handelt. Der Haindlfinger Ahorn wird hoffentlich noch lange an dieser wenig befahrenen Straße zu bestaunen sein.

Text- und Bildautorin:
Katrin Schaeffer, Freital

X3

Blauglockenbaum

im Botanischen Garten München-Nymphenburg

***Paulownia tomentosa*, Blauglockenbaum**

Standort: Botanischer Garten München-Nymphenburg, Bereich System der Pflanzenfamilien; Landeshauptstadt München, Bayern

Alter: etwa 105 Jahre (geschätzt)

Stammumfang: 2,20 m (stärkster Stamm gemessen 08.2019 in 1,3 m Stammhöhe)

Höhe: 12–14 m (geschätzt)

GPS-Daten

N 48.161634
O 11.503014

In München befindet sich im Stadtteil Nymphenburg der über 21 Hektar große Botanische Garten, welcher zu den bedeutendsten Botanischen Gärten der Welt gehört. Noch nicht einmal 20 Minuten braucht man mit der Linie 17 von der Innenstadt bis zum Eingang an der Menzinger Straße. Schon von der Tram aus konnte ich sie Ende Mai erkennen: die mächtige, breit ausladende und über und über mit Blüten besetzte Baumkrone eines Blauglockenbaumes. Und wenn man dann endlich im System an der Grenze zu den Freilandanlagen der Gärtner direkt vor diesem prachtvollen Exemplar steht, kommt man eigentlich aus dem Staunen nicht mehr heraus.

Wahrscheinlich zur Gartengründung 1914 gepflanzt, einmal komplett zurückgefroren und dann wieder von der Basis ausgetrieben (das erklärt die ungewöhnliche Mehrstämmigkeit), steht der Baum da mit seinen 4 gewaltigen Stämmen. Leider kann man den Umfang der einzelnen Stämme schlecht vermessen, da diese in Messhöhe mit Resten vom gekappten Efeu umgeben sind.

Seinen Ursprung hat der Blauglockenbaum, auch Kaiserbaum oder Kaiser-Paulownie genannt, in Japan „Kiri“ (Kiribaum) und China „Pao Tong“. Philipp Franz von Siebold (1796–1866), bayerischer Botaniker, Natur- und Japan-Forscher, brachte ihn Mitte des 19. Jahrhunderts nach Europa. Der Name *Paulownia* entstand zu Ehren von Anna Pavlova (deutsch: Paulowna), einer Tochter des russischen Zaren Paul I., Großfürstin von Russland (1795–1865), welche später Königin der Niederlande wurde. Der Artname *tomentosa* bedeutet filzig und beschreibt die erst später nach der Blüte erscheinenden Blätter, welche unterseits dicht grauwollig behaart sind. Sie sind gegenständig, herzförmig und können sehr groß werden, bis fast 40 cm Durchmesser. Im Herbst verfärben sie sich nicht.

Im April oder Mai erscheinen am Zweigende die mit einer Länge von 5–6 cm verhältnismäßig großen und sehr schönen hell purpurblauen Blüten, welche außen behaart sind. In der trichterförmig-glockigen Blütenkrone sind gelbe Streifen zu erkennen. Sie haben einen angenehmen Duft und werden von zahlreichen Bienen und Hummeln besucht. Nach der Blüte werden 3 – 4 cm lange, eiförmige Kapselfrüchte mit zwei Klappen und zwei Spitzen gebildet. Sie enthalten viele schwach geflügelte Samen. Früchte und Samen sind schwach giftig und bleiben den Winter über bis zur nächsten Blüte am Baum. Die Paulownie ist ein tiefwurzelnder Baum und sehr resistent gegenüber Krankheiten und Schädlingen.

Besonders viele Blauglockenbäume findet man auch in Wien und Umgebung (z.B. Baden, Schönbrunn), dem Zentrum des ehemaligen österreichischen Kaiserreiches, da die Paulownie der Lieblingsbaum des österreichisch-ungarischen Kaisers Franz Joseph I. (1830–1916) war.

Text- und Bildautorin:
Katrin Schaeffer, Freital

X4

Großer Ahorn

am Wamberg nahe der Elmauer-Alm

***Acer pseudoplatanus*, Berg-Ahorn**

Standort: nach etwa 1 km von der Elmauer Alm bei Elmau: nordwestlich den neuen Waldweg entlang; Lkr. Garmisch-Partenkirchen, Bayern

Alter: 450–600 Jahre (geschätzt)

Stammumfang: etwa 8,30 m (gemessen 05.2019 in 1,30 m Stammhöhe), etwa 7,40 m Taillenumfang (in etwa 2 m Höhe)

Höhe: 25 m (geschätzt)

GPS-Daten

N 47.478783
O 11.179533

Eine kleine Herausforderung war es schon, zu diesem vermeintlich stärksten Berg-Ahorn Deutschlands zu gelangen. Zwischen Garmisch-Partenkirchen und Mittenwald liegt der Ort Klais. Von dort aus gelangt man über eine Mautstraße zu dem verträumten Örtchen Elmau. Dort befindet sich in einfach malerischer Landschaft das Schloss Elmau, das 1916 von Johannes Müller, Theologe, Philosoph, Prophet und Seelenführer, erbaut wurde. Nach einem Großbrand 2005 wurde es zu einem Luxushotel umgebaut. Ganz in der Nähe befindet sich ein Parkplatz, von dem man dann per pedes auf einem etwas steilen Weg zur Elmauer Alm gelangt. Nach einer kleinen Stärkung mit traumhaftem Ausblick auf die noch immer schneebedeckten Berggipfel der Wettersteinwand gelangten wir auf einem gut begehbaren Forstweg zu unserem Ziel, dem alten Baumriesen. Und ich muss schon sagen: Man sieht ihm das Alter an! An einen steilen Hang geschmiegt steht er da, vom Wetter gezeichnet, aber auch Pilze, wie besonders der Brandkrustenpilz, haben ihm mächtig zugesetzt. Vor nicht allzu langer Zeit hat er einen großen Ast verloren, traurig liegt er noch neben dem Wegrand. Ein großes Loch klafft im Stamm. Ziemlich hohl ist er schon, auf dem stark bemoosten Stamm hat sich ein kleines Biotop gebildet.

Allein die Moosflora ist sehr beeindruckend: Schlaffes Vielzahnbirnmoos (*Ptychostomum moravicum*), Hängendes Widerhakenmoos (*Antitrichia curtipendula*) und Breitblättriges Kahlfruchtmoos (*Porella platyphylla*) sind nur ein paar Beispiele. Auch die Gabelflechte (*Pseudevernia furfuracea*) konnte ich entdecken. Aber auch Kräuter und Farne, vor allem der Gemeine Tüpfelfarn, waren in großer Vielfalt zu finden. Eine Storchschnabelart, Waldmeister, Vergissmeinnicht, Brennnessel, Veilchen, Wald-Sauerklee, Moschuskraut und Erdbeeren sollen hier als Beispiele genannt werden. Dieses frische Grün der Kräuter und die erst vor kurzem ausgetriebenen Blätter gaben dem alten Baum einen ganz besonderen Charme, so als wollte er sagen: Seht, trotz meines hohen Alters bin ich doch noch rüstig und will noch viele Jahre hier am Wamberg stehen!

Es wäre wünschenswert, dass dieser alte Veteran besondere Würdigung und Pflege zuteil bekommt, denn verdient hat er es. Ein Berg-Ahorn mit diesem Alter ist etwas ganz Besonderes! Im gesamten Gebiet zwischen Elmau, Elmauer Alm und Wamberg gibt es noch viel mehr alte Berg-Ahorne. Mit ihrem großen Umfang, all ihrem Bewuchs und teilweise schon abgestorbenen Ästen üben sie einen ganz besonderen Reiz aus.

Text- und Bildautorin:
Katrin Schaeffer, Freital

Y1

Esche

auf der Herreninsel im Chiemsee

Fraxinus excelsior,
Gewöhnliche Esche

Standort: südlich Chorherrenstift, Allee von der Gärtnerei zum Kanal und Apollo-Bassin, Insel Herrenchiemsee; Stadt Chiemsee, Lkr. Rosenheim, Bayern

Alter: 260 -360 Jahre (geschätzt)

Stammumfang: 6,64 m (gemessen 04.2018 in 1,3 m Stammhöhe)

Höhe: 32 m (geschätzt)

GPS-Daten

N 47.862817
O 12.394032

Auf der etwa 230 ha großen Herreninsel im Chiemsee gibt es einen wundervollen alten Baumbestand. Dieser wäre fast verloren gegangen, denn um das Jahr 1870 war kurzzeitig eine württembergische Holzverwertungsgesellschaft der Besitzer. Und so sollten die gesamten Baumbestände abgeholzt werden. Gottseidank kaufte König Ludwig II. von Bayern 1873 die Insel und verhinderte diese Pläne. Er ließ hier sein „Neues Schloss Herrenchiemsee" errichten, es sollte der letzte und prunkvollste Bau des „Märchenkönigs" werden.

Nach einer kurzen Anfahrt mit dem Schiff läuft man vom Anlegeplatz der Chiemsee-Schifffahrt vorbei an Museumsladen, Schlosswirtschaft und dem Augustiner-Chorherrenstift in Richtung westlicher Schlossteil mit dem fantastischen Garten und Fontänen. Man kommt zu einer Allee, wo inmitten anderer Bäume eine gewaltige Esche steht. Als wir zu viert den Stammumfang gemessen haben, sind wir zu einer stattlichen Zahl gekommen: 6,64 Meter in Brusthöhe! Das war schon ganz ordentlich. Der mächtige Stamm ist ziemlich hohl und hat eine breite schlitzartige Öffnung. In 5 bis 6 Meter Höhe verzweigt er sich in zwei Hauptstämmlinge. Weiter oben sieht es aus, als ob sie sich aneinander lehnen. Insgesamt ist die Krone nicht sehr ausladend, das ist wohl dem Standort in einer Allee geschuldet. Die Borke am Stamm ist mit Moosen und Flechten bewachsen, unmittelbar neben dem Stammfuß steht ein Wildrosenstrauch. Dessen spitze Stacheln machten das Vermessen zu einer unangenehmen Aufgabe.

Die gemeine Esche war der Baum des Jahres 2001. Sie gehört in die Familie der Ölbaumgewächse und erreicht Höhen bis zu 40 m. Das eindrucksvollste an dieser Baumart, die keine spektakulären Blüten oder Früchte hat, sind die kurzfilzig behaarten samtschwarzen Knospen, die fast im gesamten Jahr zu sehen sind. Die gefiederten Blätter erscheinen sehr spät im Frühjahr, denn sie ist die am spätesten austreibende heimische Baumart. Blühfähig ist sie erst mit etwa 30 Jahren. Die Blüten erscheinen vor dem Laubaustrieb und werden vom Wind bestäubt. Die Früchte sind erst im Oktober oder November reif und werden vom Wind verbreitet. Die Esche gehört neben Eiche und Buche zu den wichtigsten einheimischen Laubnutzhölzern. Sie hat ein schweres und zugleich hartes ringporiges Holz. Neben dem Möbelbau hat das Holz große Bedeutung bei der Herstellung von Werkzeugstielen, Sportgeräten, Leitersprossen usw.

Fraxinus excelsior ist die bestandsstärkste Baumart auf Herrenchiemsee. Doch nahezu alle sollen mittlerweile vom Eschentriebsterben betroffen sein. Im März 2018 wurden allein rund 250 Bäume von einer Spezialfirma gefällt. Es bleibt zu hoffen, dass die besagte alte ehrwürdige Esche noch lange erhalten bleibt.

Text- und Bildautorin:
Katrin Schaeffer, Freital

Literatur

zu Kapitel 1: Einführung

Brunner, M. (2007): Bedeutende Linden – 400 Baumriesen Deutschlands. – Haupt, Bern.

De Woody, J.; Rowe, C.A.; Hipkins, V.D.; Mock, K.E. (2008): Pando lives: molecular genetic evidence of a giant aspen clone in Central Utah. – West. North Am. Natural. 68: 493–497.

Dujesiefken, D.; Liese, W. (2008): Das CODIT-Prinzip. Haymarket Media, Braunschweig.

FLL (Hrsg.) (2020): Baumkontrollrichtlinien – Richtlinien für Regelkontrollen zur Überprüfung der Verkehrssicherheit von Bäumen. – 3. Aufl. Forschungsgesellschaft Landschaftsentwicklung Landschaftsbau e. V., Bonn, 59 S.

Gillner, S.; Roloff, A. (2016): Das Alter von Olivenbäumen: Ein wissenschaftlicher Ansatz zur Altersabschätzung von Olivenbäumen (Olea europaea L.) auf Basis einer jahrringanalytischen Herangehensweise. – Mitt. Dt. Dendrol. Ges. 101: 9–18.

Godet, J.-D. (2016): Baumrinden – Vergleichen und bestimmen. – 3. Aufl. Ulmer, Stuttgart.

Hartig, A.; Roloff, A. (2019): Charakterbäume in der Stadt: Eine neue Methode zur Einschätzung. – ProBaum 01: 10–15.

Kullmann, L. (2008): Old Tjikko and old Rasmus – the oldest known spruces in the world. – http://www.kullmantreeline.com/empty_8.html [Zugriff 1.9.2019].

Mackenthun, G. (2012): „Ältester lebender Baum der Welt in Schweden entdeckt“: kleiner Irrtum oder grober Fehler? – Mitt. Dt. Dendrol. Ges. 97: 151–162.

Martin, H. (2015): Das Dickenwachstum der Bäume. – http://www.baumkunde.de/forum/viewtopic.php?t=12133 [Zugriff 1.9.2019].

Matyssek, R.; Fromm, J.; Rennenberg, H.; Roloff, A. (2010): Biologie der Bäume – Von der Zelle zur globalen Ebene. – Ulmer, Stuttgart.

Michels, C.; Roloff, A. (2019): Praxisgerechte Stammumfangermittlung von Naturdenkmalen und starken Bäumen. – Forstwiss. Beitr. Tharandt, Beih. 21: 91–106.

Monumentaltrees (2019): Die dicksten, höchsten und ältesten Bäume in Deutschland. – http://www.monumentaltrees.com/de/rekorde/deu/ [Zugriff 1.9.2019].

Pollet, C.; Isambert, A. (2012): Rinde – Die Wunderwelt der Bäume entdecken. – Ulmer, Stuttgart.

Roloff, A. (1989): Kronenentwicklung und Vitalitätsbeurteilung ausgewählter Baumarten der gemäßigten Breiten. – Sauerländers, Frankfurt a.M.

Roloff, A. (2001): Baumkronen – Verständnis und praktische Bedeutung eines komplexen Naturphänomens. – Ulmer, Stuttgart.

Roloff, A. (2010): Bäume – Lexikon der praktischen Baumbiologie. – VCH-Wiley, Weinheim.

Roloff, A. (2015): Handbuch Baumdiagnostik – Baum-Körpersprache und Baum-Beurteilung. – Ulmer, Stuttgart.

Roloff, A. (2017): Der Charakter unserer Bäume – ihre Eigenschaften und Besonderheiten. – Ulmer, Stuttgart.

Roloff, A. (2018): Vitalitätsbeurteilung von Bäumen – Aktueller Stand und Weiterentwicklung. – Haymarket, Braunschweig.

Roloff, A. (2019a): Besonderheiten und Potenziale langlebiger Baumarten. – Allg. Forstztschr./Der Wald 04: 24–29.

Roloff, A. (2019b): Ausrufung von Nationalerbe-Bäumen Deutschlands gestartet. BaumZtg. 06: 12-16.

Roloff, A.; Gillner, S. (2019): Ausrufung von altersdatierten Methusalem-Olivenbäumen auf Korfu als Baum-Naturdenkmale. – BaumZtg. 05: 26–30.

SCHÜTT, P.; LANG, U.M. (1996): Pinus longaeva (Westliche Grannenkiefer). Enzyklopädie der Holzgewächse 5: 1–8.

SUSSMANN, R. (2015): Die ältesten Lebewesen der Erde. – Bastei-Lübbe, Köln.

ULLRICH, B.; KÜHN, U.; KÜHN, S. (2012): Unsere ältesten Bäume. – BLV, München.

WIKIPEDIA (2019): Liste markanter und alter Baumexemplare. – https://de.wikipedia.org/wiki/Liste_markanter_und_alter_Baumexemplare. [Zugriff 1.9.2019]

www.championtrees.de (2019): Rekordbäume. Dt. Dendrol. Ges. [Zugriff 1.9.2019]

www.jungeriesen.de (2017): Verjüngung alter Solitärbäume. – Stiftung Natur und Umwelt Rheinland-Pfalz [Zugriff 1.9.2019]

www.nationalerbe-baeume.de (2019): Nationalerbe-Bäume Deutschlands. Kuratorium, Tharandt [Zugriff 1.9.2019]

Zu Kapitel 2: 111 starke Bäume (A1, A2, A3…: Angabe der Baum-Nr.)

G5:

BÄRTELS, A.; SCHMIDT, P. A. (2014): Enzyklopädie der Gartengehölze. 2. Aufl. – Ulmer, Stuttgart.

GENAUST, H. (2017): Etymologisches Wörterbuch der Botanischen Pflanzennamen. 6. Auflage. Nikol Verlagsgesellschaft mbH. Hamburg.

Bezirksamt Steglitz-Zehlendorf, Straßen-und Grünflächenamt, FB Grünflächen (2019): https://www.berlin.de/ba-steglitz-zehlendorf/politik-und-verwaltung/aemter/strassen-und-gruenflaechenamt/gruenflaechen/gruenflaechenpflege/artikel.27817.php [Zugriff 30.06.2019].

H1:

http://baeumen.de/nsg-kleve/hofbaume.html [Zugriff 30.06.2019]
http://www.louisendorf.de/index.php/vereine/84-vereine/18-pfaelzerbund [Zugriff 29.06.2019]

H2:

http://www.projekt-mammutbaum.de [Zugriff 27.06.2019]

http://frajole.de/schmoelderpark.html [Zugriff 27.06.2019]

I4:

WIMMER, C.A. (2001): Kurze Geschichte der Säulenpappel. – Deutsche Gartenbaubibliothek Magazin Zandera **16**.

https://www.stadtfuehrung-soest.de/wall-und-grafte-in-soest-seit-830-jahren
[Zugriff 24.06.2019]

J6:

HOFFMANN, A.; MIELKE, H. (1992): Schlosspark Wilhelmshöhe – Bäume und Sträucher. – 3. Aufl., Verwaltung der staatlichen Schlösser und Gärten, Kassel.

N3:

EHLERT, D.; BOUFFIER, V.A. (2009): Zwei bemerkenswerte Stechpalmen (Ilex aquifolium) in Deutschland. – Beiträge zur Gehölzkunde **18**: 25–27.

N4:

BOUFFIER, V.A. (2009): Die Gärten der Abtei Rommersdorf. Bemerkenswerte Gehölze im Klostergarten bei Neuwied. Gartenpraxis **35** (8): 62–64.

BOUFFIER, V.A. (2016): Nachlese zur Jahrestagung der GDA vom 9. bis 11. September 2011 in Molsberg/Ww. – Beiträge zur Gehölzkunde **21**: 226–229.

N5:

KAUSCH-BLECKEN VON SCHMELING, W. (1992): Der Speierling. Selbstverlag, Bovenden.

O3

Baum, M. (2019): Auskünfte und Manuskript (Vorwort aus „Rund um den Geschichtenbaum" 2018) zur „Weymouth-Kiefer in Behringen" per E-Mail, 27.06.2019.

Gemeinde Hörselberg-Hainich (2019): Erfassungsbogen des Naturdenkmals und Gutachten zur „Weymouth-Kiefer in Behringen" per E-Mail von M. Pfeifer, 26.06.2019.

Umweltamt des Landratsamtes Wartburgkreis (Hrsg.) (2014): Naturdenkmale im Wartburgkreis. Naturschutz im Wartburgkreis Heft 14.

Wenzel, M. (2005): Gotha auf alten Postkarten. – Sutton, Erfurt.

O4:

Scheffler J. (2007): Die Anlagen am Neuen Museum (Tannengarten): In: Im Reich der Göttin Freiheit. Gothas fürstliche Gärten in fünf Jahrhunderten, Gotha: S. 189 ff.

Bärtels, A., Schmidt P. A. (2014): Enzyklopädie der Gartengehölze. – Ulmer, Stuttgart.

O5:

Zehnsdorf A. (2010): Thüringens merkwürdige Linden. – Thüringer Hefte für Volkskunde **16**: 1–160.

O6:

Mainpost (2012, 2017): Deutschlands drittgrößter (2012). Rast im Schatten (2017). http://www.mainpost.de/regional/schweinfurt. [Zugriff 09.07.2019]

Gemeinde Wasserlosen (2019): Hinweise zum „Birnbaum bei Schwemmelsbach" per E-Mail vom Bürgermeister A. Gössmann, 24. und 25.06.2019.

Ullrich, B.; Kühn, U.; Kühn, S. (2012): Unsere 500 ältesten Bäume. – 2. Aufl. BLV, München.

P1:

Klassikstiftung Weimar: Informationsproschüre zum Park an der Ilm. Selbstverlag, Weimar – https://www.klassik-stiftung.de/park-an-der-ilm [Zugriff 30.05.2019]

Bärtels, A., Schmidt P. A. (2014): Enzyklopädie der Gartengehölze. – Ulmer, Stuttgart.

Q2:

Heise, F. (ca. 1860): Album der Rittergüter und Schlösser im Königreiche Sachsen. III. Section. Markgrafenthum Oberlausitz. In: Pönicke, G.A. (Hrsg.): Album der Rittergüter und Schlösser im Königreiche Sachsen. – Leipzig.

Lorenz, F. (1999): Schloßpark Hörnitz. In: Panse, E.H. (Hrsg.), Parkführer durch die Oberlausitz. – Lusatia, Bautzen, S. 218–222.

Sauppe, P.M.O. (1904): Neue Sächsische Kirchengalerie. Die Diöcese Zittau. – Arwed Strauch, Leipzig.

S1:

Bouffier, V.A. (2011): Dendrologische Reisenotizen – unter Berücksichtigung einiger potenzieller Champion Trees auf Bundes-, Länder- und Kreisebene – in Deutschland. – Beiträge zur Gehölzkunde **19**: 187–203.

S2:

Bouffier, V.A. (2015): Champion Tree 2015: Japanische Zelkove. – BaumZtg. **49** (4): 23–26, Haymarket Media, Braunschweig.

Bouffier, V.A. (2017): Kür der Japanischen Zelkove (Zelkova serrata) im Schlossgarten Schwetzingen zum Champion Tree 2015 In: Beiträge zur Gehölzkunde **22**: 97–123.

T1:

Anonymus (1899): Deutschlands merkwürdige Bäume. Der Weißdorn zu Soest. – Gartenlaube **5**: 163.

Landratsamt Bayreuth (2019): Hinweis zum Naturdenkmal „Weißdorn in Wohnsgehaig“ per E-Mail von H. Behr, 05.07.2019.

ULLRICH, B.; KÜHN, U.; KÜHN, S. (2012): Unsere 500 ältesten Bäume. – 2. Aufl. BLV, München.

T2:

ALBRECHT, L. (2019): Informationen, Manuskripte und Bilder zur „Elsbeere östlich von Herpersdorf“ per E-Mail, 03.07.2019.

T3:

GOMOLKA, A. (2014): Bemerkenswerte Linden im fränkischen Raum. – Mitt. Dt. Dendrol. Ges. 99: 103–119.

STÜTZER, F. (1900): Die größten, ältesten oder sonst merkwürdigen Bäume Bayerns in Wort und Bild, Band IV. Piloty & Löhle, München.

X1:

DÖRKEN, V.M. (2010): Saisonalität und Langtrieb-/Kurztrieb-Differenzierung bei Gymnospermen: abgeleitet oder ursprünglich? Mitt. Dtsch. Dendrol. Ges. **95**: 9–21.

4 Register

4.1 Gattungsnamen deutsch

4.2 Artnamen wissenschaftlich

4.3 Ortsnamen